普通高等教育"十二五"规划教材

混凝土及砌体结构

赵歆冬　丁怡洁　编

北京

冶金工业出版社

2014

内容提要

本书系按照高等院校土木工程及相关专业的教学要求，以我国新近修订的结构设计规范为依据进行编写的，主要内容包括：混凝土材料的物理力学性能；结构构件极限状态设计方法的基本原理；结构构件受弯、轴心受力、偏心受力、受扭等受力性能分析的基本理论；混凝土梁板结构，单层工业厂房结构，多、高层房屋结构，砌体结构等结构设计计算方法和构造措施。

本书为普通高等院校土木工程、工程管理、工程造价等专业的教材，也可供从事混凝土及砌体结构设计、施工和科研工作的人员使用。

图书在版编目(CIP)数据

混凝土及砌体结构/赵歆冬，丁怡洁编．—北京：冶金工业出版社，2014.7

普通高等教育"十二五"规划教材

ISBN 978-7-5024-6596-4

Ⅰ.①混… Ⅱ.①赵… ②丁… Ⅲ.①混凝土结构—高等学校—教材 ②砌体结构—高等学校—教材 Ⅳ.①TU37 ②TU36

中国版本图书馆 CIP 数据核字（2014）第 141154 号

出 版 人　谭学余
地　　址　北京市东城区嵩祝院北巷 39 号　邮编　100009　电话　(010)64027926
网　　址　www.cnmip.com.cn　电子信箱　yjcbs@cnmip.com.cn
责任编辑　杨　敏　美术编辑　吕欣童　版式设计　孙跃红
责任校对　王永欣　责任印制　牛晓波
ISBN 978-7-5024-6596-4

冶金工业出版社出版发行；各地新华书店经销；北京印刷一厂印刷
2014 年 7 月第 1 版，2014 年 7 月第 1 次印刷
787mm×1092mm　1/16；17.75 印张；428 千字；270 页
38.00 元

冶金工业出版社　投稿电话　(010)64027932　投稿信箱　tougao@cnmip.com.cn
冶金工业出版社营销中心　电话　(010)64044283　传真　(010)64027893
冶金书店　地址　北京市东四西大街　46 号(100010)　电话　(010)65289081(兼传真)
冶金工业出版社天猫旗舰店　yjgy.tmall.com
（本书如有印装质量问题，本社营销中心负责退换）

前　　言

"混凝土及砌体结构"是土木工程专业及相关专业（如工程管理专业）的必修课程，目前的教材多适合结构工程专业本科教学使用，对于非结构工程专业学生及结构工程专业非本科学生而言，显得概念较多、内容庞杂。为此，本书在编写时结合非结构工程专业学生及结构工程专业非本科学生的培养目标和教学要求，力求在符合教学大纲的前提下，做到概念清楚，内容精炼，知识全面。

本书按照我国新近修订的一些规范，如《建筑结构荷载规范》（GB 50009—2012）、《工程结构可靠性设计统一标准》（GB 50153—2008）、《混凝土结构设计规范》（GB 50010—2010）、《砌体结构设计规范》（GB 50003—2011）、《建筑地基基础设计规范》（GB 50007—2011）等进行编写。全书分为14章，大体分为3部分，其中第1章~第10章为第1部分，主要讲述混凝土结构基本理论；第11章~第13章为第2部分，主要讲述混凝土结构设计；第14章为第3部分，主要讲述砌体结构基本理论与设计。本书的编写注重从基础理论到结构设计，由浅入深，循序渐进，力求使学生在清楚了解基本概念之后，能较容易地掌握混凝土及砌体结构的设计计算方法和设计步骤，并能够做到灵活应用。

本书由西安建筑科技大学赵歆冬、丁怡洁编写。其中第1章、第3章、第7章~第10章、第12章~第14章由赵歆冬编写；第2章、第4章~第6章和第11章由丁怡洁编写。西安建筑科技大学王社良教授、陈平教授在审阅书稿过程中提出了许多宝贵的意见，特在此对他们表示诚挚的谢意。

在编写过程中，参考了一些国内外的文献，在此对文献作者表示衷心感谢。

本书如果能为读者的学习和工作提供帮助，作者将深感欣慰。鉴于作者水平有限，书中不足之处，敬请读者批评指正。

作　者
2014 年 1 月

目 录

1 绪 论

1.1 混凝土结构的基本概念

以混凝土为主要材料建造的工程结构，称为混凝土结构，包括素混凝土结构、钢筋混凝土结构和预应力混凝土结构等。混凝土结构被广泛应用于各类土木工程，如建筑工程、桥梁工程、隧道工程、水利及港口工程等。

混凝土是由水泥、砂子（细骨料）、石子或其他骨料（粗骨料）、水及其他添加剂经配制、混合、搅拌、浇筑、硬化而形成的建筑材料。这种材料具有较高的抗压强度和较低的抗拉强度，抗拉强度约为抗压强度的 10%。因此，素混凝土结构的应用范围较小，通常应用于以受压为主的结构构件中，如柱墩等；当结构构件中存在较大的拉应力时，素混凝土结构可能由于其拉应力达到抗拉强度而产生裂缝，甚至破坏，而此时混凝土的抗压强度远未得到充分利用。为此，工程人员在混凝土中加入抗拉强度较高的材料来承担结构构件中的拉应力，以弥补混凝土材料的不足。目前，工程中经常使用的抗拉材料为钢材，这样就形成了钢筋混凝土结构。在钢筋混凝土结构中，混凝土主要抵抗结构构件中的压力，钢筋主要抵抗结构构件中的拉力。除了在混凝土结构中设置钢筋以外，还有设置型钢等材料以抵抗结构构件中的拉力，形成型钢混凝土结构（也称为组合结构）。

1.2 钢筋混凝土共同工作的基础

钢筋与混凝土两种材料能够有效地结合在一起而共同工作，主要基于三个条件：

（1）钢筋与混凝土之间存在着粘结力，使两者能有效地结合在一起。受外界作用影响后，结构中钢筋与混凝土的变形能够协调，共同受力，共同工作。因此，粘结力是这两种不同性质的材料能够共同工作的基础。

（2）钢筋与混凝土两种材料的线膨胀系数很接近。钢筋为 $1.2 \times 10^{-5} \, ℃^{-1}$，混凝土为 $(1.0 \sim 1.5) \times 10^{-5} \, ℃^{-1}$。因此，钢筋与混凝土之间不会因温度变化而产生较大的相对变形，这样就不会破坏两种材料之间的粘结力。

（3）钢筋埋置于混凝土中，混凝土对钢筋起到了保护和固定作用。比如：在遭受火灾时不致因钢筋很快软化而导致结构整体破坏；在大气环境及有侵蚀性的环境中保护钢筋，防止钢筋发生锈蚀，提高结构的耐久性；当构件受压时，防止钢筋受压失稳。因此，在混凝土结构中，钢筋表面必须留有一定厚度的混凝土作保护层。

1.3 混凝土结构的特点

混凝土结构的主要优点如下：

（1）就地取材。砂、石是混凝土的主要成分，均可就地取材。在工业废料（例如矿渣、粉煤灰等）比较多的地方，可利用工业废料制成人造骨料用于混凝土结构中。

（2）耐久性好。处于正常环境下的混凝土耐久性好。在混凝土结构中，钢筋受到保护不易锈蚀，所以混凝土结构具有良好的耐久性。对处于侵蚀性环境下的混凝土结构，经过合理设计及采取有效措施后，一般可满足工程需要。

（3）有较好的耐火性。混凝土为不良导热体，埋置在混凝土中的钢筋受高温影响远较暴露的钢结构小。只要钢筋表面的混凝土保护层具有一定厚度，发生火灾时钢筋就不会很快软化，可避免结构倒塌。

（4）良好的整体性。现浇或装配整体式混凝土结构具有良好的整体性，从而使结构的刚度增大，稳定性增强。这有利于抗震、抵抗振动和爆炸冲击波。

（5）良好的可模性。新拌和的混凝土为可塑的，因此可根据需要制成任意形状和尺寸的结构，这有利于建筑造型。

（6）节约钢材。钢筋混凝土结构合理地利用了材料的性能，发挥了钢筋与混凝土各自的优势，与钢结构相比能节约钢材并降低造价。

混凝土结构也具有下列缺点：

（1）自重大。混凝土结构自身重力较大，这样它所能负担的有效荷载相对较小。这对大跨度结构、高层建筑结构都是不利的。另外，自重大会使结构地震作用加大，故对结构抗震也不利。

（2）抗裂性差。钢筋混凝土结构在正常使用情况下，构件截面受拉区通常存在裂缝，如果裂缝过宽，则会影响结构的耐久性和应用范围。

（3）需用模板。混凝土结构的制作，需要模板予以成型。如采用木模板，则可重复使用的次数少，会增加工程造价。

此外，混凝土结构施工工序复杂，周期较长，且受季节气候影响；对于现役混凝土结构，如遇损伤则修复困难；隔热、隔声性能也比较差。随着科学技术的不断发展，混凝土结构的缺点正在被逐渐克服或有所改进。如采用轻质、高强混凝土及预应力混凝土，可减小结构自身重力并提高其抗裂性；采用可重复使用的钢模板会降低工程造价；采用预制装配式结构，可以改善混凝土结构的制作条件，少受或不受气候条件的影响，并能提高工程质量及加快施工进度等。

1.4 混凝土结构的应用及发展

1.4.1 混凝土结构发展概况

混凝土结构出现至今约有 170 年的历史，与砖石结构、木结构相比，在当时是一种比较新的结构形式，由于其无可比拟的优越性，得到了快速的发展，成为目前应用最为广泛的结构形式。其出现及发展可大致划分为四个阶段：

（1）1850年到1920年为第一阶段。1824年英国人 J. Aspdin 发明波特兰水泥，1849年法国人 J. L. Lambot 用水泥砂浆涂抹在铁丝网两面做成小船，出现了最早的钢筋混凝土结构。但是人们普遍认为发明并应用钢筋混凝土结构的人是法国花匠 J. Monier。Monier 在1861年制成了用铁丝作为配筋的花盆，并于1867年获得了制作这种花盆的专利，而这种花盆也成为公认的最早的钢筋混凝土结构。后来他又继续获得制造钢筋混凝土板、管道、拱桥等的专利。不过，由于 J. Monier 不懂钢筋混凝土构造原理，因此将钢筋设置在板的中部。1884年以后，德国人 Wayss、Bauschinger 和 Koenenn 等提出，应将钢筋配置于结构受拉部位的概念和钢筋混凝土板的计算方法。在这之后，钢筋混凝土结构逐渐得到了应用和推广。在这一阶段，钢筋和混凝土的强度都很低，仅能建造一些小型的梁、板、柱、基础等构件，钢筋混凝土本身的计算理论尚未建立，结构设计按弹性理论进行。

（2）1920年到1950年为第二阶段。这时已建成各种空间结构，发明了预应力混凝土并已应用于实际工程，这一阶段的标志是装配式钢筋混凝土结构、预应力混凝土结构、钢筋混凝土薄壁空间结构的出现，以及开始采用破损阶段的设计计算方法。

（3）1950年到1980年为第三阶段。由于材料强度的提高，混凝土单层房屋和桥梁结构的跨度不断增大，混凝土高层建筑的高度已达262m，混凝土的应用范围进一步扩大；各种现代化施工方法普遍采用，同时广泛采用预制构件，提出了更为合理的按极限状态的设计方法。

（4）大致从1980年起，混凝土结构的发展进入第四阶段。尤其是近30余年来，大模板现浇和大板等工业化体系进一步发展，钢与混凝土组合结构开始出现并广泛应用，高层建筑新结构体系（如框桁架体系和外伸结构等）不断涌现，计算机辅助设计和绘图程序化，非线性有限元分析方法广泛应用。

1.4.2 混凝土结构的应用

混凝土结构可应用于土木工程中的各个领域，在房屋建筑中混凝土结构占有相当大的比例。如1990年建成的美国芝加哥的 S. Wacker Drive 大楼，65层，高296m，为当时建成的世界上最高的混凝土建筑；朝鲜平壤的柳京饭店，105层，高319.8m，也为混凝土结构。在我国，混凝土结构的房屋更加普遍，尽管钢结构得到很大的发展，但超过100m的高层建筑中绝大多数是混凝土和钢的组合结构，如88层高的上海金茂大厦采用的就是钢-混凝土组合结构。

隧道、桥梁、高速公路、城市高架公路、地铁等大都采用混凝土结构，如上海南浦大桥和杨浦大桥的塔架、穿越黄浦江的多条隧道等。

混凝土结构还用于建造大坝、拦海闸墩、渡槽、港口等工程设施，如1962年建造的瑞士大狄克桑期坝，高285m，是世界最高的混凝土重力坝。核电站的安全壳、热电厂的冷却塔、储水池、储气罐、海洋石油平台等一般也为混凝土结构。

1.4.3 混凝土结构的发展趋势

随着科学技术的发展，混凝土结构在所用材料和配筋方式上都有了许多新进展，形成了一些新的混凝土结构形式，如高性能混凝土、纤维增强混凝土及钢与混凝土组合结构等。同时，混凝土结构的计算理论和设计方法也有了较大发展。

1.4.3.1 材料的发展

高性能混凝土具有高强度、高耐久性、高流动性及高抗渗透性等优点，是今后混凝土材料发展的重要方向。我国《混凝土结构设计规范》（GB 50010—2010）将混凝土强度等级超过 C50 的混凝土划为高强混凝土。高强混凝土的强度高、变形小、耐久性好，适应现代工程结构向大跨、重载、高耸发展和承受恶劣环境条件的需要。

利用天然轻集料（如浮石、凝灰岩等）、工业废料轻集料（如炉渣、粉煤灰、煤矸石等）及其轻砂、人造轻集料（页岩陶粒、黏土陶粒、膨胀珍珠岩等）制成的轻集料混凝土具有自重轻、相对强度高以及保温、抗冻性能好等优点，一般常用轻集料混凝土的强度等级为 C15~C20，高强轻集料混凝土的强度等级可达 C100，自重为 $17~18kN/m^3$。自 20 世纪 60 年代以来，轻质高强混凝土是建造高层、大跨度结构的主要材料。

为了改善混凝土抗拉强度较低和延性较差的缺点，在混凝土中掺加纤维形成纤维增强混凝土，以改善混凝土的性能。目前研究较多的有掺钢纤维、耐碱玻璃纤维、聚丙烯纤维或尼龙合成纤维等。钢纤维混凝土具有抗拉、抗弯、抗剪、耐磨、抗疲劳、延性及韧性好等优点，得到了广泛的工程应用。

1.4.3.2 结构形式

用型钢或钢板焊（或冷压）成钢截面，再将其埋置于混凝土中，使混凝土与型钢形成整体共同受力，称为钢与混凝土组合结构。国内外常用的组合结构有：压型钢板与混凝土组合楼板、钢与混凝土组合梁、型钢混凝土结构、钢管混凝土结构和外包钢混凝土结构五大类。

钢与混凝土组合结构除具有钢筋混凝土结构的优点外，还有抗震性能好、施工方便、能充分发挥材料性能等优点，因而得到了广泛应用。在各种结构体系，如框架、框架-剪力墙、剪力墙、框架-核心筒等结构体系中的梁、柱、墙均可采用组合结构。例如，美国近年建成的太平洋第一中心大厦（44 层）和双联广场大厦（58 层）的核心筒大直径柱子，以及北京环线地铁车站柱，都采用了钢管混凝土结构；上海金茂大厦外围柱以及世界环球金融中心大厦的外框筒柱，采用了型钢混凝土柱。我国在电厂建筑中推广使用了外包钢混凝土结构。

1.4.3.3 混凝土结构的计算理论和设计方法

设计计算理论方面的发展，是从把材料看做弹性体的容许应力古典理论（结构内力和构件截面计算均套用弹性理论，采用容许应力设计方法）发展为考虑材料塑性的极限强度理论，并迅速发展成按极限状态设计的理论体系。目前在工程结构设计规范中已采用基于概率论和数理统计分析的可靠度理论。

混凝土的微观断裂和内部损伤机理、混凝土的强度理论及非线性变形的计算理论、钢筋与混凝土间粘结滑移理论等方面也有很大的进展。钢筋混凝土有限元方法和现代测试技术的应用，使得混凝土结构的计算理论和设计方法向更高的阶段发展，并日趋完善。结构分析可以根据结构类型、构件布置、材料性能和受力特点选用线弹性分析方法、考虑塑性内力重分布的分析方法、塑性极限分析方法、非线性分析方法和实验分析方法等。

随着计算机的大量应用，有限元分析软件的涌现，大量工程设计软件如 SAP2000、ETABS、PKPM 系列软件等被广泛应用于工程设计，提高了计算精度及设计效率。

在混凝土结构耐久性设计方面，已建立了相关的材料性能劣化计算模型进行结构使用年限的定量计算，并基于混凝土在环境作用（碳化、氯盐、冻蚀、酸腐蚀）下的损伤机理，提出了结构设计应采取的防护措施。

1.5 砌体结构的一般概念

1.5.1 砌体结构的基本概念及发展

砌体结构是指用砖、石或砌块为块体，用砂浆砌筑而成的结构。按照所采用块体的不同，砌体可分为砖砌体、石砌体和砌块砌体三大类。由于过去大量应用的是砖砌体和石砌体，所以习惯上也称为砖石结构。

我国是砖石结构应用很早的国家，远在西周到战国时期就已经出现了烧制的瓦和大尺寸空心砖，南北朝时砖的使用已很普遍。我国古代的砖石结构广泛用于建造城墙、佛塔、穿拱以及石桥等，著名的万里长城、南京灵谷寺的无梁殿、河北赵县安济桥等，都是其中的光辉代表。在欧洲，中世纪已开始用砖砌筑拱、券、穹隆和圆顶等结构。

砌块的生产和应用在世界上仅有 100 多年的历史，其中最早生产的是混凝土砌块。自 1824 年发明波特兰水泥后，最早的混凝土砌块于 1882 年问世。随后，美国于 1897 年建成第一幢砌块建筑。1933 年，美国加利福尼亚长滩大地震中无筋砌体震害严重，之后便推出了配筋混凝土砌块结构体系，建造了大量的多层和高层配筋砌体建筑，如 1952 年建成的 26 幢 6~13 层的美国退伍军人医院，1966 年在圣地亚哥建成的 8 层海纳雷旅馆和洛杉矶 19 层公寓等，这些砌块建筑大部分都经历了强烈地震的考验。

近年来，砌体结构得到了迅速发展和广泛应用。主要表现在以下几个方面：

（1）砌体结构的应用范围不断扩大。除了传统的各类房屋外，砌体结构还广泛应用于各种构筑物，如烟囱、水池、料仓、渡槽和水塔等。大跨度桥梁也广泛采用砌体结构，如 1971 年建成的四川丰都九溪沟变截面敞肩式公路石拱桥，跨度为 116m；1991 年建成的湖南鸟巢河双肋公路石拱桥，净跨度达 120m，是世界上跨度最大的石拱桥。

（2）新材料、新技术和新结构不断研制和使用。20 世纪 60 年代以来，我国承重空心砖的生产和应用有较大发展，如南京市用承重空心砖建成的 8 层旅馆建筑等，由于墙厚减薄，墙体重量减轻等，收到了较好的经济效果，同时房屋的使用面积也有所增大。南京、西安等地还研制和生产出构造巧妙、很有特色的拱壳砖，又称带钩空心砖，并用拱壳砖建成 14m×10m 的双曲扁壳屋盖实验室，10m×10m 两跨双曲扁壳屋顶的车间，以及 24m 跨双曲拱屋盖等。同时，大型板材墙体也有较大发展，如 1965~1972 年在北京用烟灰矿渣混凝土作墙板建成的 11.5 万平方米住宅，节约普通黏土砖约 1900 万块；1986 年在长沙建成的内墙采用混凝土空心大板、外墙采用砖砌体的 8 层住宅等。此外，无筋砖砌体、约束砖砌体以及采用混凝土、轻集料混凝土和各种工业废渣、粉煤灰、煤矸石等制成的混凝土砌块在我国也有较大发展。

1.5.2　砌体结构的特点及应用范围

砌体结构之所以不断发展，成为世界上应用最广泛的结构形式之一，其重要原因在于砌体结构具有以下优点：

（1）就地取材。砌体结构材料来源广泛，石材、黏土、砂等均是天然材料，分布地域广，价格也较水泥、钢材、木材便宜。此外，工业废料如煤矸石、粉煤灰、页岩等都是制作块材的原料，用来生产砖或砌块不仅可以降低造价，也有利于保护环境。

（2）耐久性和耐火性较好。处于正常环境下的砌体结构具有良好的耐久性、很好的耐火性、较好的化学稳定性和大气稳定性等。因此，砌体结构的使用年限长，并且在发生火灾时一般可以避免结构倒塌。

（3）具有良好的保温、隔热性能。砌体结构，特别是砖砌体，具有较好的保温、隔热、隔声性能，节能效果明显。

（4）节约材料。采用砌体结构较钢筋混凝土结构可以节约水泥、钢材和木材，并且砌筑时不需要模板及特殊的技术设备。

（5）施工方便。新砌筑的砌体即可承受一定荷载，因而可以连续施工。当采用砌块或大型板材作墙体时，可减轻结构自重，加快施工进度，进行工业化生产和施工。

除上述优点外，砌体结构也有以下缺点：

（1）自重大。一般砌体的强度低，建筑物中墙、柱的截面尺寸较大，材料用量较多，结构的自重大。为减小构件的截面尺寸，减轻结构自重，应加强轻质高强砌体材料的研究，如采用空心砖、提高砖的抗压强度等。

（2）砂浆与块体之间的粘结力较弱。由于砌体是由块体通过灰缝的砂浆粘结而成，而砌筑砂浆与块体之间的粘结力较弱，故无筋砌体的抗压强度较好，但抗拉、弯曲抗拉和抗剪强度都很低，抗震及抗裂性能较差。因此，应研制推广高粘结性能砂浆，必要时采用配筋砌体，并加强抗震抗裂的构造措施。

（3）砌筑工作繁重。砌体结构基本上都是采用手工方式砌筑，劳动量大，生产效率低，且手工操作时铺砌的灰缝较难保证均匀饱满。因此，有必要进一步推广砌块、振动砖墙板和混凝土空心墙板等工业化施工方法，以逐步克服这一缺点。

（4）黏土用量大。砖砌体结构的黏土砖用量很大，占用农田过多，影响农业生产。据统计，全国每年生产黏土砖上千亿块，毁坏农田近 10 万亩（1 亩 = 666.67m^2），使我国人口多、耕地少的矛盾更显突出。因此，必须大力发展砌块、煤矸石砖、粉煤灰砖等黏土砖的替代产品。

由于砌体结构具有很多明显的优点，因此应用范围较广。但其存在的缺点也在一定程度上限制了它在某些场合下的应用。

1.6　本书的主要内容、特点及学习方法

混凝土结构及砌体结构是当前土木工程中应用范围最广、数量最多的结构。学好混凝土结构及砌体结构的相关知识不仅对今后从事结构设计工作的人员非常重要，而且对于可能从事施工和工程管理的技术人员也是必不可少的。因为只有具备了一定的结构设计知

识，才能正确地理解设计意图，评价设计方案，组织施工管理和处理工程事故。

1.6.1 本书的主要内容

本书共分 3 部分。第 1 部分为第 1 章~第 10 章，内容是混凝土构件设计基本原理，主要讲述钢筋和混凝土材料的物理力学性能，混凝土及砌体结构以概率理论为基础的极限状态设计方法，以及混凝土基本构件在受弯、受压、受剪、受扭等作用下的性能分析、设计计算方法和构造措施以及结构的耐久性设计，这一部分为混凝土结构设计的基础知识。第 2 部分为第 11 章~第 13 章，内容是混凝土结构设计，主要介绍结构方案的选择，结构布置以及构件类型的确定，作用在结构上的各类荷载及其他作用，讲述混凝土梁板结构、单层厂房结构、多层房屋结构的内力分析和设计计算方法等。通过对房屋的结构布置、组成以及荷载传递路线的了解，可加深对房屋整体工作性质的理解。通过这部分内容的学习，了解常见的结构形式、结构设计的方法及步骤，增强对混凝土结构及其设计方法的理解与认识。第 3 部分为第 14 章，内容是砌体结构，主要介绍块体、砂浆及砌体的物理力学性能，砌体结构构件的承载力计算以及过梁、挑梁的计算和构造特点，介绍了最常用混合结构房屋的墙体设计方法。

1.6.2 本书的特点及学习方法

如上所述，本书主要讲述混凝土及砌体结构构件的基本理论和设计方法。由于钢筋混凝土是由非线性的且拉压强度相差悬殊的混凝土和钢筋组合而成，受力性能复杂，而砌体的受力性能更为复杂，所以书中内容具有不同于一般材料力学和结构力学的一些特点，学习时应予以注意。

（1）钢筋混凝土是由钢筋和混凝土两种力学性能不同的材料组成的复合材料，且混凝土是非均匀、非连续和非弹性材料。砌体构件由块体和砂浆组成，也是非均匀、非连续和非弹性材料。它们与以往学过的材料力学中单一理想的弹性材料不同，因此，材料力学的公式一般不能直接用来计算钢筋混凝土及砌体构件的承载力和变形，但材料力学解决问题的基本方法，即通过平衡条件、物理条件和几何条件建立基本方程的手段，对于钢筋混凝土及砌体构件同样是适用的，只是在具体应用时应注意钢筋混凝土及砌体各自的性能特点。

（2）钢筋混凝土构件中的两种材料，在强度和数量上存在一个合理的配比范围。如果钢筋和混凝土在面积上的比例及材料强度上的搭配超过了这个范围，就会引起构件受力性能的改变，从而引起构件截面设计方法的改变。

（3）钢筋混凝土及砌体构件的计算方法是建立在试验研究基础上的。钢筋、混凝土、块体、砂浆等材料的力学性能指标通过试验确定；根据一定数量的构件受力性能试验，研究其破坏机理和受力性能，建立物理和数学模型，并根据试验数据拟合出半理论半经验公式。因此，学习时一定要深刻理解构件的破坏机理和受力性能。特别要注意构件计算方法的适用条件和应用范围。

（4）学习本书是为了在工程建设中进行混凝土结构的设计，它包括方案、材料选择、截面形式、配筋、构造措施等。结构设计是一个综合问题，要求做到技术先进、经济合理、安全适用、确保质量。同一构件在相同的荷载作用下，可以有不同的截面形式、尺寸、配筋方法及配筋数量。设计时需要进行综合分析，结合具体情况确定最佳方案，以获得良好的技术经济效果。因此，在学习过程中，要学会对多种因素进行综合分析的设计方法。

（5）本书内容的实践性很强，其基本原理和设计方法必须通过构件设计来掌握，并在设计过程中逐步熟悉和正确运用我国有关的设计规范和标准。本书的内容主要与《混凝土结构设计规范》（GB 50010—2010）、《工程结构可靠性设计统一标准》（GB 50153—2008）、《建筑结构荷载规范》（GB 50009—2012）和《砌体结构设计规范》（GB 50003—2011）等有关。设计规范是国家颁布的有关结构设计的技术规定和标准，规范条文尤其是强制性条文是设计中必须遵守的带法律性的技术文件。只有正确理解规范条文的概念和实质，才能正确地应用规范条文及其相应公式，充分发挥设计者的主动性以及分析和解决问题的能力。

───────────── 小　　结 ─────────────

（1）混凝土结构是以混凝土为主要材料制成的结构。这种结构充分发挥了钢筋和混凝土两种材料各自的优点。在混凝土中配置适量的钢筋后，可使构件的承载力大大提高，构件的受力性能也得到显著改善。

（2）钢筋和混凝土两种材料能够有效地结合在一起而共同工作，主要基于三个条件：钢筋与混凝土之间存在粘结力；两种材料的线膨胀系数很接近；混凝土对钢筋起保护作用。这是钢筋混凝土结构得以实现并获得广泛应用的根本原因。

（3）砌体结构是指用砖、石或砌块为块体，用砂浆砌筑而成的结构。砌体按照所采用块体的不同可分为砖砌体、石砌体和砌块砌体三大类。

（4）混凝土及砌体结构都有很多优点，但也各存在一些缺点。应通过合理的设计，充分发挥其优点，克服其缺点。

复习思考题

1-1　钢筋与混凝土共同工作的基础是什么？
1-2　混凝土结构有哪些优点和缺点，如何克服这些缺点？
1-3　什么是砌体结构，砌体按照所采用块体的不同可分为哪几类？
1-4　砌体结构有哪些优点和缺点，如何克服这些缺点？

2 混凝土结构材料的物理力学性能

2.1 钢筋的物理力学性能

2.1.1 钢筋的成分、级别和品种

钢筋的物理力学性能主要取决于它的化学成分，其中铁元素是主要成分，此外还含有少量的碳、锰、硅、磷、硫等元素。钢筋中碳的含量增加，强度就随之提高，但塑性和可焊性降低。根据钢材中含碳量的多少，通常可分为低碳钢（含碳量少于 0.25%）、中碳钢（含碳量 0.25%~0.6%）和高碳钢（含碳量 0.6%~1.4%）。锰、硅元素可提高钢材的强度，并保持一定的塑性。磷、硫是有害元素，其含量超过一定限度时，钢材易于脆断，塑性明显降低，而且焊接质量也不易保证。

在钢材中加入少量合金元素（如锰、硅、钒、钛等）即可制成低合金钢，低合金钢的强度明显高于普通碳素钢，且具有良好的塑性、韧性和可焊性等性能。为了节约合金资源，降低成本，冶金行业近年来研制开发出细晶粒钢筋，这种钢筋通过控轧和控冷工艺获得超细组织，从而在不增加合金含量的基础上提高钢材的强度，改善钢材的塑性和韧性。另外，轧后余热处理也是提高钢材强度的一种有效的方法，即轧制钢筋经高温淬水、余热处理后强度提高。但余热处理后钢筋的延性、可焊性和机械连接性能降低，故一般可用于对变形性能及加工性能要求不高的构件中，如基础、大体积混凝土、楼板、墙体以及次要的中小结构构件等。

《混凝土结构设计规范》规定，用于钢筋混凝土结构和预应力混凝土结构中的普通钢筋，可采用热轧钢筋；用于预应力混凝土结构中的预应力钢筋，可采用预应力钢丝、钢绞线和预应力螺纹钢筋。

2.1.1.1 热轧钢筋

热轧钢筋是由低碳钢、普通低合金钢或细晶粒钢筋在高温状态下轧制而成的，其强度由低到高分为 HPB300（工程符号为 Φ）、HRB335（$\underline{\Phi}$）、HRBF335（$\underline{\Phi}^F$）、HRB400（$\underline{\Phi}$）、HRBF400（$\underline{\Phi}^F$）、RRB400（$\underline{\Phi}^R$）和 HRB500（$\overline{\Phi}$）、HRBF500（$\overline{\Phi}^F$）级。其中 HPB300 级钢筋（HPB 为 Hot-rolled Plain-steel Bar，即热轧光面钢筋）材质为低碳钢，外形为光面圆形，也称为光圆钢筋；HRB335、HRB400 和 HRB500 级钢筋（HRB 为 Hot-rolled Ribbed-steel Bar，即热轧带肋钢筋）为普通低合金钢，HRBF335、HRBF400 和 HRBF500 级钢筋（F 表示 Fine）为细晶粒钢筋，它们均在表面轧有月牙肋，统称为变形钢筋；RRB400 级钢筋为余热处理带肋钢筋（即 Remained-heat-treatment Ribbed-steel Bar）。热轧钢筋的外形如图 2-1 所示。

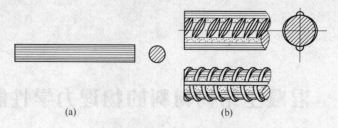

图 2-1 热轧钢筋的外形

（a）光圆钢筋；（b）变形钢筋

2.1.1.2 预应力钢丝、钢绞线和预应力螺纹钢筋

中强度预应力钢丝的抗拉强度为 800~1270MPa，外形有光面（工程符号为 ϕ^{PM}）和螺旋肋（ϕ^{HM}）（图 2-2a）两种。消除应力钢丝的抗拉强度为 1570~1860MPa，也分为光面（ϕ^{P}）和螺旋肋（ϕ^{H}）两种。钢绞线（ϕ^{S}）为绳状，多由 3 股或 7 股钢丝扭结而成（图 2-2b），抗拉强度为 1570~1960MPa。预应力螺纹钢筋（ϕ^{T}）（图 2-2c）又称精轧螺纹钢筋，抗拉强度为 980~1230MPa，这种钢筋在轧制时沿钢筋纵向轧有规律性的螺纹肋条，可用螺丝套筒连接和螺帽锚固，不需要再加工螺丝，也不需要焊接。预应力钢筋的外形如图 2-2 所示。

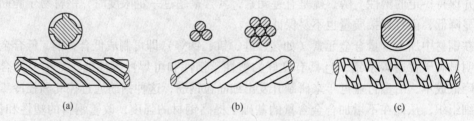

图 2-2 预应力钢筋的外形

（a）螺旋肋钢丝；（b）钢绞线；（c）预应力螺纹钢筋

2.1.2 钢筋的强度和变形性能

2.1.2.1 钢筋的应力-应变曲线

钢筋的强度和变形性能可由钢筋单向拉伸的应力-应变曲线来分析说明。钢筋的应力-应变曲线分为有明显流幅和无明显流幅两类。其中热轧钢筋属于有明显流幅的钢筋，也称为软钢；预应力螺纹钢筋和各类钢丝属于无明显流幅的钢筋，也称为硬钢。

A 有明显流幅的钢筋

有明显流幅钢筋的典型应力-应变曲线如图 2-3（a）所示。曲线由 4 个阶段组成：弹性阶段 ob、屈服阶段 bc、强化阶段 cd 和破坏阶段 de。在 a 点以前应力-应变呈比例增长，故 a 点对应的应力称为比例极限。过 a 点后，应变的增长速度略快于应力的增长速度。到达 b 点，钢筋开始屈服，此时应力不增加而应变继续增加，相应于 b 点的应力称为钢筋的屈服强度，bc 段称为流幅或屈服平台。过 c 点以后，钢筋抵抗外力的能力重新提高，直到 d 点达到了它的极限抗拉强度，通常称曲线 cd 段为强化段。过 d 点后，试件在某薄弱处的截面将显著缩小，产生局部颈缩现象，塑性变形迅速增加，应力随之下降，达到 e 点试件断裂，de 段为颈缩阶段。

B 无明显流幅的钢筋

无明显流幅的钢筋的典型应力-应变曲线如图 2-4 所示。应力-应变曲线在达到 a 点对应的比例极限之前呈直线变化。超过 a 点之后，钢筋表现出一定的塑性性质，但应力-应变曲线没有明显的屈服点。到达极限强度 b 点后，曲线稍有下降，试件出现少量颈缩后至 c 点被拉断。

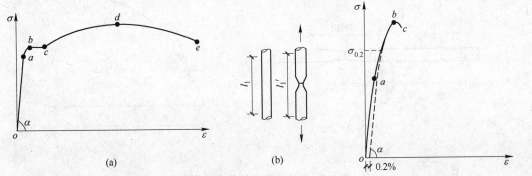

图 2-3 有明显流幅钢筋的应力-应变曲线   图 2-4 无明显流幅钢筋的应力-应变曲线

2.1.2.2 钢筋的力学性能指标

A 钢筋的强度指标

从图 2-3 可以看出，有明显流幅的钢筋有两个强度指标：b 点的屈服强度和 d 点的极限抗拉强度。由于钢筋应力达到屈服强度之后会产生较大的塑性变形，使钢筋混凝土构件产生较大的变形和过宽的裂缝，影响构件的正常使用，因此设计中采用屈服强度作为钢筋的强度限值。极限强度则一般用作钢筋的实际破坏强度。屈服强度与极限抗拉强度之比称为屈强比，它代表了钢筋的强度储备，屈强比小，强度储备大。

从图 2-4 可知，无明显流幅的钢筋只有一个强度指标，即 b 点对应的极限抗拉强度。但设计中极限抗拉强度不能作为钢筋强度取值的依据。因此工程上一般取残余应变为 0.2%时所对应的应力，即条件屈服强度 $\sigma_{0.2}$，作为无明显流幅钢筋的强度限值。《混凝土结构设计规范》取 $\sigma_{0.2} = 0.85\sigma_b$。

B 钢筋的塑性指标

钢筋除了需要具有足够的强度外，还应具有一定的塑性变形性能。通常用伸长率和冷弯性能两个指标来反映钢筋的塑性性能和变形能力。《混凝土结构设计规范》采用最大力下的总伸长率 δ_{gt} 作为控制钢筋延性的指标。如图 2-5 所示，先量测试验后非颈缩区域标距 L_0 内的残余应变 $\varepsilon_p = (L - L_0)/L_0$，再加上已回复的弹性应变 $\varepsilon_e = \sigma_b/E_s$，可得 δ_{gt} 为：

$$\delta_{gt} = \left(\frac{L - L_0}{L_0} + \frac{\sigma_b}{E_s} \right) \times 100\% \tag{2-1}$$

式中 L_0——试验前的原始标距；

　　L——试验后量测标距之间的距离；

　　σ_b——实测钢筋的极限抗拉强度；

　　E_s——钢筋的弹性模量，由图 2-3、图 2-4 可知，$E_s = \sigma/\varepsilon = \tan\alpha$，各类钢筋的弹性模量见附表 1-6。

最大力下总伸长率 δ_{gt} 不受断口颈缩区域局部变形的影响，反映了钢筋拉断前达到最大力（极限强度）时的均匀应变，故又称均匀伸长率。《混凝土结构设计规范》要求各种钢筋在最大力下的总伸长率不应小于附表 1-5 所规定的数值。

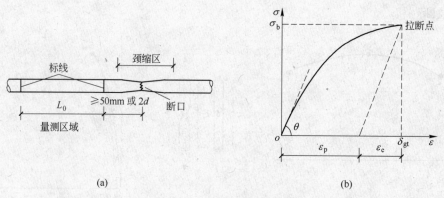

(a)   (b)

图 2-5   最大力下总伸长率的测定
（a）试件与量测标距；（b）拉伸曲线与最大力下的总伸长率

为了使钢筋在弯折过程中不出现脆断，还要求钢筋具有一定的冷弯性能。冷弯是将直径为 d 的钢筋围绕直径为 D（D 规定为 $1d$，$3d$ 等）的弯芯弯曲规定的角度 α（90° 或 180°）后无裂纹、鳞落及断裂现象，如图 2-6 所示。弯芯直径 D 越小，冷弯角度 α 越大，说明钢筋的塑性越好。

2.1.2.3   钢筋的应力松弛

钢筋受力后，长度保持不变，其应力随时间增长而降低的现象称为松弛。在预应力混凝土结构中由于钢筋应力松弛会引起预应力损失，因此，在预应力混凝土结构构件分析中应考虑应力松弛的影响。

图 2-6   钢筋的冷弯

应力松弛与初始应力、温度和钢筋种类等因素有关，且钢筋应力松弛初期发展较快，后期逐渐减少。初始应力越大，松弛损失越大；钢绞线的应力松弛大于同种材料钢丝的松弛；温度增加则松弛损失也增大。

2.1.2.4   钢筋的疲劳性能

钢筋的疲劳破坏是指钢筋在承受重复、周期动荷载作用下，经过一定次数后，钢筋发生脆性的突然断裂破坏。这时钢筋所能承受的最大应力值低于单调加载时钢筋的强度。吊车梁、桥面板、铁路轨枕等在使用期间都承受着重复荷载的作用，可能发生疲劳破坏。钢筋的疲劳强度则是指在某一规定应力变化幅度内，经受一定次数循环荷载（如我国要求满足循环次数 200 万次）后发生疲劳破坏的最大应力值。

钢筋疲劳破坏的原因，一般认为是由于钢筋存在内部缺陷，这些缺陷处容易引起应力集中。另外，在重复荷载作用下，已有的微裂纹逐渐扩展，最终导致突然断裂。

影响钢筋疲劳破坏强度的因素有应力变化幅值、最小应力值、钢筋外表面形状、钢筋直径、钢筋强度、轧制工艺和试验方法等。其中最主要的是钢筋的疲劳应力幅（重复荷载作用下同一层钢筋中最大和最小应力差值，即 $\sigma_{max}^{f} - \sigma_{min}^{f}$）。《混凝土结构设计规范》规定了各类钢筋的疲劳应力幅限值，并规定该值与疲劳应力比值 $\rho^f = \sigma^f_{min}/\sigma^f_{max}$ 有关，见附表 1-7 和附表 1-8。同时，《混凝土结构设计规范》规定，$\rho^f \geq 0.9$ 时，可不进行钢筋疲劳验算。

2.1.3 钢筋的冷加工

在常温下对热轧钢筋进行冷拉、冷拔、冷轧等机械加工，称为钢筋的冷加工。冷拉是把具有明显流幅的钢筋拉伸至超过屈服强度的某一应力值，如图 2-7 中的 k 点，然后卸载至零，此时产生残余应变 oo'。如卸载后立即再次拉伸，应力-应变曲线将沿着 $o'kde$ 变化，屈服强度得到提高，大致等于冷拉应力值，但曲线没有明显的屈服台阶，塑性降低。这种现象称为冷拉强化。如果卸载后在自然条件下放置一段时间或进行人工加热后再进行拉伸，则屈服强度可进一步提高到 k' 点，应力-应变曲线沿着 $o'k'd'e'$ 变化，屈服台阶也得以恢复，这种现象称为时效硬化。冷拉只能提高钢筋的抗拉屈服强度，其抗压屈服强度降低。因此，在设计中冷拉钢筋不宜作为受压钢筋使用。

冷拔一般是将 $\phi6$ 的 HPB300 级热轧钢筋用强力拔过小于其直径的硬质合金拔丝模具，使其纵、横向都产生塑性变形，拔成较细的钢丝，如图 2-8 所示。经过多次冷拔的钢丝，抗拉强度和抗压强度都大为提高，但塑性明显降低。

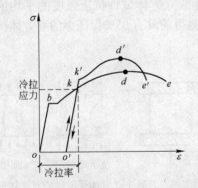

图 2-7 冷拉前后钢筋的应力-应变曲线

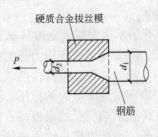

图 2-8 钢筋的冷拔

2.1.4 钢筋的选用原则

用于混凝土结构中的钢筋，一般应具有适当的强度和屈强比、足够的塑性、良好的可焊性、耐久性和耐火性，以及与混凝土具有较好的粘结性能等。《混凝土结构设计规范》规定应按下列原则选用钢筋：

（1）纵向受力普通钢筋宜采用 HRB400、HRB500、HRBF400、HRBF500 钢筋，也可采用 HPB300、HRB335、HRBF335、RRB400 钢筋。

（2）梁、柱纵向受力普通钢筋应采用 HRB400、HRB500、HRBF400、HRBF500 钢筋。

（3）箍筋宜采用 HRB400、HRBF400、HPB300、HRB500、HRBF500 钢筋，也可采用 HRB335、HRBF335 钢筋。

（4）预应力筋宜采用预应力钢丝、钢绞线和预应力螺纹钢筋。

2.2　混凝土的物理力学性能

2.2.1　混凝土的强度

混凝土是由水泥、砂、石等材料用水拌和，入模浇筑，养护硬化后形成的人工石材，是一种非匀质、各向异性且随时间和环境而变化的多相复合材料。混凝土的强度与水泥强度、水灰比、混凝土配合比、骨料品种、养护条件和龄期等多种因素有关。此外，试件的形状与尺寸，试验方法和加载速度不同，测得的强度也不同。

2.2.1.1　混凝土的抗压强度

混凝土在结构中主要用于承受压力，因此，混凝土的抗压强度是其重要的力学指标。

A　立方体抗压强度

由于混凝土的强度受多种因素的影响，所以必须有一个标准的强度测试方法和相应的强度评定标准。《混凝土结构设计规范》规定用边长为 150mm 的标准立方体试块在标准条件（温度（20±3）℃，相对湿度不小于 90%）下养护 28 天或设计规定龄期后，在压力机上以标准试验方法测得的抗压强度作为混凝土的立方体抗压强度，记为 f_{cu}^s（N/mm²）（上角标 s 表示实测值）。立方体抗压强度平均值指一组标准立方体试件抗压强度的平均值，记为 $f_{cu,m}$。立方体抗压强度标准值则是按上述规定所测得的具有 95% 保证率的立方体抗压强度，记为 $f_{cu,k}$。

图 2-9 所示为混凝土立方体试件受压试验及破坏情况。立方体试件在压力机上受压时，试件纵向压缩，横向膨胀，但试件两端因受承压钢板与试件端面间横向摩擦力的作用，横向膨胀受到约束。试件上下端所受约束最强，在高度中间约束作用最弱，因此形成角锥面破坏。如果在承压钢板与试块接触面之间涂以润滑剂，消除摩擦力的影响，这样试件将较自由地产生横向变形，从

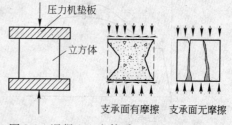

图 2-9　混凝土立方体受压试验及破坏形态

而出现与加载方向大致平行的竖向裂缝而破坏，强度值也比不涂润滑剂时低。我国规定的标准试验方法是不涂润滑剂的。

加载速度对混凝土抗压强度有一定的影响。加载速度快，内部微裂缝难以充分扩展，塑性变形受到一定抑制，于是强度较高。反之，加载速度慢，则强度有所降低。通常规定的加载速度为：混凝土强度等级低于 C30 时，取每秒 0.3~0.5N/mm²；混凝土强度等级高于或等于 C30 时，取每秒 0.5~0.8N/mm²。

试件尺寸对混凝土立方体抗压强度也有影响。试件尺寸越大，微裂缝和气泡等内部缺陷越多，而且试验机垫板对它的横向约束影响越小，因此实测强度越低。这样的现象称为尺寸效应。我国过去曾长期采用边长 200mm 和 100mm 的立方体试件，这两种尺寸的立方体抗压强度乘以相应的换算系数（分别取 0.95 和 1.05），可得到标准试件的立方体抗压强度。

因为立方体试件受压试验方法简单，测得的强度比较稳定，所以我国把立方体抗压强度作为混凝土强度的一项基本指标。《混凝土结构设计规范》规定，混凝土强度等级由立

方体抗压强度标准值确定，按 $f_{cu,k}$ 的大小划分了 14 个混凝土强度等级，即 C15，C20，C25，C30，C35，C40，C45，C50，C55，C60，C65，C70，C75 和 C80，其中 C50 及其以下为普通混凝土，C50 以上为高强度等级混凝土，简称高强混凝土。字母 C 后的数字表示以 N/mm² 为单位的立方体抗压强度标准值。混凝土强度等级（即立方体抗压强度标准值）是混凝土各种力学强度指标的基本代表值，混凝土的其他力学强度指标都可根据试验分析与其建立起相应的换算关系。

B 轴心抗压强度

在混凝土结构的受压构件中，构件的高度一般要比截面尺寸大很多，形成棱柱体。因此采用棱柱体试件比立方体试件更能反映混凝土的实际工作状态。棱柱体试件的截面尺寸一般选用立方体试件尺寸（150mm×150mm），其高度的确定需要考虑两个因素的影响：首先，为了使试件中间区段不受试验机压板与试件承压面间摩擦力影响，形成单向受压状态，试件高度应足够大；其次，为了避免试件在破坏前产生较大的附加偏心而降低其抗压强度，试件高度又不宜过大。试验研究表明，高宽比为 2~3 的棱柱体，上述两种影响基本能够消除。我国国家标准《普通混凝土力学性能试验方法标准》规定，采用 150mm×150mm×300mm 的棱柱体作为标准试件，按与立方体试验相同的规定测得的抗压强度作为混凝土棱柱体的抗压强度，亦即轴心抗压强度，记为 f_c^s(N/mm²)。轴心抗压强度平均值用 $f_{c,m}$ 表示。按上述规定测得的具有 95% 保证率的轴心抗压强度为混凝土轴心抗压强度标准值，记为 f_{ck}。棱柱体受压试验及试件破坏情况如图 2-10 所示。

混凝土轴心抗压强度低于立方体抗压强度，且二者之间大致成线性关系。考虑到实际结构构件制作、养护和受力情况与实验室条件之间的差异，《混凝土结构设计规范》偏于安全地用式（2-2）表示轴心抗压强度与立方体抗压强度标准值之间的关系：

$$f_{ck} = 0.88\alpha_{c1}\alpha_{c2}f_{cu,k} \qquad (2-2)$$

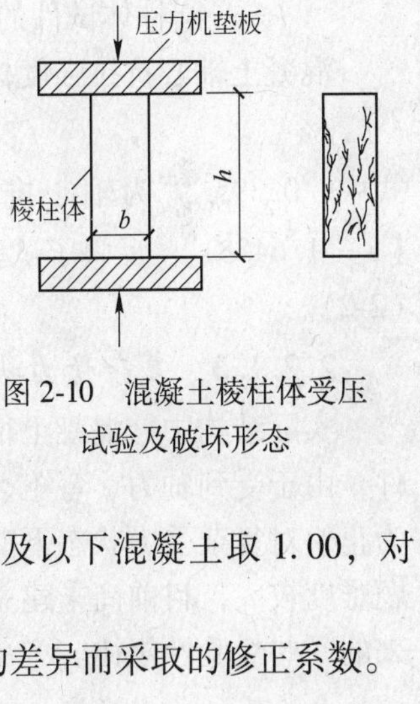

图 2-10 混凝土棱柱体受压
试验及破坏形态

式中　α_{c1}——棱柱体抗压强度与立方体抗压强度之比，对混凝土强度等级为 C50 及以下普通混凝土取 0.76，对高强混凝土 C80 取 0.82，中间按线性插值；

　　　α_{c2}——C40 以上混凝土考虑脆性的折减系数，对 C40 及以下混凝土取 1.00，对 C80 混凝土取 0.87，中间按线性插值；

　　0.88——考虑结构中混凝土强度与试件混凝土强度之间的差异而采取的修正系数。

2.2.1.2 混凝土的轴心抗拉强度

抗拉强度是混凝土的基本力学特征之一，可用于分析混凝土构件的开裂、抗剪、抗扭、抗冲切等承载力。混凝土的抗拉强度远低于其抗压强度，一般只有抗压强度的 1/17~1/8（对普通混凝土）和 1/24~1/20（对高强混凝土），并且不与立方体抗压强度成线性关系。由于影响因素较多，目前还没有统一的混凝土抗拉标准试验方法，常用的有轴心受拉试验和劈裂试验等，如图 2-11 所示。

轴心受拉试验所采用的试件尺寸为 100mm×100mm×500mm，两端各埋入一根深 150mm 的 Φ16 变形钢筋，并置于试件的轴线上。试验时试验机夹住伸出的钢筋施加拉力，

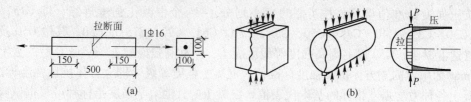

图 2-11　混凝土抗拉强度试验方法

（a）轴心受拉试验；（b）劈裂试验

试件破坏时截面上的平均拉应力即为混凝土的轴心抗拉强度，记为 f_t^s。具有 95%保证率的轴心抗拉强度为混凝土轴心抗拉强度标准值，记为 f_{tk}。

由于轴心受拉试验时保证轴向拉力的对中比较困难，实际也常采用劈裂等间接试验方法测定混凝土的抗拉强度。劈裂试验可用立方体或圆柱体试件进行，试验时在试件上、下与加载板之间各加一垫条，以使试件上、下形成对应的条形加载，造成沿立方体中心或圆柱体直径切面的劈裂破坏。试件破裂面上除加载垫条附近很小的范围外，均产生与破裂面垂直且基本均匀分布的拉应力。根据弹性理论，劈裂抗拉强度按下式计算：

$$f_t = \frac{2P}{\pi dl} \tag{2-3}$$

式中　P——竖向总荷载；

　　　d——圆柱体试件的直径或立方体试件的边长；

　　　l——圆柱体试件的长度或立方体试件的边长。

混凝土轴心抗拉强度标准值 f_{tk} 与立方体抗压强度标准值 $f_{cu,k}$ 之间的换算关系为：

$$f_{tk} = 0.88\alpha_{c2} \times 0.395 f_{cu,k}^{0.55} (1 - 1.645\delta)^{0.45} \tag{2-4}$$

式中，$0.395 f_{cu,k}^{0.55}$ 为轴心抗拉强度与立方体抗压强度之间的换算关系，δ 为变异系数，$(1 - 1.645\delta)^{0.45}$ 反映了试验离散程度对标准值保证率的影响，系数 0.88 和 α_{c2} 的意义同式（2-2）。

2.2.1.3　复杂受力状态下混凝土的强度

实际结构中，混凝土很少处于理想的单轴受力状态。即使是最简单的梁、板、柱等构件，由于受到轴力、弯矩、剪力等共同作用，混凝土通常处于双向或三向受力状态。迄今为止，对复杂受力状态下混凝土的强度问题已做了许多试验和理论研究工作，但是由于问题难度较大，目前尚未建立比较完善的强度理论。因此，更多的是采用由试验结果总结出来的一些经验性规律。

A　双向受力强度

混凝土的双向受力试验一般采用正方形板试件。试验时，沿板平面内的两对边分别作用法向应力 σ_1 和 σ_2（压应力用负号，拉应力用正号），沿板厚方向的法向应力 $\sigma_3 = 0$。图 2-12 给出了试验得出的混凝土双向受力时的强度变化规律。从图中可以看出，在双向拉应力作用下（第一象限），σ_1 和 σ_2 相互影响不大，混凝土的强度与单向受拉时基本相同。在双向压应力作用下（第三象限），由于一个方向的压应力对另一个方向压应力引起的侧向变形起到了一定的约束作用，限制了试件内混凝土微裂缝的扩展，因此提高了混凝土的抗压强度。双向受压强度比单向受压强度最多可提高 27%（$\sigma_1/\sigma_2 \approx 0.5$ 时）。在拉压组合

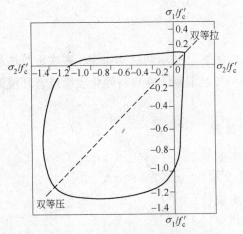

图 2-12　混凝土的双向受力强度

情况下（第二、四象限），由于两个方向的应力互相助长了混凝土微裂缝的发展，此时混凝土的强度均低于单向受拉或单向受压时的强度。

B　剪拉或剪压复合受力强度

当混凝土受到剪力或扭矩引起的剪应力 τ 和轴力引起的正应力 σ 共同作用时，形成剪拉或剪压复合受力状态。通常采用空心薄壁圆柱体进行这种受力试验。试验时先施加纵向压力或拉力，然后再施加扭矩至破坏。图 2-13 为试验所得的 τ 与 σ 组合的强度破坏曲线，图中 σ_0 表示单轴抗压强度。

由图 2-13 可见，在剪拉应力状态下，抗剪强度随着拉应力的增大而降低。在剪压应力状态下，当压应力较低时，抗剪强度随着压应力的增大而增大，当压应力增大到一定程度时，抗剪强度随压应力增大而减小。工程中经常会遇到混凝土构件截面同时作用剪应力和压应力或拉应力的复合受力状态，此时计算构件抗剪承载能力要考虑上述因素的影响。

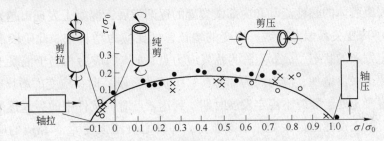

图 2-13　剪拉或剪压试验及试验曲线

C　三向受压强度

在三向压力作用下，混凝土强度会有较大提高。图 2-14 所示的是混凝土侧向等压（ $\sigma_2 = \sigma_3 = \sigma_r$ ）的三轴受压试验结果。试验时先通过液体静压力对混凝土圆柱体施加径向等压应力，然后对试件施加纵向压应力 σ_1 直至破坏。在这种受力状态下，试件的横向变形受到约束，抑制了混凝土内部微裂缝的产生和发展。因此当侧向压力增大时，构件破坏时的轴向抗压强度和应变也相应增大。

实际工程中，常常采用横向钢筋约束混凝土的办法提高混凝土的抗压强度。例如在柱中采用间距较密的螺旋箍筋和钢管代替外围不直接受压的混凝土，形成约束混凝土，使混凝土的强度和延性都得到较大的提高。

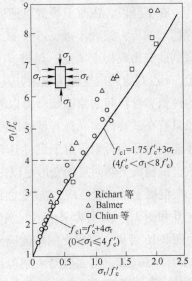

$$f_{c1} = 1.75 f'_c + 3\sigma_r$$
$$(4f'_c < \sigma_1 < 8f'_c)$$

$$f_{c1} = f'_c + 4\sigma_r$$
$$(0 < \sigma_1 \leqslant 4f'_c)$$

图 2-14　混凝土三轴受压试验结果
f'_c—圆柱体抗压强度

2.2.2 混凝土的变形

混凝土的变形有两类：一类是混凝土在荷载作用下（如单调短期加载，多次重复加载和荷载长期作用）的变形，也称为受力变形；另一类是混凝土在自身硬化收缩或者环境温度改变时产生的变形，也称为体积变形。

2.2.2.1 混凝土在单调短期加载下的变形性能

混凝土轴心受压时的应力-应变关系是混凝土最基本的性能，它是研究和建立混凝土构件承载力、变形、延性和受力全过程分析的重要依据。典型的混凝土棱柱体轴心受压应力-应变曲线如图 2-15 所示。

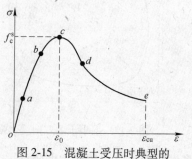

图 2-15　混凝土受压时典型的
应力-应变曲线

从图 2-15 可以看出，混凝土的应力-应变曲线包括上升段（oc 段）和下降段（ce 段）。在上升段，当应力较小时，即 $\sigma \leqslant 0.3f_c^s$（$oa$ 段），混凝土应力-应变关系接近直线，a 点为混凝土的弹性极限。在此阶段内混凝土的初始微裂缝还没有发展，混凝土的变形主要是骨料和水泥石的弹性变形。超过 a 点，当应力为 $0.3f_c^s \sim 0.8f_c^s$（ab 段）时，由于水泥凝胶体的黏性流动和内部微裂缝的逐渐发展，混凝土表现出越来越明显的塑性性质，应力-应变关系偏离直线，应变的增长速度比应力增长快。此阶段混凝土内部微裂缝处于稳定发展的状态，故 b 点称为临界应力点，b 点的应力相当于混凝土的条件屈服强度。当荷载进一步增加，应力约为 $0.8f_c^s \sim 1.0f_c^s$（bc 段）时，应变的增长速度明显比应力增长快，混凝土处于裂缝不稳定发展时期。到达 c 点时，试件中的裂缝逐渐扩展为若干通缝，此时混凝土发挥出最大受压承载能力，即轴心抗压强度 f_c^s，相应的应变称为峰值应变 ε_0。

在下降段，混凝土裂缝迅速发展，构件内部的整体性受到越来越严重的破坏，赖以传递荷载的传力路线不断减少，试件的平均应力强度下降，所以应力-应变曲线向下弯曲，直到曲线出现拐点 d 点。超过 d 点，曲线开始凹向应变轴，应力下降减缓，最后趋于稳定。e 点对应的应变称为极限压应变 ε_{cu}，它是混凝土试件所能达到的最大应变值，此时构件依靠骨料间的摩擦咬合力以及残余承压面来承受荷载。混凝土应力-应变曲线的下降段只有在试验机本身具有足够的刚度，或采用一定的辅助装置并控制下降段的应变速率时才能记录到。否则，由于试件达到峰值应力后的卸载作用，试验机内所积蓄的应变能释放，试验机突然回复的变形足以击溃内部结构已严重破坏的混凝土试件。

混凝土轴心受压应力-应变曲线的形状与混凝土强度等级和加载速度等因素有关。图 2-16 和图 2-17 分别为采用不同强度等级混凝土及不同加载速度时混凝土的应力-应变曲线。由图 2-16 可见，混凝土的峰值应变 ε_0 随混凝土强度的提高有增大趋势，普通混凝土 ε_0 为 0.0015~0.002，高强混凝土则可达 0.0025。在曲线的下降段，混凝土强度越高，应力下降越剧烈，即延性越差。从图 2-17 则可以看出，随着加载速度的降低，峰值应力略有降低，但相应的峰值应变 ε_0 增大，并且曲线的下降较为平缓。

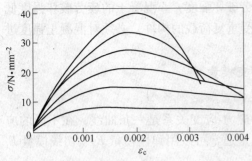 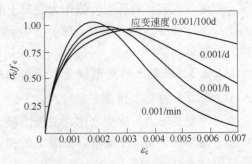

图 2-16 不同强度混凝土受压应力-应变曲线　　图 2-17　加载应变速度不同时混凝土受压应力-应变曲线

综上所述，混凝土受压应力-应变关系是一条曲线，这说明混凝土是一种弹塑性材料，只有当压应力很小时，才能将其视为弹性材料。曲线包含上升段和下降段，说明混凝土在破坏过程中，承载力有一个从增加到减小的过程。混凝土应力-应变曲线的形状和曲线下的面积反映了其塑性变形的能力。由曲线还可以确定其峰值应变 ε_0 和极限压应变 ε_{cu}，通常对普通混凝土，$\varepsilon_0 = 0.002$，$\varepsilon_{cu} = 0.0033$；对高强混凝土，$\varepsilon_0 = 0.002 \sim 0.00215$，$\varepsilon_{c}u = 0.003 \sim 0.0033$。

2.2.2.2 混凝土在多次重复加载下的变形性能

在重复荷载作用下，混凝土的变形性能实际上就是混凝土的疲劳性能。图 2-18（a）为混凝土受压棱柱体试件在一次加载卸载时的应力-应变曲线，图中 oA 段为加载曲线，AB 段为卸载曲线。弹性应变 ε_e 在卸载瞬时立即恢复，如果卸载后再经过一定时间，还能再恢复一部分应变 ε_{ae}，称为弹性后效，剩余的不可恢复的应变为残余应变 ε_{cr}。

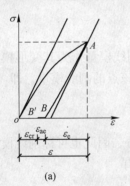 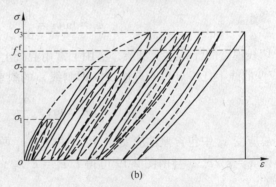

图 2-18　混凝土在重复荷载作用下的应力-应变曲线
（a）混凝土一次加载卸载时的应力-应变曲线；（b）混凝土多次重复加载的应力-应变曲线

图 2-18（b）为受压棱柱体在多次重复荷载作用下的应力-应变曲线。当加载应力不超过某一应力值 f_c^f 时（如 σ_1 和 σ_2），经多次重复加载，加载卸载所形成的环状曲线趋于闭合，逐渐形成一条直线，且此直线大致与第一次加载时的原点切线平行。如果加载应力超过 f_c^f（如 σ_3），在荷载重复过程中应力-应变曲线也逐渐变成直线，但再经过多次重复加载，应力-应变曲线转向相反方向弯曲，以致加载卸载不能形成封闭环，这标志着混凝土内部微裂缝发展加剧接近破坏。继续重复加载，应力-应变曲线的斜率继续降低，最终混凝土试件因严重开裂或变形过大而破坏。

混凝土在多次重复荷载作用下的破坏称为疲劳破坏，通常将混凝土试件承受 200 万次重复荷载时发生破坏的压应力值作为混凝土的疲劳破坏强度 f_c^f。混凝土的疲劳破坏强度低于其轴心抗压强度。在工程中，对于吊车梁等承受重复荷载的构件，必须对混凝土强度进行疲劳验算。

2.2.2.3　混凝土的变形模量、泊松比和剪变模量

A　混凝土的变形模量

变形模量是应力与应变之比，由于混凝土的应力-应变关系是一条曲线，在不同的应力状态下变形模量是一个变量。混凝土的变形模量通常可以用弹性模量 E_c、切线模量 E_t 和割线模量 E_c' 来表示。

如图 2-19 所示，混凝土棱柱体受压时，在应力-应变曲线的原点作一条切线，其斜率为混凝土的初始弹性模量，简称弹性模量，即

$$E_c = \tan\alpha_0 \qquad (2-5)$$

根据不同强度等级混凝土弹性模量试验值的统计分析，$E_c(\text{N/mm}^2)$ 与 $f_{cu,k}$ 之间的关系为

$$E_c = \frac{10^5}{2.2 + \dfrac{34.7}{f_{cu,k}}} \qquad (2-6)$$

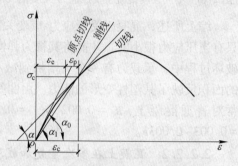

图 2-19　混凝土变形模量的表示方法

《混凝土结构设计规范》给出的混凝土弹性模量值详见附表 1-13。

在图 2-19 中任一点处作一切线，此切线的斜率为该点的切线模量，即

$$E_t = \tan\alpha = \frac{d\sigma}{d\varepsilon} \qquad (2-7)$$

由于切线模量的计算过于复杂，实用上常用混凝土的割线模量作为其变形模量。混凝土应力-应变曲线上任一点与原点连线（即割线）的斜率为该点的割线模量，即

$$E_c' = \tan\alpha_1 = \frac{\sigma_c}{\varepsilon_c} \qquad (2-8)$$

由于总应变 ε_c 中包含弹性应变 ε_e 和塑性应变 ε_p 两部分，因此也可称割线模量为弹塑性模量。设 $\lambda = \varepsilon_e/\varepsilon_c$，且由图 2-19 可得 $E_c\varepsilon_e = E_c'\varepsilon_c$，故有

$$E_c' = \frac{\varepsilon_e}{\varepsilon_c}E_c = \lambda E_c \qquad (2-9)$$

式中，λ 为弹性系数，它随应力增大而减小。当 $\sigma = 0.5f_c^s$ 时，λ 的平均值为 0.85；当 $\sigma = 0.8f_c^s$ 时，λ 值为 0.4~0.7。混凝土强度越高，λ 值越大，弹性特征较为明显。

混凝土受拉时的弹性模量和受压时基本一致，因此可取相同值。切线模量和割线模量也可用上述相应公式表达。当拉应力达到 f_t^s 时，$\lambda = 0.5$，故此时 $E_c' = 0.5E_c$。

B　混凝土的泊松比 ν_c

泊松比是指在一次短期加载（受压）时试件的横向应变与纵向应变之比。压应力较小时，ν_c 为 0.15 ~ 0.18；接近破坏时，ν_c 可达 0.5 以上。《混凝土结构设计规范》规定 $\nu_c = 0.2$。

C　混凝土的剪变模量 G_c

由胡克定律可知，混凝土的剪变模量为混凝土剪应力与剪应变的比值。但是由于目前还没有合适的混凝土抗剪测试方法，所以直接通过试验来测定混凝土的剪变模量是很困难的。一般可根据抗压试验测得的弹性模量 E_c 来确定剪变模量，即：

$$G_c = \frac{E_c}{2(1 + \nu_c)} \qquad (2\text{-}10)$$

取泊松比 $\nu_c = 0.2$，可得 $G_c = 0.417E_c$，故《混凝土结构设计规范》规定 $G_c = 0.4E_c$。

2.2.2.4　混凝土的收缩和徐变

混凝土在空气中结硬时体积会缩小，这种现象称为混凝土的收缩；混凝土在水中结硬时体积会膨胀，称为混凝土的膨胀。混凝土的收缩是一种自发变形，且比膨胀值大很多。当混凝土受到制约不能自由收缩时，将在混凝土中产生拉应力，从而可能导致混凝土开裂。在预应力混凝土结构中，收缩会引起预应力损失。

混凝土的收缩是由凝胶体的体积收缩（凝缩）以及混凝土因失水产生的体积收缩（干缩）共同引起的。混凝土的收缩随时间增长，结硬初期收缩发展较快，以后逐渐减慢（如图2-20所示），整个过程可延续两年左右。一般情况下混凝土最终收缩应变为 $(4 \sim 8) \times 10^{-4}$，约为混凝土轴心受拉峰值应变的 $3 \sim 5$ 倍，是

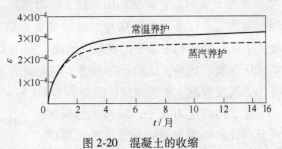

图 2-20　混凝土的收缩

混凝土内部微裂缝和外表宏观裂缝发展的主要原因。

试验表明，在混凝土的组成成分中，水泥用量越多，水灰比越大，收缩越大；骨料级配越好，弹性模量越大，收缩越小；构件的体积与表面积比值越大，收缩越小。另外，外部环境对混凝土的收缩有重要影响。高温蒸汽养护的收缩量小于普通养护，高温、干燥的使用环境下收缩量大。

混凝土在荷载长期作用下产生的随时间而增长的变形称为徐变。徐变对混凝土构件的受力性能有重要影响。徐变会使钢筋和混凝土之间产生内力重新分布，使混凝土应力减小，钢筋应力增大。徐变使受弯构件挠度增大，偏压构件的附加偏心距增大，还会使预应力混凝土构件产生预应力损失等。

通常认为徐变产生的原因为：当应力不大时，混凝土中的水泥凝胶体在荷载长期作用下产生黏性流动，把它承受的荷载逐渐转给骨料颗粒，骨料颗粒由于承受了更多的外力而产生了更多的变形；应力较大时，混凝土内部的微裂缝在荷载长期作用下不断发展和增加，也使混凝土变形增大。

图2-21所示为混凝土棱柱体试件加载至应力为 $0.5f_c^s$ 后保持应力不变，测得的变形随时间增长的关系。加载瞬间产生的应变为瞬时应变 ε_c，荷载持续作用下逐渐完成的应变为徐变应变 ε_{cr}。混凝土徐变发展先快后慢，通常半年内完成总徐变量的 $70\% \sim 80\%$，第一年内完成 90% 左右，24个月产生的徐变为瞬时应变的 $2 \sim 4$ 倍。此时卸去全部荷载，ε_c' 为卸载时瞬时恢复的应变，经过一段时间（约20天）又有一部分应变 ε_c'' 逐渐恢复，为弹性后

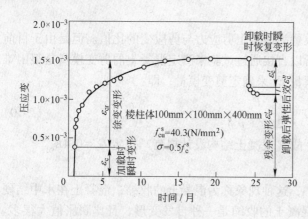

图 2-21 混凝土的徐变

效，最后残余的不可恢复的应变 ε'_{cr} 称为残余变形。

混凝土的徐变和收缩总是同时发生的。因此在计算徐变时，应从混凝土的变形总量中扣除收缩变形，才能得到徐变变形。

混凝土持续压应力的大小是影响徐变的主要因素之一。图 2-22 所示为不同应力水平时普通混凝土徐变的发展曲线。由图可见，当混凝土应力较小时（小于 $0.5f^s_c$），徐变与应力成正比，称为线性徐变。当混凝土应力较大时（大于 $0.5f^s_c$），徐变的增长快于应力增长，称为非线性徐变。在非线性徐变范围内，当混凝土应力过高（大于 $0.8f^s_c$），徐变变形剧增且徐变-时间曲线不再收敛，最终导致混凝土破坏，呈非稳定徐变的现象。因此，实用上可取应力等于 $0.8f^s_c$ 作为普通混凝土的长期抗压强度。此外，试验研究表明，在相同的 σ/f^s_c 比值下，高强混凝土比普通混凝土徐变小，高强混凝土的长期抗压强度约为 $(0.8 \sim 0.85)f^s_c$。

除了持续应力水平，混凝土材料的成分和外部环境也是影响徐变的主要因素。其中各个因素对徐变和收缩有类似的影响。

2.2.3 混凝土的选用原则

在混凝土结构中，混凝土强度等级的选用除与结构受力状态和性质有关外，还应考虑与钢筋强度等级相匹配。根据工程经验和技术经济等方面的要求，《混凝土结构设计规范》规定：

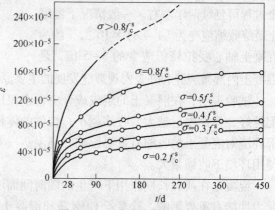

图 2-22 压应力与徐变的关系

（1）素混凝土结构的混凝土强度等级不应低于 C15；钢筋混凝土结构的混凝土强度等级不应低于 C20；采用强度等级 400MPa 及以上的钢筋时，混凝土强度等级不应低于 C25。

（2）预应力混凝土结构的混凝土强度等级不宜低于 C40，且不应低于 C30。

（3）承受重复荷载的钢筋混凝土构件，混凝土强度等级不应低于 C30。

（4）采用山砂混凝土及高炉矿渣混凝土时，尚应符合专门标准的规定。

2.3 钢筋与混凝土的粘结

2.3.1 钢筋与混凝土的粘结作用

当钢筋与混凝土之间有相对变形（滑移）时，就会在两者交界面上产生剪应力，通常

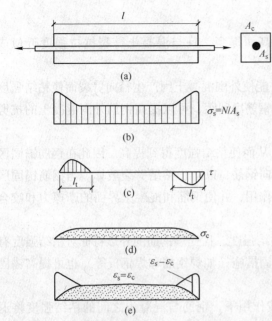

图 2-23 钢筋混凝土轴心受拉构件的应力分布

这种剪应力称为粘结应力。钢筋与混凝土之间的粘结是保证钢筋和混凝土共同工作的基本前提。粘结作用可用图 2-23 所示的轴心受拉构件的应力分析进行说明。轴向拉力 N 作用在构件端部（或裂缝截面）钢筋上，在构件端部（或裂缝截面）处钢筋应力为 $\sigma_s = N/A_s$（A_s 为钢筋截面面积），混凝土应力为 $\sigma_c = 0$，钢筋受力伸长，而混凝土无受力变形，钢筋与混凝土之间产生了变形差。由于钢筋与混凝土之间存在粘结作用，因此构件中钢筋伸长受到混凝土的约束，在钢筋与混凝土的交界面上产生了粘结应力 τ，使钢筋应力通过粘结应力 τ 逐渐传递给混凝土。随着距离构件端部截面（或裂缝截面）距离的增大，混凝土应力由零逐渐增大，钢筋的拉应力则由于逐渐传递给混凝土而减小，两者的变形差 $\varepsilon_s - \varepsilon_c$ 也逐渐减小。当达到某一距离 l_t 时，钢筋和混凝土不再产生相对变形，粘结应力也随之为零，钢筋与混凝土具有相同的拉伸变形（$\varepsilon_s = \varepsilon_c$），应力分布趋于均匀。

钢筋和混凝土之间的粘结作用主要由三部分组成：（1）混凝土中水泥胶体与钢筋表面的化学胶结力；（2）钢筋与混凝土接触面上的摩擦力；（3）钢筋表面粗糙不平产生的机械咬合力。其中，化学胶结力所占比例较小，钢筋和混凝土发生相对滑移后，粘结力主要由摩擦力和机械咬合力所提供。

2.3.2 粘结强度及影响因素

2.3.2.1 粘结强度

钢筋与混凝土的粘结强度通常采用拔出试验来测定，如图 2-24 所示。将钢筋一端埋入混凝土，在另一端施加拉力将钢筋拔出，钢筋拉拔力到达极限时的平均粘结应力即代表了钢筋与混凝土之间的粘结强度，可由下式确定

$$\tau = \frac{T}{\pi d l} \qquad (2\text{-}11)$$

式中，T 为钢筋的拉力；d 为钢筋的直径；l 为粘结长度。

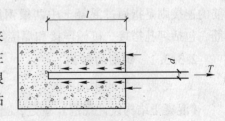

图 2-24 拔出试验及粘结应力的分布

由拔出试验可知，粘结应力为曲线分布，最大粘结应力在离端部某一距离处，且随拔出力的大小而变化；钢筋埋入长度越长，拔出力越大，但埋入过长则尾部的粘结应力很小，甚至为零；变形钢筋的粘结强度比光面钢筋的大，而在光面钢筋末端做弯钩可以大大提高拔出力。

2.3.2.2 影响粘结强度的主要因素

（1）粘结强度随混凝土强度等级的提高而提高，且与混凝土劈裂抗拉强度近似成正比。

（2）钢筋外围的保护层的厚度太小，可能使外围混凝土因产生径向劈裂而使粘结强度降低。因此，增加保护层厚度，保持一定的钢筋净间距，可以提高钢筋外围混凝土的抗劈裂能力，从而提高粘结强度。

（3）横向钢筋限制了纵向裂缝的发展，从而使粘结强度得到提高。因此在钢筋锚固区和搭接长度范围内，均应设置一定数量的横向钢筋，以防止粘结劈裂破坏。当钢筋锚固区作用有侧向压力时，同样对纵向裂缝起约束作用，并使钢筋和混凝土界面的摩擦力和咬合力增加，从而提高粘结强度。

（4）变形钢筋较光圆钢筋具有较高的粘结强度，且变形钢筋的外形特征对粘结强度有一定影响。钢筋端部的弯钩、弯折及附加锚固措施（如焊钢筋和焊钢板等）也可提高锚固粘结能力。

（5）试验表明，在重复荷载或反复荷载作用下，钢筋与混凝土之间的粘结强度将退化。一般来说，所施加的应力越大，重复或反复次数越多，粘结强度退化越多。

应当指出，上述关于钢筋与混凝土之间粘结性能的分析，都是基于拔出试验的结果。受压钢筋的粘结锚固性能一般比受拉钢筋有利，钢筋受压后横向膨胀，挤压周围混凝土，增加了摩擦力，粘结强度比受拉钢筋的高。

2.3.3 钢筋的锚固和连接

由于粘结破坏机理复杂，影响粘结力的因素较多，《混凝土结构设计规范》采用构造措施来保证混凝土与钢筋的粘结，钢筋的锚固与连接是其中的重要内容。钢筋的锚固是指通过混凝土中钢筋埋置段或机械措施将钢筋所受的力传给混凝土，使钢筋锚固于混凝土而不滑出，包括直钢筋的锚固、带弯钩或弯折钢筋的锚固，以及采用机械措施的锚固等。钢筋的连接则是指通过混凝土中两根钢筋的连接接头，将一根钢筋所受的力传给另一根钢筋，包括绑扎搭接、机械连接和焊接等。

2.3.3.1 钢筋的锚固

A 受拉钢筋的锚固长度

《混凝土结构设计规范》规定，当计算中充分利用钢筋的抗拉强度时，受拉钢筋的锚固应符合下列要求：

基本锚固长度 l_{ab} 应按以下公式计算：

$$l_{ab} = \frac{\alpha f_y}{f_t}d \tag{2-12}$$

式中　f_y——钢筋的抗拉强度设计值；

　　　f_t——混凝土轴心抗拉强度设计值，当混凝土强度等级超过 C60 时，按 C60 取值；

　　　d——锚固钢筋的直径；

　　　α——锚固钢筋的外形系数，按表 2-1 取用。

表 2-1 锚固钢筋的外形系数

钢筋类型	光面钢筋	带肋钢筋	螺旋肋钢丝	三股钢绞线	七股钢绞线
α	0.16	0.14	0.13	0.16	0.17

注：光圆钢筋末端应做 180° 弯钩，弯后平直段长度不应小于 3d，但作受压钢筋时可不做弯钩。

受拉钢筋的锚固长度应根据锚固条件按以下公式计算，且不应小于 200mm：

$$l_a = \zeta_a l_{ab} \tag{2-13}$$

式中 l_a——受拉钢筋的锚固长度；

        ζ_a——锚固长度修正系数，具体取值见下文说明，当多于一项时，可按连乘计算，但不应小于 0.6。

纵向受拉普通钢筋的锚固长度修正系数 ζ_a 应按下列规定取用：

（1）当带肋钢筋的公称直径大于 25mm 时取 1.10；

（2）环氧树脂涂层带肋钢筋取 1.25；

（3）施工过程中易受扰动的钢筋取 1.10；

（4）当纵向受力钢筋的实际配筋面积大于其设计计算面积时，修正系数取设计计算面积与实际配筋面积的比值，但对有抗震设防要求及直接承受动力荷载的结构构件，不应考虑此项修正；

（5）锚固钢筋的保护层厚度为 3d 时修正系数可取 0.80，保护层厚度为 5d 时修正系数可取 0.70，中间按内插取值，此处 d 为锚固钢筋的直径。

若受力钢筋的锚固长度有限，可在钢筋的末端采用机械锚固措施，如钢筋末端弯钩、一侧贴焊锚筋、两侧贴焊锚筋、穿孔塞焊锚板和螺栓锚头。当纵向受拉普通钢筋末端采用机械锚固措施时，包括弯钩或锚固端头在内的锚固长度（投影长度）可取为基本锚固长度 l_{ab} 的 60%，机械锚固的形式和构造要求按图 2-25 采用。

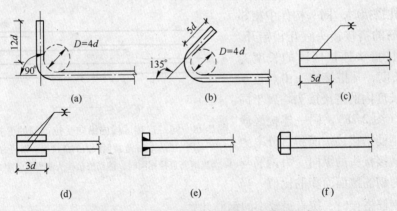

图 2-25 弯钩和机械锚固的形式和构造要求

（a）90° 弯钩；（b）135° 弯钩；（c）一侧贴焊锚筋；（d）两侧贴焊锚筋；（e）穿孔塞焊锚板；（f）螺栓锚头

B 受压钢筋的锚固长度

混凝土结构中的纵向受压钢筋，当计算中充分利用其抗压强度时，锚固长度不应小于相应受拉锚固长度的 70%。受压钢筋不应采用末端弯钩和一侧贴焊锚筋（图 2-25（a）~（c））的锚固措施。

2.3.3.2　钢筋的连接

钢筋的连接可采用绑扎搭接、机械连接或焊接。绑扎搭接利用了钢筋和混凝土之间的粘结锚固作用，比较可靠且施工方便。机械连接是通过连贯于两根钢筋外的套筒实现传力，主要形式有挤压套筒连接、锥螺纹套筒连接、镦粗直螺纹连接、滚轧直螺纹连接等，其中锥螺纹套筒连接如图 2-26 所示。钢筋焊接是利用电阻、电弧或燃烧的气体加热钢筋断头使之熔化并用加压或填加熔融的金属焊接材料，使之连接为一体的连接方式。其有闪光对焊、电弧焊、气压焊等，如图 2-27 所示。

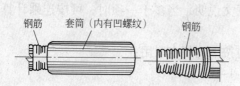

图 2-26　锥螺纹套筒连接示意图

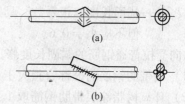

图 2-27　钢筋焊接连接示意图
（a）闪光对焊；（b）电弧焊搭接

混凝土结构中受力钢筋的连接接头宜设置在受力较小处。在同一根受力钢筋上宜少设接头。在结构的重要构件和关键传力部位，纵向受力钢筋不宜设置连接接头。接下来详细介绍一下绑扎搭接。

轴心受拉及小偏心受拉杆件，由于构件截面较小且钢筋拉应力较大，为防止连接失效引起结构破坏等严重后果，故其纵向受力钢筋不得采用绑扎搭接。同时，由于粗直径受力钢筋绑扎搭接容易产生过宽的裂缝，故当受拉钢筋直径大于 25mm，受压钢筋直径大于 28mm 时不宜采用绑扎搭接。承受疲劳荷载的构件，为避免其纵向受拉钢筋接头区域的混凝土疲劳破坏引起连接失效，也不得采用绑扎搭接。

采用绑扎搭接时，同一构件中相邻纵向受力钢筋的搭接接头宜互相错开。钢筋绑扎搭接接头连接区段的长度为 1.3 倍搭接长度，凡搭接接头中点位于该连接区段长度内的搭接接头均属于同一连接区段（图 2-28）。同一连接区段内纵向受力钢筋搭接接头面积百分率为该区段内有搭接接头的纵向受力钢筋与全部纵向受力钢筋截面面积的比值。当

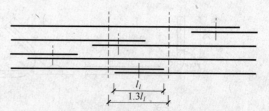

图 2-28　同一连接区段内纵向受拉钢筋的绑扎搭接接头
（图中所示同一连接区段内的搭接接头钢筋为两根，
当钢筋直径相同时，钢筋搭接接头面积百分率为50%）

直径不同的钢筋搭接时，按直径较小的钢筋计算。

位于同一连接区段内的受拉钢筋搭接接头面积百分率：对梁类、板类及墙类构件，不宜大于 25%；对柱类构件，不宜大于 50%。当工程中确有必要增大受拉钢筋搭接接头面积百分率时，对梁类构件，不宜大于 50%；对板、墙、柱及预制构件的拼接处，可根据实际情况放宽。

纵向受拉钢筋绑扎搭接接头的搭接长度，应根据位于同一连接区段内的钢筋搭接接头面积百分率按以下公式计算，且不应小于 300mm。

$$l_l = \zeta_l l_a \qquad (2\text{-}14)$$

式中　　l_l——纵向受拉钢筋的搭接长度；

　　　　ζ_l——纵向受拉钢筋的搭接长度修正系数，按表 2-2 取值。当纵向搭接钢筋接头面积百分率为表的中间值时，修正系数可按内插取值。

表 2-2　纵向受拉钢筋搭接长度修正系数

纵向搭接钢筋接头面积百分率/%	≤25	50	100
ζ_l	1.2	1.4	1.6

构件中的纵向受压钢筋当采用搭接连接时，其受压搭接长度不应小于纵向受拉钢筋搭接长度 l_l 的 70%，且不应小于 200mm。

———————————— 小　　结 ————————————

（1）钢筋混凝土结构中的钢筋主要为热轧钢筋，它属于有明显流幅的钢筋，也称为软钢。预应力混凝土结构中的预应力钢筋主要为预应力钢丝、钢绞线和预应力螺纹钢筋，它们都属于无明显流幅的钢筋，也称为硬钢。钢筋有两个强度指标：屈服强度（软钢）或条件屈服强度（硬钢）和极限强度。屈服强度或条件屈服强度是结构设计时钢筋强度取值的依据。钢筋也有两个塑性指标：最大力下的总伸长率和冷弯性能。混凝土结构对钢筋有强度、塑性、可焊性等多方面的要求。

（2）为了节约钢材，可以采用冷加工的方法提高热轧钢筋的强度，但其塑性性能较差。冷拉只能提高钢筋的抗拉强度，冷拔则可同时提高抗拉及抗压强度。

（3）混凝土的强度有立方体抗压强度、轴心抗压强度和轴心抗拉强度。结构设计中直接用到的强度指标有轴心抗压强度和轴心抗拉强度。立方体抗压强度是混凝土强度的基本代表值，混凝土强度等级由立方体抗压强度标准值确定，混凝土的其他强度指标都可与立方体抗压强度标准值建立相应的换算关系。

（4）混凝土的变形有受力变形和体积变形。其中混凝土棱柱体在单向受压短期加载时的应力-应变关系是研究和建立混凝土构件承载力、变形、延性和受力全过程分析的重要依据。混凝土在多次重复荷载作用下的破坏称为疲劳破坏，混凝土的疲劳破坏强度低于其轴心抗压强度。混凝土在荷载长期作用下会产生徐变，徐变和收缩通常伴随发生，且影响因素基本相同，但它们有本质的区别。

（5）钢筋和混凝土之间的粘结是两种材料共同工作的基础。粘结强度一般由化学胶结力、摩擦力和机械咬合力组成。实际工程中应采取可靠的构造措施来保证混凝土与钢筋的粘结。

复习思考题

2-1　混凝土结构中使用的钢筋有哪些种类？

2-2　软钢和硬钢的应力-应变曲线有何不同，二者的强度取值有何不同？

2-3　钢筋的冷加工工艺有哪些，冷拉和冷拔后钢筋的力学性能有什么变化？

2-4　什么是钢筋的疲劳破坏，影响钢筋疲劳破坏强度的因素有哪些？

2-5　混凝土立方体抗压强度、轴心抗压强度和抗拉强度是如何确定的，为什么混凝土的轴心抗压强度低于立方体抗压强度？

2-6 《混凝土结构设计规范》规定的混凝土强度等级有哪些？

2-7 绘制混凝土棱柱体在单向受压短期加载时的应力-应变曲线，并说明曲线的特点。

2-8 什么是约束混凝土，约束混凝土在工程中有哪些应用？

2-9 什么是混凝土的疲劳强度？

2-10 什么是混凝土的徐变，徐变对结构有何影响，影响混凝土徐变的主要因素有哪些？

2-11 什么是混凝土的收缩，收缩对结构有何影响，如何减少收缩？

2-12 影响钢筋与混凝土粘结性能的主要因素有哪些，为保证钢筋与混凝土的粘结要采取哪些主要措施？

3 结构设计方法

3.1 结构设计的要求

结构设计的目的是使所设计的结构在具有适当可靠性的情况下能够满足所有所需的功能要求。结构在规定的设计使用年限内应满足的功能要求包括结构的安全性、适用性和耐久性，具体为：

（1）能承受在施工和使用期间可能出现的各种作用，作用包括荷载、变形、温度变化等；

（2）保持良好的使用性能，如不发生变形，不产生过宽的裂缝；

（3）在正常维护条件下具有足够的耐久性能；

（4）当发生火灾时，在规定的时间内可保持足够的承载力；

（5）当发生爆炸、撞击、人为错误等偶然事件时，结构能保持必需的整体稳固性，不出现与起因不相称的破坏后果，防止出现结构的连续倒塌。

在上述工程结构必须满足的 5 项功能中，第 1、4、5 项是对结构安全性的要求，第 2 项是对结构适用性的要求，第 3 项是对结构耐久性的要求。结构的安全性、适用性和耐久性总称为结构的可靠性，即结构在规定的时间，规定的条件下，完成预定功能的能力。该能力的量化称为结构的可靠度，即结构在规定的时间内，规定的条件下，工程结构完成预定功能的概率量度。也就是说，结构可靠度是结构可靠性的概率量化。

其中，"规定的时间"是指设计规定的结构或结构构件不需进行大修即可按预定目的使用的年限，称为"设计使用年限"，即结构在规定的条件（正常设计、正常施工、正常使用）下所应达到的使用年限。"规定的条件"，是指正常设计、正常施工和正常使用的条件，即不考虑人为过失的影响，人为过失应通过其他措施予以避免。

设计使用年限并不等同于建筑结构的实际寿命或耐久年限，当结构的实际使用年限超过设计使用年限后，其可靠度可能较设计时的预期值减小，但结构仍可继续使用或经大修后可继续使用。

根据我国的实际情况，《工程结构可靠性设计统一标准》对房屋建筑结构的设计使用年限如表 3-1 所示。当业主提出更高的要求时，也可应业主的要求，经主管部门批准，按照业主的要求采用。

表 3-1　房屋建筑结构的设计使用年限

类　别	设计使用年限/年	示　　　　例
1	5	临时性建筑结构
2	25	易于替换的结构构件

类　别	设计使用年限/年	示　　　例
3	50	普通房屋和构筑物
4	100	标志性建筑和特别重要的建筑结构

在结构设计过程中，使用强度较高的材料，加大构件截面的尺寸，增加材料的使用量等能提高结构的可靠性，但是会提高结构的造价，造成材料的浪费。因此，在设计时不仅要考虑到结构的可靠性，同时要兼顾建筑的经济性，解决好结构设计的可靠性与经济性之间的关系。在《工程结构可靠性设计统一标准》中规定，结构的设计、施工和维修应使结构在规定的设计使用年限内以适当的可靠度且经济的方式满足规定的各项功能要求。

各类工程结构的使用功能各异，结构损坏或倒塌后，造成的人员伤亡及经济损失不同，其社会影响也有较大差别，因此其重要性也会有所区别。结构设计时，对于不同的工程结构，应采用不同的可靠度水准。《工程结构可靠性设计统一标准》中用工程结构的安全等级来区分各类工程的重要程度，如表 3-2 所示。工程结构设计时，应根据结构破坏可能产生的后果，即危及人的生命、造成经济损失、对社会或环境产生影响等的严重性，采用不同的安全等级。对重要的结构，其安全等级应取为一级；对一般的结构，其安全等级宜取为二级；对次要的结构，其安全等级可取为三级。

同一工程结构内的各种结构构件宜与结构采用相同的安全等级，但允许对部分结构构件根据其重要程度和综合经济效果进行适当调整。如提高某一结构构件的安全等级所需额外费用很少，又能减轻整个结构的破坏从而大大减少人员伤亡和财物损失，则可将该结构构件的安全等级比整个结构的安全等级提高一级；相反，如某一结构构件的破坏并不影响整个结构或其他结构构件，则可将其安全等级降低一级，但不得低于三级。

表 3-2　工程结构的安全等级

安全等级	破 坏 后 果	示　　例
一级	很严重：对人的生命、经济、社会或环境影响很大	大型的公共建筑等
二级	严　重：对人的生命、经济、社会或环境影响较大	普通的住宅和办公楼等
三级	不严重：对人的生命、经济、社会或环境影响较小	小型的或临时性贮存建筑等

3.2　结构上的作用、作用效应及抗力

3.2.1　结构上的作用和作用效应

结构上的作用是指施加在结构上的集中力或分布力，以及引起结构外加变形或约束变形的原因，如地震、基础不均匀沉降、温度变化和混凝土收缩等。前者以力的形式作用于结构上，称为直接作用，习惯上称为荷载；后者以变形的形式作用在结构上，称为间接作用。

结构上的作用按随时间的变异，可分为三类：

（1）永久作用。永久作用是指在结构使用期间，其值不随时间变化，或其变化与平均

值相比可以忽略不计，或其变化是单调的并能趋于限值的作用，如结构的自身重力、土压力、预应力等。这种作用一般为直接作用，通常称为永久荷载或恒荷载。

（2）可变作用。可变作用是指在结构使用期间，其值随时间变化，且变化与平均值相比不可忽略的作用，如楼面活荷载、桥面或路面上的行车荷载、吊车荷载、风荷载和雪荷载等。这种作用如为直接作用，则通常称为可变荷载或活荷载。

（3）偶然作用。偶然作用是指在结构使用期间不一定出现，而一旦出现，其量值很大且持续时间很短的作用，如强烈地震、爆炸、撞击、龙卷风等引起的作用。这种作用多为间接作用，当为直接作用时，通常称为偶然荷载。

直接作用或间接作用作用在结构构件上，由此在结构内产生内力和变形（如轴力、剪力、弯矩、扭矩以及挠度、转角和裂缝等），称为作用效应，通常用 S 表示。荷载与荷载效应之间一般近似地按线性关系考虑，二者均为随机变量或随机过程。

3.2.2 结构抗力

结构抗力 R 是指结构或结构构件承受作用效应的能力，即结构或结构构件承受荷载、抵抗变形的能力等。影响混凝土结构构件承载力的主要因素有材料性能（如钢筋、混凝土强度等级、弹性模量）、构件的截面形状及截面尺寸、钢筋配置的数量及方式等。

由于这些因素都具有一定的不精确性，因此也属于是随机变量，由这些因素综合而成的结构抗力也是一个随机变量。

结构上的作用，特别是可变作用及偶然作用随着时间的变化而改变。对结构进行设计时应确定一个时间参数，作为选取可变作用等的基准，这个时间基准即为设计基准期，即为确定可变作用等的取值而选用的时间参数。我国的《工程结构可靠性设计统一标准》（GB 50153—2008）规定房屋建筑的设计基准期为 50 年。设计基准期是为确定可变作用的取值而规定的标准时段，它不等同于结构的设计使用年限。

3.3　荷载与材料强度取值

结构物所承受的作用在使用期内会发生变动，不是一个确定不变的值，特别是可变作用；工程中所使用的材料，由于材料的不均匀性及生产、加工时其他因素的影响，材料的实际强度也不是一个确定值，而是以一个确定值为基准在一定范围内波动。结构设计时首先根据结构的设计基准期确定荷载和材料强度的基本代表值，代表值的取法根据概率统计方法确定。

3.3.1 荷载代表值的确定

荷载代表值是设计中用以验算极限状态所采用的荷载量值。荷载的基本代表值为荷载标准值，为设计基准期内最大荷载统计分布的特征值。对于可变荷载，荷载的代表值还有荷载准永久值、荷载频遇值。

3.3.1.1　荷载的统计特性

我国根据建筑结构的各种永久荷载、民用房屋楼面活荷载、风荷载和雪荷载的调查和实测工作，对所取得的资料应用概率统计方法处理后，确定荷载的概率分布和统计参数。

认为永久荷载符合正态分布，民用房屋楼面活荷载以及风荷载和雪荷载的概率分布可认为是极值Ⅰ型分布。

3.3.1.2　荷载标准值

荷载标准值是指在结构的使用期间可能出现的最大荷载值。由于荷载本身的随机性，使用期间的最大荷载也是随机变量，原则上也可用它的统计分布来描述。按《工程结构可靠性设计统一标准》的规定，荷载标准值统一由设计基准期最大荷载概率分布的某个分位值来确定，设计基准期统一规定为 50 年，而《工程结构可靠性设计统一标准》对分位值的百分位未作统一规定。

因此，对某类荷载，当有足够资料而有可能对其统计分布作出合理估计时，则在其设计基准期最大荷载的分布上，根据协议的百分位作为该荷载的代表值，原则上可取分布的特征值（例如均值、众值或中值），国际上习惯称之为荷载的特征值。实际上，对于大部分自然荷载，包括风、雪荷载，习惯上都以其规定的平均重现期来定义标准值，也即相当于以其重现期内最大荷载的分布的众值为标准值。

然而，目前并非所有荷载都能取得充分的资料，为此，不得不根据已有的工程实践经验，通过分析判断后，协议一个公称值作为代表值。

A　永久荷载标准值

永久荷载（恒荷载）标准值可按结构设计规定的尺寸和《建筑结构荷载规范》规定的材料容重（或单位面积的自重）平均值确定，一般相当于永久荷载概率分布的平均值。

B　可变荷载标准值

出于分析上的方便，《建筑结构荷载规范》中对于各类活荷载的分布类型采用了极值Ⅰ型。规定办公楼、住宅楼面均布活荷载最小值取为 $2.0kN/m^2$。这个标准值对于办公楼相当于设计基准期最大活荷载概率分布的平均值加 3.16 倍标准差，对于住宅则相当于设计基准期最大荷载概率分布的平均值加 2.38 倍的标准差。可见，对于办公楼和住宅，楼面活荷载标准值的保证率均大于 95%。

风荷载标准值是由建筑物所在地的基本风压乘以风压高度变化系数、风载体型系数和风振系数确定的。其中基本风压是根据当地气象台历年来的最大风速记录，按基本风速的标准要求，将不同风速仪高度和时次时距的年最大风速，统一以换算为离地 10m 高，自记 10min 平均年最大风速数据，经统计分析确定重现期为 50 年的最大风速，作为当地的基本风速经换算得到当地的基本风压。

雪荷载标准值是由建筑物所在地的基本雪压乘以屋面积雪分布系数确定的。而基本雪压则是以当地一般空旷平坦地面上统计所得 50 年一遇最大雪压确定。

C　荷载准永久值

荷载准永久值是指在设计基准期内被超越的总时间占设计基准期的比率较大的作用值。它是随时间变化而数值变化较小的可变荷载值（如较为固定的家具、办公室设备等），在规定的期限内具有较长的总持续期，对结构的影响犹如永久荷载。

D　荷载频遇值

荷载频遇值是指在设计基准期内被超越的总时间占设计基准期的比率较小的作用值；或被超越的频率限制在规定频率内的作用值。

结构设计时，对不同荷载应采用不同的代表值。对永久荷载应采用标准值作为代表值；对可变荷载应根据设计要求采用标准值、组合值、频遇值或准永久值作为代表值。

3.3.2 材料强度标准值的确定

3.3.2.1 材料强度的变异性及统计特性

材料强度的变异性，主要是指材质以及工艺、加载、尺寸等因素引起材料强度的不确定性。例如，按同一标准生产的钢材或混凝土，即使是同一炉钢轧成的钢筋或同一次搅拌而得的混凝土试件，按照统一方法在同一试验机上进行试验，所测得的强度也不完全相同。统计资料表明，混凝土强度和钢筋强度的概率分布符合正态分布。

3.3.2.2 材料强度标准值

钢筋和混凝土的强度标准值是钢筋混凝土结构按极限状态设计时采用的材料强度基本代表值。材料强度标准值应根据符合规定质量的材料强度的概率分布的某一分位值确定。由于钢筋和混凝土强度均服从正态分布，故它们的强度标准值 f_k 可统一表示为

$$f_k = \mu_f - \alpha\sigma_f \qquad (3-1)$$

式中，α 为与材料实际强度 f 低于 f_k 的概率有关的保证率系数；μ_f 为所测材料强度平均值；σ_f 为所测材料强度标准差。由此可见，材料强度标准值是材料强度概率分布中具有一定保证率的偏低的材料强度值。

（1）钢筋的强度标准值。为了保证钢材的质量，国家有关标准规定钢材出厂前要抽样检查，检查的标准为"废品限值"。对于各级热轧钢筋，废品限值约相当于屈服强度平均值减去两倍标准差（即式（3-1）中的 $\alpha = 2$）所得的数值，保证率为97.73%。《混凝土结构设计规范》规定，钢筋的强度标准值应具有不小于95%的保证率。可见，国家标准规定的钢筋强度废品限值符合这一要求，且偏于安全。因此，《混凝土结构设计规范》以国家标准规定值作为钢筋强度标准值的依据。

（2）混凝土的强度标准值。混凝土强度标准值为具有95%保证率的强度值，亦即式（3-1）中的保证率系数 $\alpha = 1.645$。

3.4 工程结构设计计算方法

3.4.1 混凝土结构构件设计计算方法

根据混凝土结构构件设计计算方法的发展以及不同的特点，可分为容许应力法、破坏阶段法、极限状态设计法以及概率极限状态设计法。

容许应力法是最早的混凝土结构构件计算理论，主要思想为在规定的荷载标准值作用下，按弹性理论计算得到的构件截面应力应小于结构设计规范规定的材料容许应力值。材料的容许应力为材料强度除以安全系数。该方法的优点是应用弹性理论分析，计算简便。其缺点是未考虑结构材料的塑性性能，安全系数的确定主要依靠工程经验，缺乏科学依据。

鉴于容许应力法的不足，工程人员提出了按破坏阶段的设计方法。该法与容许应力法

的主要区别是在考虑材料塑性性能的基础上，按破坏阶段计算构件截面的承载能力，要求构件截面的承载能力（弯矩、轴力、剪力和扭矩等）不小于由外荷载产生的内力乘以安全系数。该方法的优点是反映了构件截面的实际工作情况，计算结果比较准确。缺点是采用了总安全系数考虑材料强度及荷载大小的变异性，概念过于笼统和粗糙。

由于容许应力法和破坏阶段法采用单一安全系数过于笼统，人们又提出了多系数极限状态设计法。多系数极限状态设计法规定结构按承载能力极限状态、变形极限状态和裂缝极限状态等三种极限状态进行设计，具体为在承载能力极限状态中，用材料的均质系数及材料工作条件系数考虑材料强度的变异性，引入荷载超载系数以考虑荷载的不均匀性，对构件还引入工作条件系数；将材料强度和荷载作为随机变量，用数理统计方法经过调查分析确定材料强度均质系数及某些荷载的超载系数。但极限状态设计法仍然没有给出结构可靠度的定义和计算可靠度的方法；对于保证率的确定、系数取值等仍然带有不少主观经验的成分。近年来，国际上大多数国家结构构件设计方法采用基于概率理论的极限状态设计方法，简称概率极限状态设计法。目前，我国结构设计方法采用的也是概率极限状态设计法。

3.4.2 概率极限状态设计法

3.4.2.1 结构的极限状态

如果整个结构或结构的一部分超过某一特定状态就不能满足设计规定的某一功能要求，则此特定状态称为该功能的极限状态。极限状态实质上是区分结构可靠与失效的界限。极限状态分为两类：承载能力极限状态和正常使用极限状态。

A 承载能力极限状态

这种极限状态对应于结构或结构构件达到最大承载能力或达到不适于继续承载的变形。当结构或结构构件出现下列状态之一时，应认为超过了承载能力极限状态：

（1）结构构件或连接因超过材料强度而破坏，或因过度变形而不适于继续承载；

（2）整个结构或其一部分作为刚体失去平衡；

（3）结构转变为机动体系；

（4）结构或结构构件丧失稳定；

（5）结构因局部破坏而发生连续倒塌；

（6）地基丧失承载力而破坏；

（7）结构或结构构件的疲劳破坏。

承载能力极限状态可理解为结构或结构构件发挥允许的最大承载能力的状态。结构构件由于塑性变形而使其几何形状发生显著改变，虽未达到最大承载能力，但已彻底不能使用，也属于达到承载能力极限状态。

承载能力极限状态主要考虑有关结构安全性的功能。对于任何承载的结构或构件，都需要按承载能力极限状态进行设计。

B 正常使用极限状态

这种极限状态对应于结构或结构构件达到正常使用或耐久性能的某项规定限值。当结构或结构构件出现下列状态之一时，应认为超过了正常使用极限状态：

（1）影响正常使用或外观的变形；

（2）影响正常使用或耐久性能的局部损坏；

（3）影响正常使用的振动；

（4）影响正常使用的其他特定状态。

正常使用极限状态主要考虑有关结构适用性和耐久性的功能，可理解为结构或结构构件达到使用功能上允许的某个限值的状态，因为过大的裂缝会影响结构的耐久性，过大的变形、过宽的裂缝也会造成用户心理上的不安全感。通常对结构构件先按承载能力极限状态进行承载能力计算，然后根据使用要求按正常使用极限状态进行变形、裂缝宽度或抗裂等验算。

3.4.2.2 结构的功能函数和极限状态方程

结构的可靠度通常受结构上的各种作用、材料性能、几何参数、计算公式精确性等因素的影响。这些因素一般具有随机性，称为基本变量，记为 $X_i(i=1, 2, \cdots, n)$。

按极限状态方法设计建筑结构时，要求所设计的结构具有一定的预定功能（如承载能力、刚度、抗裂或裂缝宽度等）。这可用包括各有关基本变量 X_i 在内的结构功能函数来表达，即

$$Z = g(X_1, X_2, \cdots, X_n) \tag{3-2}$$

若

$$Z = g(X_1, X_2, \cdots, X_n) = 0 \tag{3-3}$$

上式称为极限状态方程。

当功能函数中仅包括作用效应 S 和结构抗力 R 两个基本变量时，可得

$$Z = g(R, S) = R - S \tag{3-4}$$

通过功能函数 Z 可以判别结构所处的状态：

当 $Z>0$ 时，结构处于可靠状态；

当 $Z<0$ 时，结构处于失效状态；

当 $Z=0$ 时，结构处于极限状态。

3.4.2.3 结构可靠度的计算

A 结构的失效概率 p_f

假若 R 和 S 都是确定性变量，则由 R 和 S 的差值可直接判别结构所处的状态。而 R 和 S 都是随机变量或随机过程，因此，要判断结构所处的状态需要计算 R 和 S 的差值的概率。图 3-1 所示为 R 和 S 绘于同一坐标系时的概率密度曲线，假设 R 和 S 均服从正态分布且两者为线性关系，R 和 S 的平均值分别为 μ_R 和 μ_S，标准差分别为 σ_R 和 σ_S。由图 3-1 可见，在多数情况下，R 大于 S。但是，由于 R 和 S 的离散性，在 R、S 概率密度曲线的重叠区（阴影段内）仍有可能出现 R 小于 S 的情况。这种可能性的大小用概率来表示就是失效概率，即结构功能函数 $Z = R-S<0$ 的概率称为结构构件的失效概率，记为 p_f。

当结构功能函数中仅有两个独立的随机变量 R 和 S，且它们都服从正态分布时，则功能函数 $Z=R-S$ 也服从正态分布，其平均值 $\mu_Z = \mu_R - \mu_S$，标准差 $\sigma_Z = \sqrt{\sigma_R^2 + \sigma_S^2}$。功能函

数 Z 的概率密度曲线如图 3-1 所示,结构的失效概率 p_f 可直接通过 $Z<0$ 的概率(图中阴影面积)来表达,即

$$p_f = P(Z < 0)$$

$$= \int_{-\infty}^0 f(Z)\,\mathrm{d}Z = \int_{-\infty}^0 \frac{1}{\sigma_Z \sqrt{2\pi}} \exp\left[-\frac{1}{2}\left(\frac{Z - \mu_Z}{\sigma_Z}\right)^2 \right] \mathrm{d}Z \tag{3-5}$$

用失效概率度量结构可靠性具有明确的物理意义,能较好地反映问题的实质。但 p_f 的计算比较复杂,因而国际标准和我国标准目前都采用可靠指标 β 来度量结构的可靠性。

B　结构构件的可靠指标 β

令

$$\beta = \frac{\mu_Z}{\sigma_Z} = \frac{\mu_R - \mu_S}{\sqrt{\sigma_R^2 + \sigma_S^2}} \tag{3-6}$$

则式(3-5)可写为

$$p_f = \Phi\left(-\frac{\mu_Z}{\sigma_Z}\right) = \Phi(-\beta) \tag{3-7}$$

由式(3-7)及图 3-2 可见,β 与 p_f 具有数值上的对应关系(见表 3-3),也具有与 p_f 相对应的物理意义。β 越大,p_f 就越小,即结构越可靠,故 β 称为可靠指标。

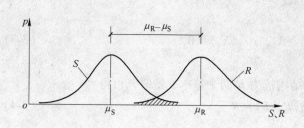 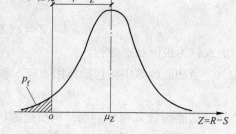

图 3-1　R、S 的概率密度曲线　　　　　图 3-2　功能函数的概率密度曲线

表 3-3　可靠指标 β 与失效概率 p_f 的对应关系

β	1.0	1.5	2.0	2.5	2.7	3.2	3.7	4.2
p_f	1.59×10^{-1}	6.68×10^{-2}	2.28×10^{-2}	6.21×10^{-3}	3.5×10^{-3}	6.9×10^{-4}	1.1×10^{-4}	1.3×10^{-5}

当仅有作用效应和结构抗力两个基本变量且均按正态分布时,结构构件的可靠指标可按式(3-6)计算;当基本变量不按正态分布时,结构构件的可靠指标应以结构构件作用效应和抗力的正态分布的平均值和标准差代入式(3-6)计算。

C　设计可靠指标 [β]

设计规范所规定的、作为设计结构或结构构件时所应达到的可靠指标,称为设计可靠指标 [β],它是根据设计所要求达到的结构可靠度而取定的,所以又称为目标可靠指标。

设计可靠指标,理论上应根据各种结构构件的重要性、破坏性质(延性、脆性)及失效后果,用优化方法分析确定。我国《工程结构可靠性设计统一标准》给出了结构构件承载能力极限状态的可靠指标,如表 3-4 所示。表中延性破坏是指结构构件在破坏前有明显的变形或其他预兆;脆性破坏是指结构构件在破坏前无明显的变形或其他预兆。显然,延性破坏的危害相对较小,故 [β] 值相对低一些;脆性破坏的危害较大,所以 [β] 值

相对高一些。

表 3-4 结构构件承载能力极限状态的设计可靠指标 [β]

破坏类型	安 全 等 级		
	一级	二级	三级
延性破坏	3.7	3.2	2.7
脆性破坏	4.2	3.7	3.2

按概率极限状态法设计时，一般是已知各基本变量的统计特性（如平均值和标准差），然后根据规范规定的设计可靠指标 [β]，求出所需的结构抗力平均值 μ_R，并转化为标准值进行截面设计。这种方法能够比较充分地考虑各有关因素的客观变异性，使所设计的结构比较符合预期的可靠度要求，并且在不同结构之间，设计可靠度具有相对可比性。

但是，对于一般建筑结构构件，按上述概率极限状态设计法进行设计，过于复杂。目前除对少数十分重要的结构，如原子能反应堆、海上采油平台等直接按上述方法设计外，一般结构采用极限状态设计表达式进行设计。

3.5 极限状态设计表达式

虽然应用概率极限状态方法，采用以基本变量 R 和 S 的平均值表示的设计表达式设计时，结构构件具有明确的可靠度，但是设计步骤过于繁琐复杂。考虑到长期以来，工程人员已习惯采用基本变量的标准值（如荷载标准值、材料强度标准值等）和分项系数（如荷载分项系数、材料分项系数等）进行结构构件设计，为了应用上的简便，规范将极限状态方程转化为以基本变量标准值和分项系数形式表达的极限状态设计表达式。设计表达式中的各分项系数是根据结构构件基本变量的统计特性以结构可靠度的概率分析为基础确定的，起着相当于设计可靠指标 [β] 的作用。

3.5.1 结构的设计状况

结构物在建造和使用过程中所承受的作用和所处环境不同，设计时所采用的结构体系、可靠度水准、设计方法等也应有所区别。因此，建筑结构设计时，应根据结构在施工和使用中的环境条件和影响，区分下列三种设计状况：

（1）持久状况。在结构使用过程中一定出现，其持续期很长的状况。持续期一般与设计使用年限为同一数量级，如房屋结构承受家具和正常人员荷载的状况。

（2）短暂状况。在结构施工和使用过程中出现概率较大，而与设计使用年限相比，持续时间很短的状况，如结构施工和维修时承受堆料和施工荷载的状况。

（3）偶然状况。在结构使用过程中出现概率很小，且持续期很短的状况，如结构遭受火灾、爆炸、撞击、罕遇地震等作用的状况。

对于上述三种设计状况，均应进行承载能力极限状态设计，以确保结构的安全性；对偶然状况，允许主要承重结构因出现设计规定的偶然事件而局部破坏，但其剩余部分具有在一段时间内不发生连续倒塌的可靠度。对持久状况，尚应进行正常使用极限状态设计，以保证结构的适用性和耐久性；对短暂状况，可根据需要进行正常使用极限状态设计。

3.5.2　承载能力极限状态设计表达式

3.5.2.1　基本表达式

对于承载能力极限状态的荷载效应组合分为基本组合和偶然组合。对于持久和短暂设计状态，应采用基本组合；对于偶然设计状态，应采用偶然组合，采用下列极限状态设计表达式：

$$\gamma_0 S_d \leqslant R_d \tag{3-8}$$

$$R_d = R(f_k/\gamma_M,\ a_d) \tag{3-9}$$

式中　γ_0——结构重要性系数，对安全等级为一级或设计使用年限为 100 年及以上的结构构件，不应小于 1.1；对安全等级为二级或设计使用年限为 50 年的结构构件，不应小于 1.0；对于安全等级为三级或设计使用年限为 5 年及以下的结构构件，不应小于 0.9；

　　　　S_d——荷载组合的效应设计值；

　　　　R_d——结构构件抗力的设计值；

　　　$R(\cdots)$——结构构件的承载力函数；

　　　　f_k——材料性能标准值；

　　　　γ_M——材料性能的分项系数；

　　　　a_d——几何参数的设计值，可采用几何参数的标准值 a_k。

3.5.2.2　荷载组合的效应设计值 S_d

对于基本组合，荷载基本组合的效应设计值 S_d 应从下列组合值中取最不利值确定。

（1）由可变荷载控制的效应设计值：

$$S_d = \sum_{j=1}^{m} \gamma_{Gj} S_{Gjk} + \gamma_{Q1}\gamma_{L1} S_{Q1k} + \sum_{i=2}^{n} \gamma_{Qi}\gamma_{Li}\psi_{ci} S_{Qik} \tag{3-10}$$

（2）由永久荷载控制的效应设计值：

$$S_d = \sum_{j=1}^{m} \gamma_{Gj} S_{Gjk} + \sum_{i=1}^{n} \gamma_{Qi}\gamma_{Li}\psi_{ci} S_{Qik} \tag{3-11}$$

式中　γ_{Gj}——第 j 个永久荷载的分项系数；

　　　　γ_{Qi}——第 i 个可变荷载的分项系数，其中 γ_{Q1} 为主导可变荷载 Q_1 的分项系数；

　　　　γ_{Li}——第 i 个可变荷载考虑设计使用年限的调整系数，其中 γ_{L1} 为主导可变荷载 Q_1 考虑设计使用年限的调整系数；

　　　　S_{Gjk}——按第 j 个永久荷载标准值 G_{jk} 计算的荷载效应值；

　　　　S_{Qik}——按第 i 个可变荷载标准值 Q_{ik} 计算的荷载效应值，其中 S_{Q1k} 为诸可变荷载效应中起控制作用者；

　　　　ψ_{ci}——按第 i 个可变荷载 Q_i 的组合值系数；

　　　　m——参与组合的永久荷载数；

　　　　n——参与组合的可变荷载数。

基本组合中的设计值仅适用于荷载与荷载效应为线性的情况。此外，当对 S_{Q1k} 无法明显判断时，轮次以各可变荷载效应为 S_{Q1k}，选其中最不利的荷载效应组合。

对于荷载偶然组合的效应设计值：

$$S_d = \sum_{j=1}^{m} S_{Gjk} + S_{Ad} + \psi_{f1} S_{Q1k} + \sum_{i=2}^{n} \psi_{qi} S_{Qik} \tag{3-12}$$

式中　S_{Ad}——按偶然荷载标准值 A_d 计算的荷载效应值；

　　　ψ_{f1}——第 1 个可变荷载的频遇值系数；

　　　ψ_{qi}——第 i 个可变荷载的准永久值系数。

结构设计时，应根据所考虑的设计状况，选用不同的组合；对持久和短暂设计状况，应采用基本组合；对偶然设计状况，应采用偶然组合。

3.5.2.3　荷载分项系数、荷载设计值

A　荷载分项系数 γ_G、γ_Q

荷载标准值是结构在使用期间、在正常情况下可能遇到的具有一定保证率的偏大荷载值。统计资料表明，各类荷载标准值的保证率并不相同，如按荷载标准值设计，将造成结构可靠度的严重差异，并使某些结构的实际可靠度达不到目标可靠度的要求，所以引入荷载分项系数予以调整。考虑到荷载的统计资料尚不够完备，且为了简化计算，《工程结构可靠性设计统一标准》暂时按永久荷载和可变荷载两大类分别给出荷载分项系数。

根据分析，《建筑结构荷载规范》规定荷载分项系数应按下列规定采用：

（1）永久荷载分项系数 γ_G。当永久荷载效应对结构不利（使结构内力增大）时，对由可变荷载效应控制的组合，应取 1.2；对由永久荷载效应控制的组合应取 1.35。当永久荷载效应对结构有利（使结构内力减小）时，不应大于 1.0。

（2）可变荷载分项系数 γ_Q。对工业建筑楼面结构，对于标准值大于 4kN/m² 的工业房屋楼面结构的活荷载时，应取 1.3；其他情况，应取 1.4。

B　荷载设计值

荷载分项系数与荷载标准值的乘积，称为荷载设计值。如永久荷载设计值为 $\gamma_G G_k$，可变荷载设计值为 $\gamma_Q Q_k$。

C　荷载组合值系数 ψ_{ci}、荷载组合值 $\psi_{ci} Q_{ik}$

当结构上作用多个可变荷载时，各可变荷载在某一时刻同时达到最大值的可能性很小，为此，引入荷载组合值系数 ψ_{ci} 对可变荷载设计值的组合进行调整。

根据大量统计分析，《建筑结构荷载规范》给出了各类可变荷载的组合值系数。当按式（3-10）或式（3-11）计算荷载效应组合值时，除风荷载取 $\psi_{ci} = 0.6$ 外，大部分可变荷载取 $\psi_{ci} = 0.7$，个别可变荷载取 $\psi_{ci} = 0.9 \sim 0.95$（例如，对于书库、贮藏室的楼面活荷载，$\psi_{ci} = 0.9$）。

3.5.2.4　材料分项系数、材料强度设计值

为了充分考虑材料的离散性和施工中不可避免的偏差带来的不利影响，再将材料强度标准值除以一个大于 1 的系数，即得材料强度设计值，相应的系数称为材料分项系数，即

$$f_c = f_{ck}/\gamma_c \quad \text{或} \quad f_s = f_{sk}/\gamma_s \tag{3-13}$$

通过这种处理，提高材料的可靠概率，进而使结构构件具有足够的可靠概率。

3.5.3　正常使用极限状态设计表达式

3.5.3.1　可变荷载的频遇值和准永久值

按正常使用极限状态设计，主要是验算构件的变形或裂缝宽度。变形过大或裂缝过宽

虽影响正常使用，但危害程度不及承载力引起的结构破坏造成的损失那么大，所以可适当降低对可靠度的要求。《工程结构可靠性设计统一标准》规定计算时取荷载标准值，不需乘分项系数，也不考虑结构重要性系数 γ_0。在正常使用状态下，可变荷载作用时间的长短对于变形和裂缝的大小显然是有影响的。可变荷载的最大值并非长期作用于结构之上，所以应按其在设计基准期内作用时间的长短和可变荷载超越总时间或超越次数，对其标准值进行折减。《工程结构可靠性设计统一标准》采用一个小于 1 的准永久值系数和频遇值系数来考虑这种折减。荷载的准永久值系数是根据在设计基准期内荷载达到和超过该值的总持续时间与设计基准期内总持续时间的比值而确定。荷载的准永久值系数乘以可变荷载标准值所得乘积称为荷载的准永久值。可变荷载的频遇值系数，是根据在设计基准期间可变荷载超越的总时间或超越的次数来确定的。荷载的频遇值系数乘以可变荷载标准值所得乘积称为荷载的频遇值。

这样，可变荷载就有四种代表值，即标准值、组合值、准永久值和频遇值。其中标准值称为基本代表值，其他代表值可由基本代表值乘以相应的系数得到。

根据实际设计的需要，常需区分荷载的短期作用（标准组合、频遇组合）和荷载的长期作用（准永久组合）下构件的变形大小和裂缝宽度验算。因此，《工程结构可靠性设计统一标准》规定按不同的设计目的，分别选用荷载的标准组合、频遇组合和荷载的准永久组合。标准组合主要用于当一个极限状态被超越时将产生严重的永久性损害的情况；频遇组合主要用于当一个极限状态被超越时将产生局部损害、较大变形或短暂振动的情况；准永久组合主要用于当长期效应是决定性因素的情况。

3.5.3.2 正常使用极限状态设计表达式

对于正常使用极限状态，结构构件应分别按荷载效应的标准组合、频遇组合、准永久组合或标准组合并考虑长期作用影响，采用下列极限状态设计表达式：

$$S_d \leq C \tag{3-14}$$

式中 S——正常使用极限状态的荷载效应组合值（如变形、裂缝宽度、应力等的组合值）；

C——结构构件达到正常使用要求所规定的变形、裂缝宽度和应力等的限值。

（1）荷载标准组合的效应组合值应按下式采用：

$$S_d = \sum_{j=1}^{m} S_{Gjk} + S_{Q1k} + \sum_{i=2}^{n} \psi_{ci} S_{Qik} \tag{3-15}$$

这种组合主要用于当一个极限状态被超越时将产生严重的永久性损害的情况。

（2）荷载频遇组合的效应组合值应按下式采用：

$$S_d = \sum_{j=1}^{m} S_{Gjk} + \psi_{f1} S_{Q1k} + \sum_{i=2}^{n} \psi_{qi} S_{Qik} \tag{3-16}$$

频遇组合系指永久荷载标准值、主导可变荷载的频遇值与伴随可变荷载的准永久值的效应组合。这种组合主要用于当一个极限状态被超越时将产生局部损害、较大变形或短暂振动等情况。

（3）荷载准永久组合的效应组合值可按下式采用：

$$S_d = \sum_{j=1}^{m} S_{Gjk} + \sum_{i=1}^{n} \psi_{qi} S_{Qik} \tag{3-17}$$

这种组合主要用在当荷载的长期效应是决定性因素时的一些情况。

小 结

（1）结构设计的目的是使所设计的结构在具有适当可靠性的情况下能够满足所有所需的功能要求。结构可靠度是结构可靠性（安全性、适用性和耐久性的总称）的概率度量。

（2）结构的设计应考虑结构的设计使用年限。设计基准期和设计使用年限是两个不同的概念。前者为确定可变作用及与时间有关的材料性能等取值而选用的时间参数，后者表示结构在规定的条件下所应达到的使用年限。二者均不等同于结构的实际寿命或耐久年限。

（3）作用于建筑物上的荷载可分为永久荷载、可变荷载和偶然荷载。永久荷载采用标准值作为代表值；可变荷载采用标准值、组合值、频遇值和准永久值作为代表值，其中标准值是基本代表值，其他代表值都可在标准值的基础上乘以相应的系数后得出。

（4）对承载能力极限状态的荷载效应组合，应采用基本组合（对持久和短暂设计状况）或偶然组合（对偶然设计状况）；对正常使用极限状态的荷载效应组合，按荷载的持久性和不同的设计要求采用三种组合：标准组合、频遇组合和准永久组合。对持久状况，应进行正常使用极限状态设计；对短暂状况，可根据需要进行正常使用极限状态设计。

（5）钢筋和混凝土强度的概率分布属正态分布。钢筋强度标准值是具有不小于95%保证率的偏低强度值，混凝土强度标准值是具有95%保证率的偏低强度值。钢筋和混凝土的强度设计值是用各自的强度标准值除以相应的材料分项系数而得到的。正常使用极限状态设计时，材料强度一般取标准值。承载能力极限状态设计时，取用材料强度设计值。

（6）结构的极限状态分为两类：承载能力极限状态和正常使用极限状态。

复习思考题

3-1 什么是结构上的作用，结构上有可能承受哪种类型的作用？

3-2 荷载按随时间的变异分为几类，荷载有哪些代表值，在结构设计中，如何应用荷载代表值？

3-3 什么是结构抗力，影响结构抗力的主要因素有哪些？

3-4 什么是材料强度标准值和材料强度设计值？

3-5 什么是结构的预定功能，什么是结构的可靠度，可靠度如何度量和表达？

3-6 什么是结构的极限状态，极限状态分为几类？

3-7 什么是失效概率，什么是可靠指标，二者有何联系？

3-8 对正常使用极限状态，如何根据不同的设计要求确定荷载效应组合值？

4 受弯构件正截面承载力计算

4.1 概 述

受弯构件是土木工程结构中应用最为广泛的一种构件，如建筑结构中的钢筋混凝土梁、板、楼梯梯段、公路桥涵结构中梁和板，以及岩土工程中的挡土墙和基础等，如图4-1所示。

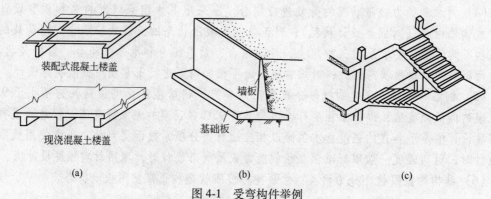

图 4-1 受弯构件举例

（a）钢筋混凝土楼盖；（b）挡土墙；（c）楼梯

受弯构件的截面形式多种多样，其中梁的截面形式主要有矩形、T形、I形和箱形截面等，板的截面形式主要有矩形、多孔形和槽形等，截面形式如图4-2所示。

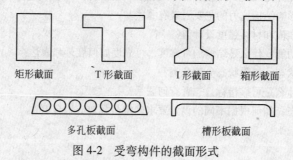

图 4-2 受弯构件的截面形式

4.1.1 受弯构件的受力特点和配筋形式

受弯构件在外荷载作用下，截面内将产生弯矩 M 和剪力 V。图4-3所示为承受两个对称集中荷载的钢筋混凝土简支梁。在忽略梁自重的情况下，两个集中荷载之间的区段只承受弯矩作用，称为纯弯段。纯弯段之外既有弯矩又有剪力作用，为弯剪段。在弯矩作用下，受弯构件截面存在受拉区和受压区。由于混凝土抗拉强度很低，受拉区会产生垂直于梁纵轴的裂缝，也称正裂缝。为了防止正裂缝引起的正截面破坏，应按计算在梁受拉区布置纵向受力钢筋，即纵向受拉钢筋，同时受压区亦应按构造要求设置纵向构造钢筋，或称为架立筋。由于只在受拉区配置了纵向受力钢筋，所以这种配筋截面称为单筋截面（图4-4(b)）。设计中有时也会在受压区按计算配置纵向受力钢筋，即纵向受压钢筋，此时称为双筋截面（图4-4(c)）。

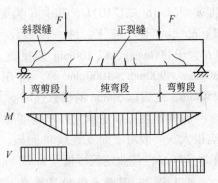

图4-3　承受集中荷载的钢筋混凝土简支梁

在弯矩和剪力共同作用下，梁中会产生斜交于梁纵轴的裂缝，也称斜裂缝。为了防止斜裂缝引起的斜截面破坏，应在梁中布置箍筋和弯起钢筋。梁中纵向钢筋、箍筋、弯起钢筋和架立筋一起绑扎或焊接成钢筋笼，如图4-4（a）所示。

与梁相比，板的厚度较小，截面宽度较大。钢筋混凝土板中一般配有纵向受力钢筋和固定受力钢筋的分布钢筋，如图4-4（d）所示。

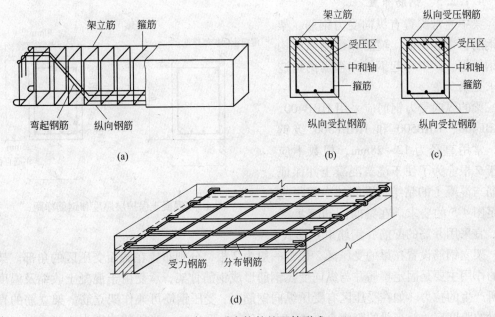

图4-4　受弯构件的配筋形式

（a）梁的钢筋骨架；（b）单筋矩形截面；（c）双筋矩形截面；（d）板的配筋

进行受弯构件设计时，既要保证构件不发生正截面破坏，又要保证构件不发生斜截面破坏。本章只讨论受弯构件正截面承载力计算方法，斜截面承载力计算将在第7章介绍。

4.1.2　受弯构件的一般构造要求

4.1.2.1　截面尺寸

梁的截面尺寸与支承条件、跨度和荷载大小有关。根据工程经验，一般取梁的截面高

度 $h = (1/16 \sim 1/10)l_0$，其中 l_0 为梁的计算跨度；矩形截面梁的宽度一般取 $b = (1/3 \sim 1/2)\,h$。为了便于施工，统一模板尺寸，梁高一般以 50mm 为模数；对于高度较大的梁（h 大于 800mm），以 100mm 为模数。常用的梁高尺寸有 250mm，300mm，…，750mm，800mm，900mm，1000mm 等。常用的梁宽尺寸有 120mm，150mm，180mm，200mm，250mm，之后以 50mm 的模数递增。

板的厚度应满足承载力和刚度的要求。同时，板的厚度对整个建筑物的混凝土用量影响很大。一般对于简支连续单向板，其厚度应满足：屋面板 $h \geqslant 60\text{mm}$，民用建筑楼板 $h \geqslant 70\text{mm}$，工业建筑楼板 $h \geqslant 80\text{mm}$。双向板的厚度不小于 80mm，一般为 80~160mm。

4.1.2.2　混凝土保护层厚度

混凝土保护层厚度是指钢筋的外表面到截面边缘的垂直距离，用 c 表示。考虑到结构的耐久性和钢筋的粘结锚固要求等，《混凝土结构设计规范》规定，构件中受力钢筋的保护层厚度不应小于钢筋的直径；设计使用年限为 50 年的混凝土结构，最外层钢筋的保护层厚度应符合附表 1-18 的规定；设计使用年限为 100 年的混凝土结构，最外层钢筋的保护层厚度不应小于附表 1-18 中数值的 1.4 倍。

4.1.2.3　钢筋布置

梁中通常配置有纵向受力钢筋、架立钢筋、弯起钢筋、箍筋和梁侧纵向构造钢筋等。其中弯起钢筋和箍筋的构造要求见第 7 章。

梁的纵向受力钢筋应采用 HRB400、HRBF400、HRB500 和 HRBF500 级钢筋，常用直径为 12~28mm，根数不应少于 2 根。为了便于浇筑混凝土并保证钢筋与混凝土的粘结，纵筋的净间距应满足图 4-5 的要求。在梁的配筋密集区域，宜采用并筋的配筋（钢筋束）形式。

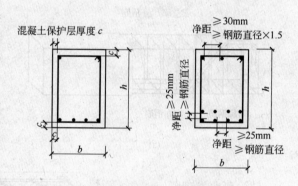

图 4-5　混凝土保护层厚度和钢筋净距

架立钢筋设置在梁的受压区，根数一般为 2 根，分别布置在截面受压区的角部。架立筋的作用主要是固定箍筋并与纵向受拉钢筋形成钢筋骨架，承受由于混凝土收缩及温度变化所产生的拉力。如在受压区有受压纵向钢筋时，受压钢筋可兼作架立筋。架立筋的直径与梁的跨度有关，当梁的跨度小于 4m 时，不宜小于 8mm；当梁的跨度为 4~6m 时，不应小于 10mm；当梁的跨度大于 6m 时，不宜小于 12mm。

当梁的腹板高度 $h_w \geqslant 450\text{mm}$ 时，应在梁的两个侧面配置纵向构造钢筋（亦称腰筋，见图 4-6），以承受梁侧面温度变化和混凝土收缩所产生的应力，并抑制混凝土裂缝的开展。梁每侧构造钢筋（不包括梁上、下部受力钢筋及架立钢筋）的截面面积不应小于腹板截面面积 bh_w 的 0.1%，且间距不宜大于 200mm。

板的构造要求详见第 11 章。

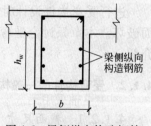

图 4-6　梁侧纵向构造钢筋

4.2 受弯构件正截面受力性能试验研究

4.2.1 试验方案

图4-7所示为一钢筋混凝土简支梁，为了消除剪力对正截面受弯的影响，采用两点对称加载的方式进行受弯性能试验。忽略梁的自重，两个集中荷载之间的区段为纯弯段。在纯弯段内沿梁高布置应变测点，量测钢筋和混凝土的纵向变形。同时，在梁跨中和支座处分别设置位移计和百分表量测梁的挠度。试验时荷载由小到大逐级加载，每级加载后观察和记录裂缝出现和发展情况，并记录梁的挠度、混凝土和钢筋的纵向应变，直至梁正截面受弯破坏而结束。

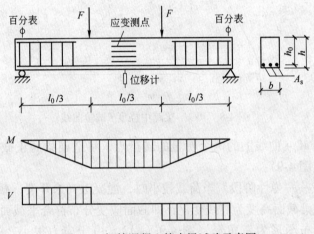

图4-7 钢筋混凝土简支梁试验示意图

试验研究发现，纵向受拉钢筋的配筋量对受弯构件正截面破坏特征具有显著的影响。纵向受拉钢筋的配筋量一般用配筋率 ρ 来表示，即纵向受拉钢筋截面面积 A_s 与截面有效面积 bh_0 之比：

$$\rho = \frac{A_s}{bh_0} \tag{4-1}$$

式中 b ——矩形截面的宽度；

　　h_0 ——截面有效高度，即纵向受拉钢筋合力点至截面受压区边缘的高度。

根据配筋率 ρ 的不同，可将受弯构件正截面破坏形态分为适筋破坏、超筋破坏和少筋破坏三种类型，与之对应的梁称作适筋梁、超筋梁和少筋梁。

4.2.2 适筋梁正截面受力的三个阶段

图4-8所示为一根配筋适量的单筋矩形截面梁在对称加载下的弯矩与跨中挠度关系曲线。图中纵轴采用无量纲坐标 M/M_u，M 是梁纯弯段内的截面弯矩，M_u 是同一截面的破坏弯矩值，即截面所能承受的极限弯矩。

由图4-8可见，当弯矩较小时，梁的受拉区尚未出现裂缝，挠度与弯矩关系接近直线，称为第Ⅰ阶段。当弯矩超过开裂弯矩 M_{cr} 时，受拉区混凝土开裂。$M/M_u\text{-}f$ 曲线上出现第一个转折点 a 点，梁进入第Ⅱ工作阶段。在第Ⅱ阶段，随着裂缝的出现和发展，受拉区混凝土逐渐退出工作，将其承担的拉力转移给纵筋，纵筋应力随弯矩增长有较大的增加。当弯矩增大到屈服弯矩 M_y 时钢筋屈服，标志着第Ⅱ阶段的终结，$M/M_u\text{-}f$ 曲线上出现第二个转折点 b 点，梁进入第Ⅲ阶段。在第Ⅲ阶段，弯矩增加不多，裂缝急剧开展，挠度迅速增加，当弯矩增大到极限弯矩 M_u 时，受压区边缘混凝土达到极限压应变而被压坏。此后在一定的实验室条件下，梁尚可继续变形，但所承受的弯矩有所下降（图 4-8 中的 cd 段），直至破坏区段上混凝土被压碎而完全破坏。

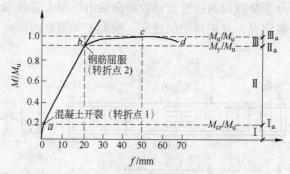

图 4-8　M/M_u-梁跨中挠度 f 试验曲线

　　综上所述，$M/M_u\text{-}f$ 曲线上的两个明显的转折点，将适筋梁的正截面受力和变形过程划分为三个阶段（图 4-9）：

　　（1）第Ⅰ阶段——弹性阶段。当荷载较小时，混凝土尚未开裂，截面上各点应力及应变均很小，应变沿梁截面高度为直线变化，即截面应变分布符合平截面假定，受压区和受拉区混凝土应力分布图形为三角形（图 4-9（a））。由于应力很小，梁基本上处于弹性阶段。

　　随着荷载增大，受拉区混凝土开始表现出塑性性质，应变增长速度加快，受拉区混凝土应力呈曲线分布。当加荷至截面弯矩达到其开裂弯矩 M_{cr} 时，受拉区边缘混凝土拉应变达到其极限拉应变 ε_{tu}，梁处于即将开裂的状态，称为第Ⅰ阶段末，以 $\mathrm{I_a}$ 表示（图 4-9（b））。此时钢筋应力 $\sigma_s = \varepsilon_{tu}E_s = 20 \sim 30\ \mathrm{N/mm^2}$。受压区混凝土应变相对于其极限压应变仍较小，基本处于弹性阶段，应力图形接近三角形。$\mathrm{I_a}$ 的应力状态是确定受弯构件开裂弯矩的依据。

　　（2）第Ⅱ阶段——带裂缝工作阶段。受拉区混凝土开裂后，开裂截面混凝土退出工作，拉力全部由钢筋承受，致使钢筋应力突然增大，截面中和轴上移，受压区高度减小。随着截面弯矩继续增加，钢筋和混凝土的应变随之增加，裂缝加宽并向受压区延伸，但截面平均应变分布仍符合平截面假定。由于受压区高度减小，导致受压面积减少，在弯矩持续增加的情况下，受压区混凝土的应力和应变不断增加，其塑性性质越来越明显，应力图形逐渐呈曲线分布（图 4-9(c)）。当弯矩增加至 M_y 时钢筋屈服，称作第Ⅱ阶段末，以 $\mathrm{II_a}$ 表示（图 4-9(d)）。

　　第Ⅱ阶段是一般混凝土梁的正常使用阶段，因此其应力状态可作为梁在正常使用阶段变形和裂缝宽度验算的依据。

（3）第Ⅲ阶段——破坏阶段。钢筋屈服后，应力保持不变，应变继续增加。梁中裂缝进一步发展，中和轴不断上移，受压区混凝土塑性特征更加明显，应力分布曲线渐趋丰满（图4-9(e)）。当弯矩增大到极限弯矩 M_u 时，截面受压区边缘混凝土压应变增大到其极限压应变 ε_{cu}，受压区混凝土压碎，构件宣告破坏。此时为第Ⅲ阶段末，用Ⅲ$_a$表示（图4-9(f)）。Ⅲ$_a$状态是受弯构件正截面承载力计算的依据。

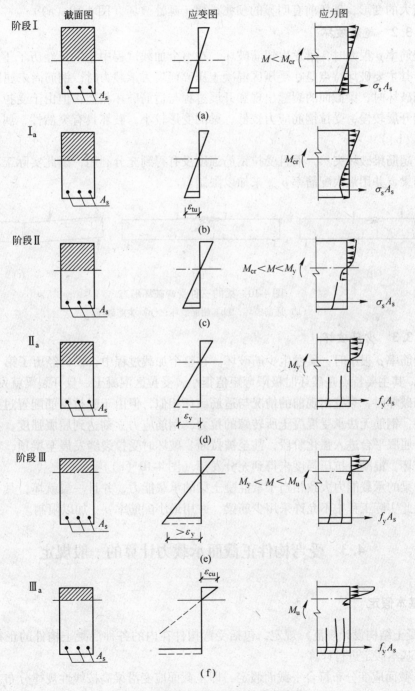

图4-9　适筋梁正截面受力的三个阶段

4.2.3　正截面受弯的三种破坏形态

4.2.3.1　适筋破坏

当配筋率 ρ 适当时，梁发生适筋破坏。在整个加载过程中，梁经历了比较明显的三个受力阶段，其主要破坏特点是纵向受拉钢筋先屈服，然后受压区混凝土压碎。适筋破坏要经历相当大的变形，破坏前有明显的预兆，属于延性破坏（图 4-10（a））。

4.2.3.2　超筋破坏

当配筋率 ρ 很大时，梁发生超筋破坏。在整个加载过程中，梁只经历了Ⅰ、Ⅱ两个受力阶段，其主要破坏特点是在受压区混凝土压碎而失去承载力时，钢筋尚未屈服。

超筋破坏时，梁截面的裂缝出现和开展过程与适筋破坏相似，但由于受拉钢筋配置过多，裂缝开展较慢，受拉钢筋应力较低，梁的变形较小，破坏具有突然性，属于脆性破坏（图 4-10（b））。

由于超筋梁破坏突然，而且受拉钢筋强度没有得到充分利用，因此实际工程中不允许采用超筋梁，并用最大配筋率 $\rho_{\max}$ 来加以限制。

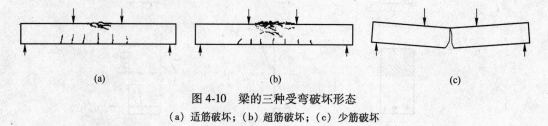

图 4-10　梁的三种受弯破坏形态
（a）适筋破坏；（b）超筋破坏；（c）少筋破坏

4.2.3.3　少筋破坏

当配筋率 ρ 很小时，梁发生少筋破坏。在整个加载过程中，梁只经历了第Ⅰ阶段（弹性阶段），其主要特点是破坏时极限弯矩值很小，受拉区混凝土一旦开裂梁就发生破坏。

少筋破坏时，裂缝出现前的情况与适筋破坏相似，但由于受拉钢筋配置过少，混凝土一旦开裂，钢筋无法承受混凝土所转嫁的拉力，钢筋应力立刻达到屈服强度，有时可迅速经历整个屈服平台进入强化阶段，甚至被拉断。破坏时受拉裂缝发展至梁顶，梁由于脆性断裂而破坏，混凝土抗压强度未得到充分发挥（图 4-10（c））。

少筋梁的承载能力大致相当于素混凝土梁的承载能力，并且一裂就坏，具有很大的危险性，因此实际工程中不允许采用少筋梁，并用最小配筋率 $\rho_{\min}$ 加以限制。

4.3　受弯构件正截面承载力计算的一般规定

4.3.1　基本假定

《混凝土结构设计规范》规定，包括受弯构件在内的各种混凝土构件的正截面承载力应按下列基本假定进行计算：

（1）截面应变分布符合平截面假定，即正截面应变沿梁高按线性规律分布。

（2）不考虑混凝土的抗拉作用，拉力全部由钢筋承担。

（3）采用理想化的混凝土受压应力与应变关系作为计算依据（图4-11），其表达式为：当 $\varepsilon_c \leqslant \varepsilon_0$ 时

$$\sigma_c = f_c \left[1 - \left(1 - \frac{\varepsilon_c}{\varepsilon_0} \right)^n \right] \qquad (4-2)$$

当 $\varepsilon_0 \leqslant \varepsilon_c \leqslant \varepsilon_{cu}$ 时

$$\sigma_c = f_c \qquad (4-3)$$

$$n = 2 - \frac{1}{60} \times (f_{cu,k} - 50) \qquad (4-4)$$

$$\varepsilon_0 = 0.002 + 0.5 (f_{cu,k} - 50) \times 10^{-5} \qquad (4-5)$$

$$\varepsilon_{cu} = 0.0033 - (f_{cu,k} - 50) \times 10^{-5} \qquad (4-6)$$

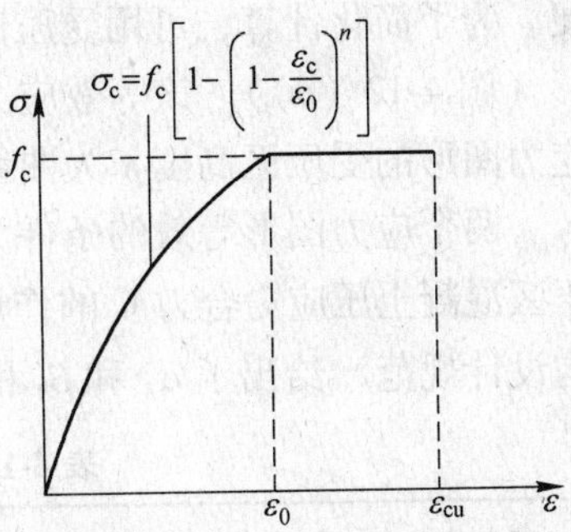

图4-11 混凝土应力-应变曲线

式中　σ_c ——混凝土压应变为 ε_c 时的混凝土压应力；

f_c ——混凝土轴心抗压强度设计值，按附表1-11采用；

ε_0 ——混凝土压应力达到 f_c 时的混凝土压应变，当计算的 ε_0 值小于 0.002 时，取 0.002；

ε_{cu} ——正截面的混凝土极限压应变，当处于非均匀受压且按式（4-6）计算的 ε_{cu} 值大于 0.0033 时，取为 0.0033；当处于轴心受压时，取为 ε_0；

$f_{cu,k}$ ——混凝土立方体抗压强度标准值；

n ——系数，当计算的 n 值大于 2.0 时，取为 2.0。

（4）纵向钢筋的应力值等于钢筋应变与其弹性模量的乘积，但其绝对值不应大于其相应的强度设计值。纵向受拉钢筋的极限拉应变取为 0.01，即

$$\left. \begin{array}{l} \sigma_s = \varepsilon_s E_s \leqslant f_y \\ \varepsilon_{su} = 0.01 \end{array} \right\} \qquad (4-7)$$

4.3.2　受压区等效矩形应力图形

根据上面的假定，受弯构件在承载能力极限状态（III_a 状态）时截面的应变和应力分布如图4-12所示。

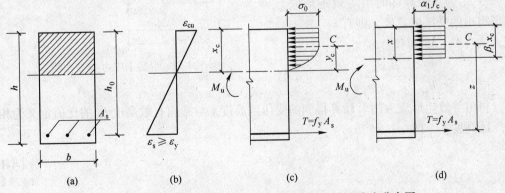

图4-12　承载能力极限状态时受弯构件截面应力和应变分布图
（a）截面图；（b）应变图；（c）应力图；（d）等效应力图

由于受压区混凝土应力为曲线分布（图4-12（c）），计算混凝土压应力合力很不方

便。为了简化计算，可用受压区混凝土等效矩形应力图形来代替受压区混凝土曲线应力图形（图4-12（d））。该等效应力图形的应力为混凝土轴心抗压设计值f_c乘以系数α_1，等效应力图形的受压区高度x为曲线应力图形的受压区高度x_c乘以系数β_1，即$x = \beta_1 x_c$。

两个应力图形等效的条件为：（1）受压区混凝土压应力合力C的大小不变；（2）受压区混凝土压应力合力C的作用点位置不变。根据这两个条件，经推导计算，《混凝土结构设计规范》给出了α_1和β_1的取值，见表4-1。

表4-1　混凝土受压区等效矩形应力图形系数

混凝土强度等级	≤ C50	C55	C60	C65	C70	C75	C80
α_1	1.00	0.99	0.98	0.97	0.96	0.95	0.94
β_1	0.80	0.79	0.78	0.77	0.76	0.75	0.74

4.3.3　相对界限受压区高度和最小配筋率

4.3.3.1　相对界限受压区高度

如前所述，适筋破坏和超筋破坏的区别在于：适筋破坏是纵向受拉钢筋先屈服，然后受压区混凝土压碎；超筋破坏是受压区混凝土先压碎而受拉钢筋未屈服。当梁的配筋率达到一个特定的值ρ_{max}时，将发生适筋梁和超筋梁的界限破坏，即受拉钢筋达到其屈服强度f_y的同时，受压区边缘混凝土达到极限压应变ε_{cu}而压碎。

根据平截面假定，可得出不同配筋情况下梁破坏时的正截面平均应变图，如图4-13所示。图中x_{cb}为界限破坏时由受压区实际压应力分布图形得出的受压区高度，由几何关系有

$$\frac{x_{cb}}{h_0} = \frac{\varepsilon_{cu}}{\varepsilon_{cu} + \varepsilon_y} \qquad (4-8)$$

令x_b为界限破坏时由等效矩形应力图形得出的受压区高度，则有$x_b = \beta_1 x_{cb}$，代入式（4-8），可得

$$\frac{x_b}{h_0} = \frac{\beta_1 \varepsilon_{cu}}{\varepsilon_{cu} + \varepsilon_y} \qquad (4-9)$$

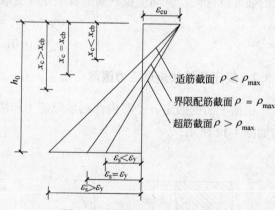

图4-13　混凝土应力-应变曲线

将由等效矩形应力图形计算得到的受压区高度x与截面有效高度h_0的比值定义为相对受压区高度ξ，即

$$\xi = \frac{x}{h_0} \qquad (4-10)$$

令$\xi_b = \dfrac{x_b}{h_0}$，称为相对界限受压区高度，且取钢筋开始屈服时的应变$\varepsilon_y = f_y/E_s$，代入式（4-9），有

$$\xi_b = \frac{\beta_1}{1 + \dfrac{f_y}{\varepsilon_{cu} E_s}} \tag{4-11}$$

由式（4-11）计算得出的 ξ_b 值见表 4-2，设计时可直接查用。

表 4-2　相对界限受压区高度 ξ_b

钢 筋 级 别	混凝土强度等级						
	≤ C50	C55	C60	C65	C70	C75	C80
HPB300	0.576	0.566	0.556	0.547	0.537	0.528	0.518
HRB335、HRBF335	0.550	0.541	0.531	0.522	0.512	0.503	0.493
HRB400、HRBF400、RRB400	0.518	0.508	0.499	0.490	0.481	0.472	0.463
HRB500、HRBF500	0.482	0.473	0.464	0.455	0.447	0.438	0.429

ξ_b 确定后，可根据图 4-12 建立界限状态的静力平衡方程，推出界限状态的配筋率，即最大配筋率 ρ_{max}：

$$\rho_{max} = \frac{A_{s,\,max}}{bh_0} = \xi_b \frac{\alpha_1 f_c}{f_y} \tag{4-12}$$

由式（4-12）计算得出的 ρ_{max} 值见表 4-3。

表 4-3　受弯构件的最大配筋率 ρ_{max}　　　　　　（%）

钢筋级别	混凝土强度等级												
	C20	C25	C30	C35	C40	C45	C50	C55	C60	C65	C70	C75	C80
HPB300	2.05	2.54	3.05	3.56	4.07	4.50	4.93	5.25	5.55	5.84	6.07	6.28	6.47
HRB335、HRBF335	1.76	2.18	2.62	3.07	3.51	3.89	4.24	4.52	4.77	5.01	5.21	5.38	5.55
HRB400、HRBF400、RRB400	1.38	1.71	2.06	2.40	2.74	3.05	3.32	3.53	3.74	3.92	4.08	4.21	4.34
HRB500、HRBF500	1.06	1.32	1.58	1.85	2.12	2.34	2.56	2.72	2.87	3.01	3.14	3.23	3.33

由式（4-12）可知，对于材料强度等级给定的截面，ξ_b 和 ρ_{max} 存在明确的换算关系，因此 ξ_b 和 ρ_{max} 在本质上是相同的。将界限破坏归类于适筋破坏，则：

当 $\xi \leq \xi_b$ 或 $\rho \leq \rho_{max}$ 时，为适筋破坏；

当 $\xi > \xi_b$ 或 $\rho > \rho_{max}$ 时，为超筋破坏。

实际计算中采用 ξ_b 更为方便。

4.3.3.2　最小配筋率

最小配筋率 ρ_{min} 是适筋梁和少筋梁的界限。ρ_{min} 是根据钢筋混凝土梁所能承受的极限弯矩值 M_u 与相同截面素混凝土梁所能承受的极限弯矩 M_{cr} 相等的原则，并考虑到混凝土抗拉强度的离散性、混凝土收缩和温度应力等不利影响而确定的。《混凝土结构设计规范》规定受弯构件一侧的受拉钢筋最小配筋率取 0.2% 和 $45f_t/f_y$（%）中的较大值，即

$$\rho_{min} = \max\{0.2\%,\ 0.45 f_t/f_y\} \tag{4-13}$$

对于矩形和 T 形截面，最小受拉钢筋面积为

$$A_{s,min} = \rho_{min}bh \tag{4-14}$$

为方便应用，表 4-4 给出了采用不同等级钢筋和不同强度等级混凝土时受弯构件的最小配筋率，供设计时直接查用。

表 4-4　受弯构件的最小配筋率 ρ_{min}　　　　　　　　　　（%）

钢筋级别	混凝土强度等级													
	C15	C20	C25	C30	C35	C40	C45	C50	C55	C60	C65	C70	C75	C80
HPB300	0.200	0.200	0.212	0.238	0.262	0.285	0.300	0.315	0.327	0.340	0.348	0.357	0.363	0.370
HRB335、HRBF335	0.200	0.200	0.200	0.215	0.236	0.257	0.270	0.284	0.294	0.306	0.314	0.321	0.327	0.333
HRB400、HRBF400、RRB400	0.200	0.200	0.200	0.200	0.200	0.214	0.225	0.236	0.245	0.255	0.261	0.268	0.273	0.278
HRB500、HRBF500	0.200	0.200	0.200	0.200	0.200	0.200	0.200	0.200	0.203	0.211	0.216	0.221	0.226	0.230

4.4　单筋矩形截面受弯承载力计算

4.4.1　基本公式及适用条件

4.4.1.1　基本公式

单筋矩形截面受弯构件极限状态时的正截面承载力计算图形如图 4-14 所示。

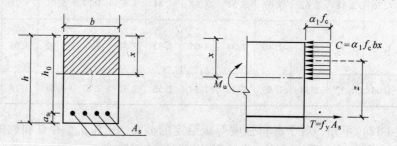

图 4-14　单筋矩形截面受弯构件正截面承载力计算应力图形

根据截面的静力平衡条件，可得基本公式如下：

$$\sum X = 0 \qquad \alpha_1 f_c bx = f_y A_s \tag{4-15}$$

$$\sum M = 0 \qquad M \leqslant M_u = \alpha_1 f_c bx\left(h_0 - \frac{x}{2}\right) = f_y A_s\left(h_0 - \frac{x}{2}\right) \tag{4-16}$$

式中　　M——弯矩设计值；

　　　　M_u——正截面受弯承载力设计值；

　　　　f_c——混凝土轴心抗压强度设计值；

f_y ——钢筋抗拉强度设计值；

b ——截面宽度；

α_1 ——混凝土受压等效矩形应力图形系数，按表4-1采用；

A_s ——纵向受拉钢筋的截面面积；

x ——按等效矩形应力图形计算的受压区高度，简称混凝土受压区高度或受压区计算高度；

h_0 ——截面有效高度，即受拉钢筋合力点至截面受压区边缘之间的距离，按下式计算：

$$h_0 = h - a_s \qquad (4\text{-}17)$$

h ——截面高度；

a_s ——受拉钢筋合力点至截面受拉边缘的距离，如图4-15所示。根据最外层钢筋的混凝土保护层厚度c，考虑箍筋直径及纵向钢筋直径，当环境类别为一类（室内环境）时，a_s一般可按下列数值采用：

梁的受拉钢筋为一排时 $\qquad a_s = 40mm$

梁的受拉钢筋为两排时 $\qquad a_s = 65mm$

板 $\qquad a_s = 20mm$

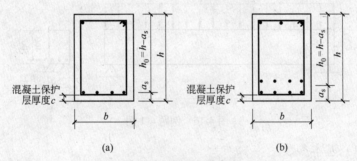

图4-15 截面有效高度

（a）受拉钢筋为一排；（b）受拉钢筋为两排

当混凝土强度等级不大于C25时，应再增加5mm。

4.4.1.2 适用条件

为了防止超筋破坏，基本公式应满足

$$\xi \leqslant \xi_b \quad \text{或} \quad \rho \leqslant \rho_{max} \qquad (4\text{-}18)$$

为了防止少筋破坏，应满足

$$A_s \geqslant A_{s,min} = \rho_{min}bh \quad \text{或} \quad \rho \geqslant \rho_{min}\frac{h}{h_0} \qquad (4\text{-}19)$$

4.4.2 基本公式的应用

受弯构件正截面承载力计算分为截面设计和截面承载力复核两类问题。

4.4.2.1 截面设计

截面设计问题通常假定截面弯矩设计值M、钢筋级别、混凝土强度等级和截面尺寸都已知（或可根据实际情况和设计经验给出），要求确定所需的受拉钢筋截面面积A_s，并参考构造要求，选择钢筋的根数和直径。

由式（4-15）和式（4-16）可知，两个基本公式中仅有 A_s 和 x 两个未知数，可求得唯一解。联立方程便可得：

$$x = h_0 - \sqrt{h_0^2 - \frac{2M}{\alpha_1 f_c b}}$$

若 $x \leqslant \xi_b h_0$，将 x 值代入式（4-15），可得

$$A_s = \alpha_1 \frac{f_c}{f_y} bx$$

若 $x > \xi_b h_0$，不满足适筋梁条件，应加大截面尺寸重新计算。若由于其他原因不能增加截面尺寸时，可提高混凝土强度等级或改用双筋矩形截面梁。

按 A_s 值选用钢筋的直径和根数，并验算是否满足最小配筋条件 $A_s \geqslant A_{s,min} = \rho_{min} bh$。

【例题 4-1】 某矩形截面钢筋混凝土简支梁（见图 4-16），截面尺寸 $b \times h = 250\text{mm} \times 500\text{mm}$，计算跨度 $l_0 = 6\text{m}$，承受的永久荷载标准值为 $g_k = 12\text{kN/m}$（包括梁自重），可变荷载标准值为 $q_k = 15\text{kN/m}$，混凝土强度等级为 C30，钢筋选用 HRB400 级。结构的安全等级为二级，环境类别为一类，求所需纵向受拉钢筋面积。

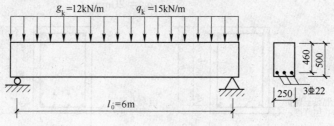

图 4-16　例题 4-1 图

【解】　（1）基本参数

查附表 1-3，$f_y = 360\text{N/mm}^2$；查附表 1-11，$f_c = 14.3\text{N/mm}^2$；由表 4-1、表 4-2 和表 4-4 得 $\alpha_1 = 1.0$，$\xi_b = 0.518$，$\rho_{min} = 0.2\%$；结构的安全等级为二级，故 $\gamma_0 = 1.0$。

（2）弯矩计算

按永久荷载控制考虑，取永久荷载分项系数 $\gamma_G = 1.35$，可变荷载分项系数 $\gamma_Q = 1.4$，跨中最大弯矩设计值为

$$M = 1.35 \times \frac{1}{8} \times 12 \times 6^2 + 0.7 \times 1.4 \times \frac{1}{8} \times 15 \times 6^2 = 139.05\text{kN} \cdot \text{m}$$

按可变荷载控制考虑，取永久荷载分项系数 $\gamma_G = 1.2$，可变荷载分项系数 $\gamma_Q = 1.4$，跨中最大弯矩设计值为

$$M = 1.2 \times \frac{1}{8} \times 12 \times 6^2 + 1.4 \times \frac{1}{8} \times 15 \times 6^2 = 159.30\text{kN} \cdot \text{m}$$

取弯矩设计值为上述计算的较大值，$M = 159.30\text{kN} \cdot \text{m}$。

（3）求 A_s

按梁内只有一排受拉钢筋考虑，取 $a_s = 40\text{mm}$，则

$$h_0 = 500 - 40 = 460\text{mm}$$

由式 (4-15) 和式 (4-16) 联立可得:

$$x = h_0 - \sqrt{h_0^2 - \frac{2M}{\alpha_1 f_c b}} = 460 - \sqrt{460^2 - \frac{2 \times 159.30 \times 10^6}{1.0 \times 14.3 \times 250}} = 110.03\text{mm}$$

$x < \xi_b h_0 = 0.518 \times 460 = 238.28\text{mm}$,满足适筋梁条件。将 x 代入式 (4-15),可得

$$A_s = \alpha_1 \frac{f_c}{f_y} bx = 1.0 \times \frac{14.3}{360} \times 250 \times 110.03 = 1093\text{mm}^2$$

(4) 选配钢筋

查附表 1-20,钢筋选用 3 ⌀ 22,实配钢筋面积 $A_s = 1140\text{mm}^2$,可以采用一排布置。

且 $A_s = 1140\text{mm}^2 > A_{s,\min} = \rho_{\min} bh = 0.2\% \times 250 \times 500 = 250\text{mm}^2$,满足最小配筋率要求。

4.4.2.2 截面复核

实际工程中,有时需要对已建成或已完成设计的构件进行承载力验算,即构件尺寸、混凝土强度等级、钢筋级别、数量和配筋方式等都已确定,要求计算截面是否能够承受已知的荷载或内力设计值。

此时可由式 (4-15) 直接求出 x :

$$x = \frac{f_y A_s}{\alpha_1 f_c b}$$

若 $x \leq \xi_b h_0$ 且 $A_s \geq A_{s,\min} = \rho_{\min} bh$,将 x 值代入式 (4-16),可得

$$M_u = \alpha_1 f_c bx \left(h_0 - \frac{x}{2} \right)$$

若 $x > \xi_b h_0$,说明是超筋梁,可近似认为其承载能力等于单筋矩形截面适筋梁的最大正截面受弯承载力。即取 $x = \xi_b h_0$,代入式 (4-16),得

$$M_{u,\max} = \alpha_1 f_c bh_0^2 \xi_b (1 - 0.5\xi_b)$$

若 $A_s < A_{s,\min} = \rho_{\min} bh$,是少筋梁,说明构件不安全,需修改设计或进行加固处理。

最后比较弯矩设计值 M 和极限弯矩值 M_u ,判断其安全性。

【例题 4-2】 已知一钢筋混凝土梁,截面尺寸为 $b \times h = 200\text{mm} \times 500\text{mm}$,混凝土强度等级为 C30,纵向受拉钢筋选用 3 ⌀ 25。结构的安全等级为二级,环境类别为一类,承受的弯矩设计值 $M = 150\text{kN} \cdot \text{m}$,验算此梁是否安全。

【解】 (1) 基本参数

查附表 1-3,$f_y = 360 \text{ N/mm}^2$;查附表 1-11,$f_c = 14.3 \text{ N/mm}^2$;由表 4-1、表 4-2 和表 4-4 得 $\alpha_1 = 1.0$,$\xi_b = 0.518$,$\rho_{\min} = 0.2\%$;结构的安全等级为二级,故 $\gamma_0 = 1.0$。

(2) 求 M_u

纵向受拉钢筋选用 3 ⌀ 25,则查附表 1-20 可知

$$A_s = 1473 \text{ mm}^2 > A_{s,\min} = \rho_{\min} bh = 0.2\% \times 200 \times 500 = 200\text{mm}^2$$

满足最小配筋率要求。

纵向受拉钢筋按一排放置,则

$$h_0 = 500 - 40 = 460\text{mm}$$

由式 (4-15) 得:

$$x = \frac{f_y A_s}{\alpha_1 f_c b} = \frac{360 \times 1473}{1.0 \times 14.3 \times 200} = 185.41\text{mm}$$

$x < \xi_b h_0 = 0.518 \times 460 = 238.28\text{mm}$，满足适筋梁条件。将 x 值代入式（4-16），可得

$$M_u = \alpha_1 f_c b x \left(h_0 - \frac{x}{2} \right) = 1.0 \times 14.3 \times 200 \times 185.41 \times \left(460 - \frac{185.41}{2} \right)$$

$$= 194.77 \times 10^6 \text{N} \cdot \text{mm} = 194.77\text{kN} \cdot \text{m} > M = 150\text{kN} \cdot \text{m}$$

故此梁安全。

4.4.3 计算系数及其应用

应用基本公式进行截面设计时，需要求解一元二次方程式，计算过程比较麻烦。为方便计算，可根据基本公式给出一些计算系数，并将其加以适当演变从而使计算过程得到简化。

取计算系数

$$\alpha_s = \xi(1 - 0.5\xi) \tag{4-20}$$

$$\gamma_s = 1 - 0.5\xi \tag{4-21}$$

则基本公式可改写为

$$\alpha_1 f_c b h_0 \xi = f_y A_s \tag{4-22}$$

$$M \leqslant M_u = \alpha_1 f_c \alpha_s b h_0^2 \tag{4-23}$$

或

$$M \leqslant M_u = f_y A_s \gamma_s h_0 \tag{4-24}$$

式（4-23）中的 $\alpha_s b h_0^2$ 可认为是受弯承载力极限状态时的截面抵抗矩，因此可将 α_s 称为截面抵抗矩系数；式（4-24）中的 $\gamma_s h_0$ 是截面受弯承载力极限状态时拉力合力与压力合力之间的力臂，故称 γ_s 为截面内力臂系数。对于材料强度等级给定的截面，配筋率 ρ 越大，则 ξ 和 α_s 越大，但 γ_s 越小。

根据式（4-20）和式（4-21），ξ、α_s 及 γ_s 之间的关系也可写成

$$\xi = 1 - \sqrt{1 - 2\alpha_s} \tag{4-25}$$

$$\gamma_s = \frac{1 + \sqrt{1 - 2\alpha_s}}{2} \tag{4-26}$$

利用计算系数进行截面设计，可按下列步骤进行：

首先根据式（4-23）求出 α_s：

$$\alpha_s = \frac{M}{\alpha_1 f_c b h_0^2}$$

进一步求得 ξ：

$$\xi = 1 - \sqrt{1 - 2\alpha_s}$$

若 $\xi \leqslant \xi_b$，说明满足公式适用条件，将 ξ 值代入式（4-22），可得

$$A_s = \frac{\alpha_1 f_c b h_0 \xi}{f_y}$$

若 $\xi > \xi_b$，应加大截面尺寸，提高混凝土强度等级或改用双筋梁重新计算。

最后按 A_s 值选用钢筋的直径和根数，并验算是否满足最小配筋条件 $A_s \geqslant A_{s, \min}$。

应用计算系数进行截面承载力复核时，首先由式（4-22）求出 ξ，然后判断是否满足

公式适用条件并做相应处理。具体计算过程与采用基本公式时类似，这里不再赘述。

【例题 4-3】 某矩形截面钢筋混凝土梁，截面尺寸 $b \times h = 200\text{mm} \times 450\text{mm}$，混凝土强度等级为 C35，钢筋选用 HRB400 级。结构的安全等级为二级，环境类别为一类，试按以下两种弯矩设计值分别计算所需纵向受拉钢筋面积。

（1）$M = 160\text{kN} \cdot \text{m}$（预计受拉钢筋一排布置，$a_s = 40\text{mm}$）；

（2）$M = 240\text{kN} \cdot \text{m}$（预计受拉钢筋两排布置，$a_s = 65\text{mm}$）。

【解】 基本参数：查附表 1-3，$f_y = 360 \text{ N/mm}^2$；查附表 1-11，$f_c = 16.7\text{N/mm}^2$；由表 4-1、表 4-2 和表 4-4 得 $\alpha_1 = 1.0$，$\xi_b = 0.518$，$\rho_{min} = 0.2\%$；结构的安全等级为二级，故 $\gamma_0 = 1.0$。

（1）$M = 160\text{kN} \cdot \text{m}$ 时，$a_s = 40\text{mm}$，则

$$h_0 = 450 - 40 = 410\text{mm}$$

由式（4-23）和式（4-25）分别可得

$$\alpha_s = \frac{M}{\alpha_1 f_c b h_0^2} = \frac{160 \times 10^6}{1.0 \times 16.7 \times 200 \times 410^2} = 0.285$$

$\xi = 1 - \sqrt{1 - 2\alpha_s} = 1 - \sqrt{1 - 2 \times 0.285} = 0.344 < \xi_b = 0.518$，满足适筋梁条件。

由式（4-22），可得

$$A_s = \frac{\alpha_1 f_c b h_0 \xi}{f_y} = \frac{1.0 \times 16.7 \times 200 \times 410 \times 0.344}{360} = 1309\text{mm}^2$$

查附表 1-20，钢筋选用 3 ⏀ 25，实配钢筋面积 $A_s = 1473\text{mm}^2$，可以采用一排布置。

且 $A_s = 1473\text{mm}^2 > A_{s,\,min} = \rho_{min} b h = 0.2\% \times 200 \times 450 = 180\text{mm}^2$，满足最小配筋率要求。

（2）$M = 240\text{kN} \cdot \text{m}$ 时，$a_s = 65\text{mm}$，则

$$h_0 = 450 - 65 = 385\text{mm}$$

由式（4-23）和式（4-25）分别可得

$$\alpha_s = \frac{M}{\alpha_1 f_c b h_0^2} = \frac{240 \times 10^6}{1.0 \times 16.7 \times 200 \times 385^2} = 0.485$$

$\xi = 1 - \sqrt{1 - 2\alpha_s} = 1 - \sqrt{1 - 2 \times 0.485} = 0.826 > \xi_b = 0.518$，不满足适筋梁条件。

由此可见，如果按单筋截面进行设计，将会出现超筋梁的情况。若既不能提高混凝土强度等级，又不能增大截面尺寸，需改用双筋矩形截面重新计算，具体计算过程见例题 4-4。

4.5 双筋矩形截面受弯承载力计算

在受拉区和受压区同时配有纵向受力钢筋的矩形截面，称为双筋矩形截面。采用双筋截面可以提高构件的承载能力和延性，还有利于减小受压区混凝土的徐变，从而减少构件在荷载长期作用下的挠度。但是，在受弯构件中，采用受压钢筋协助混凝土承受压力一般是不经济的，因此双筋截面梁通常应用于以下情况：

（1）当弯矩设计值过大，超过了单筋矩形截面适筋梁所能承受的最大弯矩 $M_{u,\,max}$，即出现了 $\xi > \xi_b$ 的情况，而梁的截面尺寸及混凝土强度等级受到限制不能增大时，可设计

成双筋截面梁。

（2）梁的同一截面可能承受异号弯矩时，需要设计成双筋梁。

（3）当因某种原因截面受压区已存在的钢筋面积较大时，宜考虑其受压作用而按双筋梁计算。

4.5.1 基本公式及适用条件

4.5.1.1 计算应力图形

试验表明，在满足 $\xi \leqslant \xi_b$ 的条件下，双筋矩形截面梁与单筋矩形截面梁破坏情形基本相同。受拉钢筋应力达到抗拉强度设计值 f_y，受压区混凝土的压应力采用等效矩形应力图形，混凝土压应力为 $\alpha_1 f_c$。

如在梁中采用封闭箍筋，受压钢筋不被压屈侧向凸出，则受压钢筋和受压混凝土在相应纤维处的应变相等，为 ε_s'（图 4-17（b））。故受压钢筋应力为 $\sigma_s' = E_s' \varepsilon_s'$，根据平截面应变关系，当 $x = 2a_s'$ 时，ε_s' 约为 0.002。于是

$$\sigma_s' = E_s' \varepsilon_s' = (2.00 \sim 2.10) \times 10^5 \times 0.002 = 400 \sim 420 \text{N/mm}^2$$

对于常用的热轧钢筋，其应力都能达到屈服强度值 f_y'。因此，受压钢筋应力达到屈服强度的充分条件是

$$x \geqslant 2a_s' \tag{4-27}$$

式中　a_s'——纵向受压钢筋合力点至受压区边缘的距离。

双筋矩形截面计算应力图形如图 4-17（d）所示。

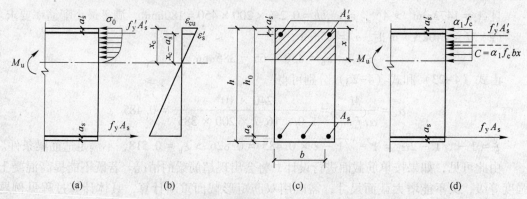

图 4-17　双筋矩形截面受弯构件正截面承载力计算应力图形
（a）应力图；（b）应变图；（c）截面图；（d）计算应力图

4.5.1.2 基本公式

根据图 4-17（d），由轴向力的平衡条件和对受拉钢筋合力点取矩的力矩平衡条件，有

$$\sum X = 0 \quad \alpha_1 f_c bx + f_y' A_s' = f_y A_s \tag{4-28}$$

$$\sum M_{A_s} = 0 \quad M \leqslant M_u = \alpha_1 f_c bx \left(h_0 - \frac{x}{2} \right) + f_y' A_s' (h_0 - a_s') \tag{4-29}$$

式中　f_y'——钢筋抗压强度设计值；

A_s'——纵向受压钢筋的截面面积；

其他符号意义同前。

将 $x = \xi h_0$ 代入式（4-28）和式（4-29），并令 $\alpha_s = \xi(1 - 0.5\xi)$，基本公式可改写为

$$\alpha_1 f_c b \xi h_0 + f'_y A'_s = f_y A_s \tag{4-30}$$

$$M \leqslant M_u = \alpha_1 f_c \alpha_s b h_0^2 + f'_y A'_s (h_0 - a'_s) \tag{4-31}$$

4.5.1.3 适用条件

为了防止超筋破坏，基本公式应满足

$$\xi \leqslant \xi_b \quad 或 \quad x \leqslant \xi_b h_0 \tag{4-32}$$

为了保证受压钢筋应力达到屈服强度，应满足

$$\xi \geqslant 2a'_s / h_0 \quad 或 \quad x \geqslant 2a'_s \tag{4-33}$$

双筋截面中的纵向受拉钢筋一般配置较多，故不需验算受拉钢筋的最小配筋条件。当不满足式（4-33）时，说明受压钢筋不能屈服，通常可近似取 $x = 2a'_s$，对受压钢筋合力点取矩，得

$$M \leqslant M_u = f_y A_s (h_0 - a'_s) \tag{4-34}$$

4.5.2 双筋矩形截面的计算方法

4.5.2.1 截面设计

双筋矩形截面的设计一般是截面弯矩设计值 M、钢筋级别、混凝土强度等级和截面尺寸都已知，计算时可能会遇到两种情况。

情况1：受拉钢筋 A_s 和受压钢筋 A'_s 均未知。

由式（4-30）和式（4-31）可知，两个公式中有三个未知数：A_s、A'_s 和 ξ，因此需要补充条件才能求得唯一解。考虑到充分利用混凝土的抗压能力，使钢筋 A_s 和 A'_s 用量最少，可取 $\xi = \xi_b$，代入式（4-31），求出 A'_s：

$$A'_s = \frac{M - \alpha_1 f_c b h_0^2 \alpha_{sb}}{f'_y (h_0 - a'_s)} = \frac{M - \alpha_1 f_c b h_0^2 \xi_b (1 - 0.5\xi_b)}{f'_y (h_0 - a'_s)}$$

然后将 $\xi = \xi_b$ 及 A'_s 代入式（4-30），可求得 A_s：

$$A_s = \frac{\alpha_1 f_c b \xi_b h_0 + f'_y A'_s}{f_y}$$

因 $\xi = \xi_b$，基本公式的适用条件式（4-32）及式（4-33）都能满足。最后按 A_s、A'_s 值选用钢筋的直径和根数。

情况2：受压钢筋 A'_s 已知，求受拉钢筋 A_s。

由于 A'_s 已知，两个基本公式中只有两个未知数 A_s 和 ξ，可求得唯一解。首先由式（4-31）求得 α_s：

$$\alpha_s = \frac{M - f'_y A'_s (h_0 - a'_s)}{\alpha_1 f_c b h_0^2}$$

由式（4-25）可得

$$\xi = 1 - \sqrt{1 - 2\alpha_s}$$

如果 ξ 满足 $\dfrac{2a'_s}{h_0} \leqslant \xi \leqslant \xi_b$，则由基本公式（4-30）求得 A_s：

$$A_s = \frac{\alpha_1 f_c b \xi h_0 + f'_y A'_s}{f_y}$$

如果 $\xi > \xi_b$ ，说明已有的 A'_s 不足，应按 A_s 和 A'_s 均未知（情况 1）重新计算。

如果 $\xi < \dfrac{2a'_s}{h_0}$ ，则应按式（4-34）求 A_s ：

$$A_s = \frac{M}{f_y(h_0 - a'_s)}$$

最后按 A_s 值选用钢筋的直径和根数。

【例题 4-4】   按例题 4-3 第（2）问重新求所需受力钢筋面积。

【解】   由例题 4-3 已知，当截面弯矩设计值 $M = 240 \text{kN} \cdot \text{m}$ ，如果设计成单筋矩形截面，将会出现超筋的问题。若既不能提高混凝土强度等级，又不能增大截面尺寸，应按双筋矩形截面重新计算。

受压钢筋按单排考虑，取 $a'_s = 40 \text{mm}$ 。取 $\xi = \xi_b$ ，代入式（4-31），得：

$$
\begin{aligned}
A'_s &= \frac{M - \alpha_1 f_c b h_0^2 \xi_b (1 - 0.5\xi_b)}{f'_y(h_0 - a'_s)} \\
&= \frac{240 \times 10^6 - 1.0 \times 16.7 \times 200 \times 385^2 \times 0.518 \times (1 - 0.5 \times 0.518)}{360 \times (385 - 40)} = 402 \text{mm}^2
\end{aligned}
$$

由式（4-30），可得：

$$A_s = \frac{\alpha_1 f_c b \xi_b h_0 + f'_y A'_s}{f_y} = \frac{1.0 \times 16.7 \times 200 \times 0.518 \times 385 + 360 \times 402}{360} = 2252 \text{mm}^2$$

选配钢筋：查附表 1-20，受压钢筋选用 2 Φ 16（实配钢筋面积 $A'_s = 402 \text{mm}^2$ ），受拉钢筋选用 6 Φ 22（实配钢筋面积 $A_s = 2281 \text{mm}^2$ ），截面配筋见图 4-18。

【例题 4-5】   已知情况与例题 4-4 相同，但由于构造原因，在受压区已配有受压钢筋 3 Φ 20（ $A'_s = 942 \text{mm}^2$ ），求所需受拉钢筋面积。

【解】   由式（4-31）和式（4-25）分别可得

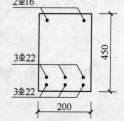

图 4-18   例题 4-4 配筋图

$$
\begin{aligned}
\alpha_s &= \frac{M - f'_y A'_s(h_0 - a'_s)}{\alpha_1 f_c b h_0^2} = \frac{240 \times 10^6 - 360 \times 942 \times (385 - 40)}{1.0 \times 16.7 \times 200 \times 385^2} \\
&= 0.248
\end{aligned}
$$

$$\xi = 1 - \sqrt{1 - 2\alpha_s} = 1 - \sqrt{1 - 2 \times 0.248} = 0.290$$

$2a'_s/h_0 = 2 \times 40/385 = 0.208 < \xi = 0.290 < \xi_b = 0.518$ ，满足基本公式的适用条件。

由式（4-30）得

$$A_s = \frac{\alpha_1 f_c b \xi h_0 + f'_y A'_s}{f_y} = \frac{1.0 \times 16.7 \times 200 \times 0.290 \times 385 + 360 \times 942}{360} = 1978 \text{mm}^2$$

查附表 1-20，受拉钢筋选用 3 Φ 22+2 Φ 25（ $A_s = 2122 \text{mm}^2$ ）。

4.5.2.2 截面复核

截面承载力复核时，截面弯矩设计值 M、钢筋级别、混凝土强度等级、截面尺寸、受拉钢筋截面面积 A_s 和受压钢筋截面面积 A'_s 都已知，要求确定截面所能负担的极限弯矩值。

此时两个基本公式中有两个未知数 ξ 和 M_u，可直接联立求解。先按式（4-30）计算 ξ：

$$\xi = \frac{f_y A_s - f'_y A'_s}{\alpha_1 f_c b h_0}$$

如果 ξ 满足 $2a'_s/h_0 \leq \xi \leq \xi_b$，则由式（4-31）可求得截面所能抵抗的弯矩为

$$M_u = \alpha_1 f_c b h_0^2 \xi (1 - 0.5\xi) + f'_y A'_s (h_0 - a'_s)$$

如果 $\xi > \xi_b$，说明是超筋梁，可近似取 $\xi = \xi_b$，代入式（4-31），得

$$M_u = \alpha_1 f_c b h_0^2 \xi_b (1 - 0.5\xi_b) + f'_y A'_s (h_0 - a'_s)$$

如果 $\xi < 2a'_s/h_0$，近似取 $\xi = 2a'_s/h_0$，由式（4-34）可知

$$M_u = f_y A_s (h_0 - a'_s)$$

【例题 4-6】 某钢筋混凝土梁，截面尺寸为 $b \times h = 200\text{mm} \times 400\text{mm}$，混凝土强度等级为 C30，环境类别为一类，试按以下三种配筋情况求截面所能承受的最大弯矩设计值。

（1）受压钢筋选用 2 Φ 18（$A'_s = 509\text{mm}^2$），受拉钢筋选用 3 Φ 22（$A_s = 1140\text{mm}^2$）；

（2）受压钢筋选用 2 Φ 16（$A'_s = 402\text{mm}^2$），受拉钢筋选用 5 Φ 22（$A_s = 1900\text{mm}^2$）；

（3）受压钢筋和受拉钢筋均选用 3 Φ 20（$A_s = A'_s = 942\text{mm}^2$）。

【解】 基本参数：查附表 1-3，$f_y = 435\text{N/mm}^2$，$f'_y = 410\text{N/mm}^2$；查附表 1-11，$f_c = 14.3\text{N/mm}^2$；由表 4-1、表 4-2 和表 4-4 得 $\alpha_1 = 1.0$，$\xi_b = 0.482$，$\rho_{min} = 0.2\%$。

（1）受压钢筋选用 2 Φ 18（$A'_s = 509\text{mm}^2$），受拉钢筋选用 3 Φ 22（$A_s = 1140\text{mm}^2$）

纵向受拉钢筋按一排放置，则

$$h_0 = 400 - 40 = 360\text{mm}$$

由式（4-30）得：

$$\xi = \frac{f_y A_s - f'_y A'_s}{\alpha_1 f_c b h_0} = \frac{435 \times 1140 - 410 \times 509}{1.0 \times 14.3 \times 200 \times 360} = 0.279$$

$2a'_s/h_0 = 2 \times 40/360 = 0.222 < \xi = 0.279 < \xi_b = 0.482$，满足基本公式的适用条件。

由式（4-31）可得

$M_u = \alpha_1 f_c b h_0^2 \xi (1 - 0.5\xi) + f'_y A'_s (h_0 - a'_s)$

$\quad = 1.0 \times 14.3 \times 200 \times 360^2 \times 0.279 \times (1 - 0.5 \times 0.279) + 410 \times 509 \times (360 - 40)$

$\quad = 155.76 \times 10^6 \text{N} \cdot \text{mm} = 155.76\text{kN} \cdot \text{m}$

（2）受压钢筋选用 2 Φ 16（$A'_s = 402\text{mm}^2$），受拉钢筋选用 5 Φ 22（$A_s = 1900\text{mm}^2$）

纵向受拉钢筋按两排放置，则

$$h_0 = 400 - 65 = 335\text{mm}$$

由式（4-30）得：

$$\xi = \frac{f_y A_s - f'_y A'_s}{\alpha_1 f_c b h_0} = \frac{435 \times 1900 - 410 \times 402}{1.0 \times 14.3 \times 200 \times 335} = 0.691$$

$\xi = 0.691 > \xi_b = 0.482$，说明是超筋梁，近似取 $\xi = \xi_b$，代入式（4-31），得

$$M_u = \alpha_1 f_c b h_0^2 \xi_b (1 - 0.5\xi_b) + f'_y A'_s (h_0 - a'_s)$$

$$= 1.0 \times 14.3 \times 200 \times 335^2 \times 0.482 \times (1 - 0.5 \times 0.482) + 410 \times 402 \times (335 - 40)$$

$$= 166.04 \times 10^6 \text{N} \cdot \text{mm} = 166.04 \text{kN} \cdot \text{m}$$

（3）受压钢筋和受拉钢筋均选用 3 Φ 20 （$A_s = A'_s = 942 \text{mm}^2$）

纵向受拉钢筋按一排放置，则

$$h_0 = 400 - 40 = 360 \text{mm}$$

由式（4-30）得：

$$\xi = \frac{f_y A_s - f'_y A'_s}{\alpha_1 f_c b h_0} = \frac{435 \times 942 - 410 \times 942}{1.0 \times 14.3 \times 200 \times 360} = 0.023$$

$\xi = 0.023 < 2a'_s/h_0 = 2 \times 40/360 = 0.222$，说明受压钢筋不能屈服，可近似取 $x = 2a'_s$，

由式（4-34）得

$$M_u = f_y A_s (h_0 - a'_s) = 435 \times 942 \times (360 - 40) = 131.13 \times 10^6 \text{N} \cdot \text{mm} = 131.13 \text{kN} \cdot \text{m}$$

4.6 T 形截面受弯承载力计算

由矩形截面受弯构件的受力分析可知，当构件进入破坏阶段后，大部分受拉区混凝土已退出工作，正截面承载力计算时不考虑混凝土的抗拉强度。因此，对尺寸较大的矩形截面构件，可将受拉区两侧的混凝土挖去，形成如图 4-19（a）所示的 T 形截面。其中 T 形截面的伸出部分（$(b'_f - b) \times h'_f$）称为翼缘，中间部分（$b \times h$）称为腹板或梁肋。T 形截面与原来的矩形截面相比，其极限承载能力几乎不受影响，还可以节省混凝土，减轻构件自重。

T 形截面受弯构件在实际工程中的应用非常广泛，如建筑结构中的现浇整体式肋梁楼盖中，梁与楼板浇筑在一起形成 T 形截面。预制构件中的独立 T 形梁，以及一些其他截面形式的预制构件，如槽形板、空心板、I 形吊车梁、薄腹屋面梁及箱形梁等，都可按 T 形截面受弯构件考虑。T 形截面受弯构件通常采用单筋，但如果承受弯矩值较大，截面高度又受到限制时也可设计为双筋 T 形截面。

4.6.1 T 形截面受压翼缘的计算宽度

T 形截面与矩形截面的主要区别在于翼缘是否参与受压。试验与理论分析表明，T 形截面受弯构件受力后，翼缘上的压应力分布是不均匀的（图 4-20(a)），距肋部越远，翼缘参与受力程度越小。为了计算方便，假定距肋部一定范围内的翼缘参与工作，且此范围内翼缘压应力分布是均匀的，在此范围以外则不予考虑（图 4-20(b)）。这个范围称为翼缘的计算宽度，用 b'_f 表示。

翼缘计算宽度 b'_f 与翼缘传递剪力的能力，包括翼缘高度 h'_f、梁的计算跨度 l_0、受力情况（独立梁、肋梁楼盖中的 T 形梁）等许多因素有关。表 4-5 列出了《混凝土结构设计规范》规定的翼缘计算宽度 b'_f，计算 T 形截面梁翼缘宽度 b'_f 时应取表中有关各项的最小值。

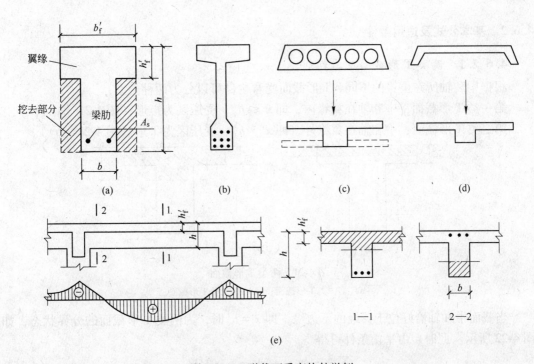

图 4-19　T形截面受弯构件举例

（a）T形梁；（b）薄腹梁；（c）空心板；（d）槽形板；（e）连续梁

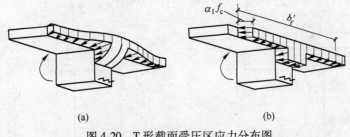

图 4-20　T形截面受压区应力分布图

（a）实际应力分布；（b）等效应力分布

表 4-5　T形、I形及倒L形截面受弯构件受压翼缘的计算宽度 b_{f}'

考虑情况		T形、I形截面		倒L形截面
		肋形梁（板）	独立梁	肋形梁（板）
1	按计算跨度 l_0 考虑	$l_0/3$	$l_0/3$	$l_0/6$
2	按梁（肋）净距 s_{n} 考虑	$b + s_{\mathrm{n}}$	—	$b + s_{\mathrm{n}}/2$
3	按翼缘高度 h_{f}' 考虑	$b + 12h_{\mathrm{f}}'$	b	$b + 5h_{\mathrm{f}}'$

注：1. 表中 b 为梁的腹板宽度；

2. 如肋形梁在梁跨内设有间距小于纵肋间距的横肋时，则可不考虑表中项次 3 的规定；

3. 对有加腋的 T形、I形和倒L形截面，当受压区加腋的高度 $h_{\mathrm{h}} \geqslant h_{\mathrm{f}}'$ 且加腋的宽度 $b_{\mathrm{h}} \geqslant 3h_{\mathrm{h}}$ 时，其翼缘计算宽度可按表中项次 3 的规定分别增加 $2b_{\mathrm{h}}$（T形截面、I形截面）和 b_{h}（倒L形截面）；

4. 独立梁受压区的翼缘板在荷载作用下经验算沿纵肋方向可能产生裂缝时，则计算宽度应取腹板宽度 b。

4.6.2 基本公式及适用条件

4.6.2.1 两类 T 形截面及其判别

根据中和轴所在位置的不同，T 形截面受弯构件可以分为两种类型：

第一类 T 形截面：中和轴在翼缘内，即 $x \leqslant h'_f$，受压区为矩形（图 4-21（a））；

第二类 T 形截面：中和轴在翼缘外，即 $x > h'_f$，受压区为 T 形（图 4-21（b））。

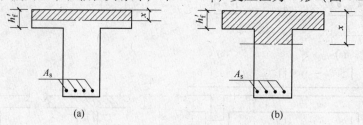

图 4-21 两类 T 形截面

（a）第一类 T 形截面；（b）第二类 T 形截面

当截面中和轴恰好位于翼缘的下边缘，即 $x = h'_f$ 时，为两类 T 形截面的分界状态，如图 4-22 所示。此时，由平衡条件可得

$$\sum X = 0 \qquad f_y A_s = \alpha_1 f_c b'_f h'_f \tag{4-35}$$

$$\sum M_{A_s} = 0 \qquad M = \alpha_1 f_c b'_f h'_f \left(h_0 - \frac{h'_f}{2} \right) \tag{4-36}$$

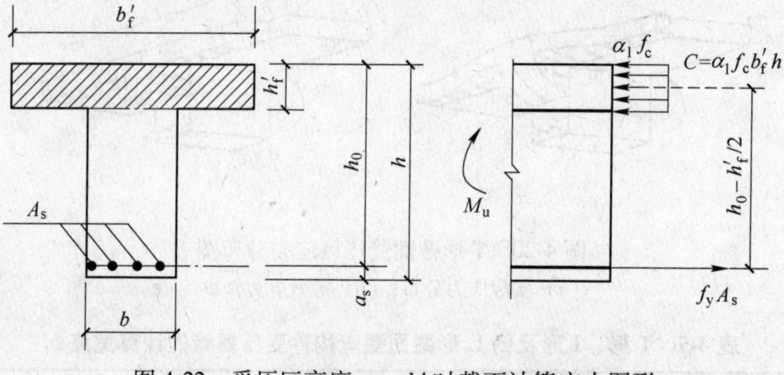

图 4-22 受压区高度 $x = h'_f$ 时截面计算应力图形

截面设计时，由于 M 值已知，采用式（4-36）判别截面类型，即：

当 $M \leqslant \alpha_1 f_c b'_f h'_f \left(h_0 - \dfrac{h'_f}{2} \right)$ 时，属于第一类 T 形截面；

当 $M > \alpha_1 f_c b'_f h'_f \left(h_0 - \dfrac{h'_f}{2} \right)$ 时，属于第二类 T 形截面。

截面复核时，由于 A_s 值已知，采用式（4-35）判别截面类型，即：

当 $f_y A_s \leqslant \alpha_1 f_c b'_f h'_f$ 时，属于第一类 T 形截面；

当 $f_y A_s > \alpha_1 f_c b'_f h'_f$ 时，属于第二类 T 形截面。

4.6.2.2 第一类 T 形截面的基本公式及适用条件

第一类 T 形截面的中和轴在翼缘内，受压区为矩形。由于计算时不考虑受拉区混凝土参

与受力，所以这类 T 形截面的受弯承载力与宽度为 b'_f 的矩形截面梁相同（图4-23），即有

$$\sum X = 0 \qquad \alpha_1 f_c b'_f x = f_y A_s \tag{4-37}$$

$$\sum M_{A_s} = 0 \qquad M \leqslant M_u = \alpha_1 f_c b'_f x \left(h_0 - \frac{x}{2} \right) = \alpha_1 f_c \alpha_s b'_f h_0^2 \tag{4-38}$$

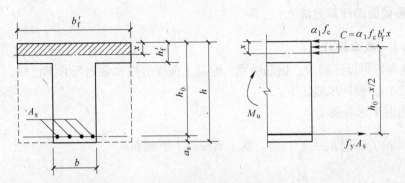

图 4-23　第一类 T 形截面计算应力图形

基本公式的适用条件为：

（1）为了防止超筋破坏，应满足 $\xi \leqslant \xi_b$ 或 $x \leqslant \xi_b h_0$。对于第一类 T 形截面，受压区高度较小（$x \leqslant h'_f$），故该条件一般都能满足，通常不必验算。

（2）为了防止少筋破坏，应满足 $A_s \geqslant A_{s,\,min} = \rho_{min} bh$ 或 $\rho \geqslant \rho_{min} h/h_0$。对于 T 形截面，配筋率是相对于梁肋部分而言的，即 $\rho = A_s/(bh_0)$。

4.6.2.3　第二类 T 形截面的基本公式及适用条件

第二类 T 形截面中和轴在翼缘外，受压区为 T 形，其计算应力图形如图 4-24 所示。根据截面的静力平衡条件，可得基本公式为

$$\sum X = 0 \qquad \alpha_1 f_c bx + \alpha_1 f_c (b'_f - b) h'_f = f_y A_s \tag{4-39}$$

$$\sum M_{A_s} = 0 \qquad M \leqslant M_u = \alpha_1 f_c bx \left(h_0 - \frac{x}{2} \right) + \alpha_1 f_c (b'_f - b) h'_f \left(h_0 - \frac{h'_f}{2} \right) \tag{4-40}$$

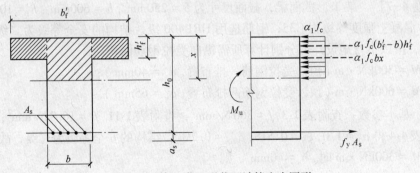

图 4-24　第二类 T 形截面计算应力图形

将 $x = \xi h_0$ 代入式（4-39）和式（4-40），并令 $\alpha_s = \xi(1 - 0.5\xi)$，基本公式可写为

$$\alpha_1 f_c b \xi h_0 + \alpha_1 f_c (b'_f - b) h'_f = f_y A_s \tag{4-41}$$

$$M \leqslant M_u = \alpha_1 f_c \alpha_s bh_0^2 + \alpha_1 f_c (b'_f - b) h'_f \left(h_0 - \frac{h'_f}{2} \right) \tag{4-42}$$

基本公式的适用条件为：

（1）为了防止超筋破坏，应满足 $\xi \leqslant \xi_b$ 或 $x \leqslant \xi_b h_0$。

（2）为了防止少筋破坏，应满足 $A_s \geqslant A_{s,min} = \rho_{min} bh$ 或 $\rho \geqslant \rho_{min} h/h_0$。由于第二类 T 形截面配筋较多，该条件一般都能满足，不必验算。

4.6.3   T 形截面的计算方法

4.6.3.1   截面设计

通常截面弯矩设计值 M、钢筋级别、混凝土强度等级和截面尺寸都已知，求所需的受拉钢筋面积 A_s。设计步骤如下：

（1）判别 T 形截面类型。

当 $M \leqslant \alpha_1 f_c b'_f h'_f \left(h_0 - \dfrac{h'_f}{2} \right)$ 时，属于第一类 T 形截面；

当 $M > \alpha_1 f_c b'_f h'_f \left(h_0 - \dfrac{h'_f}{2} \right)$ 时，属于第二类 T 形截面。

（2）若为第一类 T 形截面，计算方法与截面尺寸为 $b'_f \times h$ 的单筋矩形截面梁相同。

（3）若为第二类 T 形截面，按基本公式（4-42）计算 α_s：

$$\alpha_s = \frac{M - \alpha_1 f_c (b'_f - b) h'_f \left(h_0 - \dfrac{h'_f}{2} \right)}{\alpha_1 f_c b h_0^2}$$

$$\xi = 1 - \sqrt{1 - 2\alpha_s}$$

如果 $\xi \leqslant \xi_b$，则由式（4-41）求得 A_s：

$$A_s = \frac{\alpha_1 f_c b \xi h_0 + \alpha_1 f_c (b'_f - b) h'_f}{f_y}$$

如果 $\xi > \xi_b$，说明为超筋梁，应加大截面尺寸重新计算。若不能增加截面尺寸，可提高混凝土强度等级或改用双筋 T 形截面梁。

【例题 4-7】   某 T 形截面梁，截面尺寸为 $b = 250\text{mm}$，$h = 600\text{mm}$，$h'_f = 100\text{mm}$，$b'_f = 600\text{mm}$，混凝土强度等级为 C35，钢筋选用 HRB400 级。结构的安全等级为二级，环境类别为一类，按以下弯矩设计值分别计算所需纵向受拉钢筋面积。

（1）$M = 300\text{kN} \cdot \text{m}$（预计受拉钢筋一排布置，$a_s = 40\text{mm}$）；

（2）$M = 600\text{kN} \cdot \text{m}$（预计受拉钢筋两排布置，$a_s = 65\text{mm}$）。

【解】 基本参数：查附表 1-3，$f_y = 360\text{N/mm}^2$；查附表 1-11，$f_c = 16.7\text{N/mm}^2$；由表 4-1、表 4-2 和表 4-4 得 $\alpha_1 = 1.0$，$\xi_b = 0.518$，$\rho_{min} = 0.2\%$；结构的安全等级为二级，故 $\gamma_0 = 1.0$。

（1）$M = 300\text{kN} \cdot \text{m}$ 时，$a_s = 40\text{mm}$，则

$$h_0 = 600 - 40 = 560\text{mm}$$

判别 T 形截面类型：

$$\alpha_1 f_c b'_f h'_f \left(h_0 - \frac{h'_f}{2} \right) = 1.0 \times 16.7 \times 600 \times 100 \times \left(560 - \frac{100}{2} \right)$$

$$= 511.02\text{N} \cdot \text{mm} = 511.02\text{kN} \cdot \text{m} > 300\text{kN} \cdot \text{m}$$

故属于第一类 T 形截面。

由式（4-38）可得

$$\alpha_s = \frac{M}{\alpha_1 f_c b'_f h_0^2} = \frac{300 \times 10^6}{1.0 \times 16.7 \times 600 \times 560^2} = 0.095$$

$$\xi = 1 - \sqrt{1 - 2\alpha_s} = 1 - \sqrt{1 - 2 \times 0.095} = 0.100 < \xi_b = 0.518$$

代入式（4-37）得

$$A_s = \frac{\alpha_1 f_c b'_f \xi h_0}{f_y} = \frac{1.0 \times 16.7 \times 600 \times 0.100 \times 560}{360} = 1559 \text{mm}^2$$

查附表 1-20，钢筋选用 2 Φ 22+2 Φ 25，实配钢筋面积 $A_s = 1742 \text{mm}^2$，可以采用一排布置。

$A_s = 1742 \text{mm}^2 > A_{s,\min} = \rho_{\min} bh = 0.2\% \times 250 \times 600 = 300 \text{mm}^2$，满足最小配筋率要求。

（2）$M = 600 \text{kN} \cdot \text{m}$ 时，$a_s = 65 \text{mm}$，则

$$h_0 = 600 - 65 = 535 \text{mm}$$

判别 T 形截面类型：

$$\alpha_1 f_c b'_f h'_f \left(h_0 - \frac{h'_f}{2} \right) = 1.0 \times 16.7 \times 600 \times 100 \times \left(535 - \frac{100}{2} \right)$$

$$= 485.97 \text{N} \cdot \text{mm} = 485.97 \text{kN} \cdot \text{m} < 600 \text{kN} \cdot \text{m}$$

故属于第二类 T 形截面。

由式（4-42）得：

$$\alpha_s = \frac{M - \alpha_1 f_c (b'_f - b) h'_f \left(h_0 - \frac{h'_f}{2} \right)}{\alpha_1 f_c b h_0^2}$$

$$= \frac{600 \times 10^6 - 1.0 \times 16.7 \times (600 - 250) \times 100 \times \left(535 - \frac{100}{2} \right)}{1.0 \times 16.7 \times 250 \times 535^2} = 0.265$$

$$\xi = 1 - \sqrt{1 - 2\alpha_s} = 1 - \sqrt{1 - 2 \times 0.265} = 0.314 < \xi_b = 0.518$$

由式（4-41）得：

$$A_s = \frac{\alpha_1 f_c b \xi h_0 + \alpha_1 f_c (b'_f - b) h'_f}{f_y}$$

$$= \frac{1.0 \times 16.7 \times 250 \times 0.314 \times 535 + 1.0 \times 16.7 \times (600 - 250) \times 100}{360} = 3572 \text{mm}^2$$

查附表 1-20，钢筋选用 6 Φ 28，实配钢筋面积 $A_s = 3695 \text{mm}^2$，采用两排布置。

$A_s = 3695 \text{mm}^2 > A_{s,\min} = \rho_{\min} bh = 0.2\% \times 250 \times 600 = 300 \text{mm}^2$，满足最小配筋率要求。

4.6.3.2 截面复核

已知截面弯矩设计值 M、钢筋级别、混凝土强度等级、截面尺寸和受拉钢筋截面面积 A_s，要求确定截面所能负担的极限弯矩值。计算步骤如下：

（1）判别 T 形截面类型。

当 $f_y A_s \leqslant \alpha_1 f_c b'_f h'_f$ 时，属于第一类 T 形截面；

当 $f_y A_s > \alpha_1 f_c b_f' h_f'$ 时，属于第二类 T 形截面。

（2）若为第一类 T 形截面。计算方法与截面尺寸为 $b_f' \times h$ 的单筋矩形截面梁相同。

（3）若为第二类 T 形截面。由基本公式（4-41）得

$$\xi = \frac{f_y A_s - \alpha_1 f_c (b_f' - b) h_f'}{\alpha_1 f_c b h_0}$$

如果 $\xi \leqslant \xi_b$，则由式（4-42）求得截面的受弯承载力为

$$M_u = \alpha_1 f_c b h_0^2 \xi (1 - 0.5\xi) + \alpha_1 f_c (b_f' - b) h_f' \left(h_0 - \frac{h_f'}{2} \right)$$

如果 $\xi > \xi_b$，说明为超筋梁，可近似取 $\xi = \xi_b$，代入式（4-42），得

$$M_u = \alpha_1 f_c b h_0^2 \xi_b (1 - 0.5\xi_b) + \alpha_1 f_c (b_f' - b) h_f' \left(h_0 - \frac{h_f'}{2} \right)$$

【例题 4-8】 已知 T 形截面梁，截面尺寸为 $b = 200\text{mm}$，$h = 500\text{mm}$，$h_f' = 100\text{mm}$，$b_f' = 500\text{mm}$，混凝土强度等级为 C30，环境类别为一类，分别求下列两种情况下梁截面所能承受的最大弯矩设计值。

（1）受拉钢筋选用 3 Φ 20（$A_s = 942\text{mm}^2$），$a_s = 40\text{mm}$；

（2）受拉钢筋选用 6 Φ 22（$A_s = 2281\text{mm}^2$），$a_s = 65\text{mm}$。

【解】 基本参数

查附表 1-3，$f_y = 435\text{N/mm}^2$；查附表 1-11，$f_c = 14.3\text{N/mm}^2$；由表 4-1、表 4-2 和表 4-4 得 $\alpha_1 = 1.0$，$\xi_b = 0.482$，$\rho_{min} = 0.2\%$。

（1）受拉钢筋选用 3 Φ 20（$A_s = 942\text{mm}^2$）时

$$A_s = 942\text{mm}^2 > A_{s, min} = \rho_{min} b h = 0.2\% \times 200 \times 500 = 200\text{mm}^2$$

满足最小配筋率要求。又 $a_s = 40\text{mm}$，则

$$h_0 = 500 - 40 = 460\text{mm}$$

判别 T 形截面类型：

$$f_y A_s = 435 \times 942 = 409770\text{N} < \alpha_1 f_c b_f' h_f' = 1.0 \times 14.3 \times 500 \times 100 = 715000\text{N}$$

故属于第一类 T 形截面。

由式（4-37）得

$$\xi = \frac{f_y A_s}{\alpha_1 f_c b_f' h_0} = \frac{435 \times 942}{1.0 \times 14.3 \times 500 \times 460} = 0.125 < \xi_b = 0.482$$

由式（4-38）可得

$$M_u = \alpha_1 f_c b_f' h_0^2 \xi (1 - 0.5\xi) = 1.0 \times 14.3 \times 500 \times 460^2 \times 0.125 \times (1 - 0.5 \times 0.125)$$
$$= 177.30 \times 10^6 \text{N} \cdot \text{mm} = 177.30\text{kN} \cdot \text{m}$$

（2）受拉钢筋选用 6 Φ 22（$A_s = 2281\text{mm}^2$），$a_s = 65\text{mm}$ 时

$$h_0 = 500 - 65 = 435\text{mm}$$

判别 T 形截面类型：

$$f_y A_s = 435 \times 2281 = 992235\text{N} > \alpha_1 f_c b_f' h_f' = 1.0 \times 14.3 \times 500 \times 100 = 715000\text{N}$$

故属于第二类 T 形截面。

由式（4-41）得

$$\xi = \frac{f_y A_s - \alpha_1 f_c (b'_f - b) h'_f}{\alpha_1 f_c b h_0} = \frac{435 \times 2281 - 1.0 \times 14.3 \times (500 - 200) \times 100}{1.0 \times 14.3 \times 200 \times 435}$$

$$= 0.453 < \xi_b = 0.482$$

由式（4-42）可得

$$M_u = \alpha_1 f_c b h_0^2 \xi (1 - 0.5\xi) + \alpha_1 f_c (b'_f - b) h'_f \left(h_0 - \frac{h'_f}{2} \right)$$

$$= 1.0 \times 14.3 \times 200 \times 435^2 \times 0.453 \times (1 - 0.5 \times 0.453) +$$

$$1.0 \times 14.3 \times (500 - 200) \times 100 \times \left(435 - \frac{100}{2} \right)$$

$$= 354.79 \times 10^6 \text{N} \cdot \text{mm} = 354.79 \text{kN} \cdot \text{m}$$

小　　结

（1）混凝土受弯构件的破坏有两种可能，一种是沿正截面破坏，另一种是沿斜截面破坏。前者是沿法向裂缝（正裂缝）截面的弯曲破坏，后者是沿斜裂缝截面的剪切破坏或弯曲破坏。本章主要介绍正截面受弯极限状态承载力的分析和计算，同时介绍了有关的构造要求。

（2）纵向受拉钢筋的配筋率对受弯构件正截面破坏特征具有显著的影响。根据配筋率的不同，可将受弯构件正截面破坏形态分为适筋破坏、超筋破坏和少筋破坏三种类型。其中超筋破坏和少筋破坏在设计中不允许出现，必须通过限制条件加以避免。

（3）适筋梁的破坏经历了三个阶段，受拉区混凝土开裂和受拉钢筋屈服是划分各个受力阶段的界限状态。其中第Ⅰ阶段末Ⅰ$_a$是确定受弯构件开裂弯矩的依据；第Ⅱ阶段末Ⅱ$_a$是受弯构件在正常使用阶段变形和裂缝宽度验算的依据；第Ⅲ阶段末Ⅲ$_a$是受弯构件正截面承载力计算的依据。

（4）受弯构件正截面受弯承载力计算采用4个基本假定，据此可确定截面应力图形并建立两个基本计算公式。其中第一个公式是截面内轴向力保持平衡，另一个公式是截面的弯矩保持平衡。截面设计时可先确定 x 而后计算钢筋面积 A_s，截面复核时可先求出 x 而后计算 M_u。应熟练掌握单筋矩形截面的基本公式及其应用。对于双筋截面，还应考虑受压钢筋的作用；对于 T 形截面，还需考虑受压翼缘的作用。

（5）注意受弯构件的截面及纵向钢筋的构造问题。在设计中应保证钢筋的混凝土保护层厚度、钢筋之间的净距等。梁中纵向钢筋、箍筋、弯起钢筋和架立筋一起绑扎或焊接成钢筋骨架，以保证浇筑混凝土时钢筋的正确位置。

复习思考题

4-1　梁的架立钢筋、梁侧纵向构造钢筋的作用是什么，如何确定其数量？

4-2　适筋梁从加载到正截面受弯破坏经历了哪几个阶段，各阶段正截面上应力-应变分布、中和轴位置、梁跨中最大挠度的变化规律是怎样的，各阶段的主要特征是什么，每个阶段是哪种极限状态的计算依据？

4-3　什么是配筋率，它对梁的正截面受弯承载力有何影响？

4-4　什么是钢筋混凝土受弯构件的界限破坏，相对界限受压区高度 ξ_b 有何实用意义？

4-5　少筋梁、适筋梁和超筋梁的破坏特征有何不同，实际工程中为什么应避免采用少筋梁和超筋梁？

4-6　受弯构件正截面受弯承载力计算时引入了哪些基本假定，什么是受压区混凝土等效矩形应力图形？

4-7　单筋矩形截面受弯构件正截面承载力计算公式是怎样建立的，规定适用条件的目的是什么？

4-8　根据单筋矩形截面承载力计算公式，分析提高混凝土强度等级、提高钢筋级别、加大截面宽度和高度对提高构件承载力的作用，其中哪种最有效？

4-9　复核单筋矩形截面受弯构件承载力时，若 $\xi > \xi_b$，如何计算？

4-10　什么情况下采用双筋梁，双筋梁中的受压钢筋和单筋梁中的架立筋有何不同？

4-11　在进行双筋矩形截面受弯构件正截面的承载力计算时，若 $x < 2a'_s$，如何计算正截面的承载力？

4-12　在进行双筋矩形截面受弯构件正截面的设计时，如何保证截面破坏时纵向受压钢筋也能屈服？

4-13　T 形截面受弯构件受压翼缘计算宽度的取值与什么有关？

4-14　T 形截面梁分为哪两类，其类别是如何划分的？

4-15　单筋 T 形截面承载力计算公式与单筋矩形截面计算公式有何异同？

4-16　某矩形截面钢筋混凝土简支梁，截面尺寸 $b \times h = 200\text{mm} \times 450\text{mm}$，计算跨度 $l_0 = 5.2\text{m}$，承受均布荷载设计值 $q = 24\text{kN/m}$（包括梁自重），混凝土强度等级为 C25，纵向受拉钢筋选用 3 Φ 20。结构的安全等级为二级，环境类别为一类，验算此梁是否安全。

4-17　某矩形截面钢筋混凝土梁，截面尺寸 $b \times h = 200\text{mm} \times 500\text{mm}$，混凝土强度等级为 C30，钢筋选用 HRB400 级。结构的安全等级为二级，环境类别为一类，试按以下两种弯矩设计值分别计算所需纵向受拉钢筋面积。

（1）$M = 160\text{kN} \cdot \text{m}$（预计受拉钢筋一排布置，$a_s = 40\text{mm}$）；

（2）$M = 240\text{kN} \cdot \text{m}$（预计受拉钢筋两排布置，$a_s = 65\text{mm}$）。

4-18　某矩形截面钢筋混凝土梁，截面尺寸 $b \times h = 250\text{mm} \times 550\text{mm}$，截面弯矩设计值 $M = 260\text{kN} \cdot \text{m}$，混凝土强度等级为 C30，钢筋选用 HRB400 级，在受压区已配有受压钢筋 3 Φ 18。结构的安全等级为二级，环境类别为一类，求所需纵向受拉钢筋面积。

4-19　某钢筋混凝土简支梁如图 4-25 所示，混凝土强度等级为 C35，钢筋选用 HRB400 级。结构的安全等级为二级，环境类别为一类，求梁所能承受的均布荷载设计值 q（包括梁自重）。

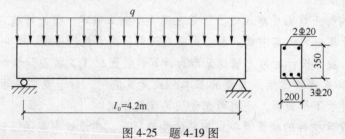

图 4-25　题 4-19 图

4-20　某 T 形截面梁，截面尺寸为 $b = 200\text{mm}$，$h = 500\text{mm}$，$h'_f = 100\text{mm}$，$b'_f = 500\text{mm}$，混凝土强度等级为 C25，钢筋选用 HRB400 级。结构的安全等级为二级，环境类别为一类，按以下弯矩设计值分别计算所需纵向受拉钢筋面积。

（1）$M = 180\text{kN} \cdot \text{m}$（预计受拉钢筋一排布置，$a_s = 40\text{mm}$）；

（2）$M = 360\text{kN} \cdot \text{m}$（预计受拉钢筋两排布置，$a_s = 65\text{mm}$）。

4-21　已知 T 形截面梁，截面尺寸为 $b = 250\text{mm}$，$h = 600\text{mm}$，$h'_f = 100\text{mm}$，$b'_f = 600\text{mm}$，混凝土强度等级为 C30，环境类别为一类，分别求下列两种情况下梁截面所能承受的最大弯矩值。

（1）受拉钢筋选用 3 Φ 22，$a_s = 40\text{mm}$；

（2）受拉钢筋选用 6 Φ 25，$a_s = 65\text{mm}$。

5 受压构件正截面承载力计算

5.1 概 述

5.1.1 受压构件的分类

受压构件是钢筋混凝土结构中最常见的构件之一，如多层和高层建筑中的框架柱、剪力墙，单层厂房柱、屋架的上弦杆和受压腹杆、拱及桥梁结构中的桥墩、桩等。受压构件主要以承受轴向压力为主，按照轴向压力作用点和构件正截面形心的相对位置不同，可以分为轴心受压构件和偏心受压构件。当轴向压力作用点位于构件正截面形心时，为轴心受压构件，否则为偏心受压构件。偏心受压构件还可进一步分为单向偏心受压构件和双向偏心受压构件，如图 5-1 所示。

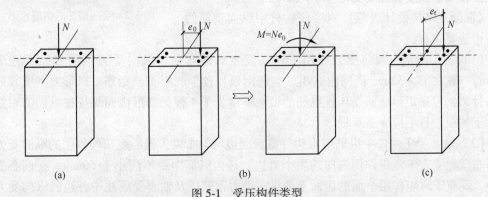

图 5-1 受压构件类型

(a) 轴心受压构件；(b) 单向偏心受压构件；(c) 双向偏心受压构件

在实际工程中，由于混凝土材料的不均匀性、配筋布置不对称以及施工制造误差等原因，理想的轴心受压构件几乎是不存在的。但是对于屋架（桁架）的受压腹杆、承受恒载为主的等跨框架的中柱等构件，实际存在的弯矩很小，常可以忽略不计。另外，在对单向偏心受压构件进行垂直于弯矩作用平面的承载力验算时，也可作为轴心受压构件考虑。

5.1.2 受压构件的一般构造要求

5.1.2.1 截面形式和尺寸

钢筋混凝土受压构件截面形式的选择应考虑受力合理和模板制作方便。轴心受压构件以方形截面为主，根据需要也可采用矩形、圆形或多边形截面。偏心受压构件一般采用矩形截面，承受较大荷载的装配式受压构件也常采用 I 形截面或双肢柱截面。为了避免房间内柱子突出墙面影响使用，有时也采用 T 形、L 形、十字形等异形柱截面。

矩形截面柱截面宽度和高度均不宜小于 250mm。构件长细比不宜过大，常取 $l_0/b \leqslant$ 30，$l_0/h \leqslant 25$（l_0 为柱的计算长度，b、h 分别为柱截面宽度和高度）。当柱截面边长在 800mm 及以下时，截面尺寸以 50mm 为模数，当边长大于 800mm 时，截面尺寸以 100mm 为模数。

5.1.2.2　材料强度

混凝土强度对受压构件的承载力影响较大，故宜采用强度等级较高的混凝土，一般采用 C25~C40。在高层建筑和重要结构中，应选择强度等级更高的混凝土。

纵向受力钢筋常采用 HRB400、HRBF400、HRB500、HRBF500 钢筋。箍筋宜采用 HRB400、HRBF400、HPB300、HRB500、HRBF500 钢筋，也可采用 HRB335、HRBF335 钢筋。

5.1.2.3　纵筋

钢筋混凝土受压构件最常见的配筋形式是沿构件截面周边布置纵向受力钢筋及横向箍筋，如图 5-2 所示。其中纵向受力钢筋的作用是与混凝土共同承担压力，以及承受弯矩在构件中产生的拉力，防止构件发生突然的脆性破坏。同时，纵筋还可以承担由于荷载初始偏心、混凝土收缩、徐变和温度变形等引起的拉应力。

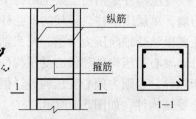

图 5-2　受压构件的钢筋骨架

《混凝土结构设计规范》对受压构件中纵向钢筋的主要构造要求有：

（1）为了防止在轴向压力作用下钢筋发生纵向弯曲，纵向受力钢筋直径不宜小于 12mm，一般在 12~32mm 范围内选用。宜选用根数较少的粗直径钢筋，以形成刚度较好的钢筋骨架，但是矩形截面受压柱纵筋的根数不得少于 4 根；圆形截面受压柱纵筋的根数不宜少于 8 根，且不应少于 6 根。

（2）轴心受压构件中纵筋应沿构件截面周边均匀布置，偏心受压构件中的纵向受力钢筋应布置在垂直于弯矩作用方向的两个对边。柱内纵筋净距不应小于 50mm，在偏心受压柱中，垂直于弯矩作用平面的侧面上的纵向受力钢筋以及轴心受压柱中各边的纵向受力钢筋，其中距不宜大于 300mm。

（3）受压构件纵向钢筋配筋率应满足附表 1-19 的要求，同时从经济和施工方便考虑，全部纵向钢筋的配筋率不宜超过 5%，一般配筋率在 1%~2% 为宜。

（4）当偏心受压柱的截面高度 $h \geqslant 600mm$ 时，在柱的侧面上应设置直径 10~16mm 的纵向构造钢筋，并相应设置复合箍筋或拉筋，如图 5-3 所示。

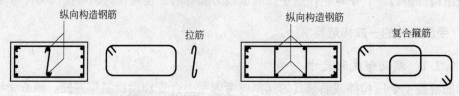

图 5-3　纵向构造钢筋及拉筋和复合箍筋

5.1.2.4　箍筋

受压构件中，箍筋能够固定纵向钢筋的位置，与纵筋形成空间钢筋骨架，防止纵筋在混凝土压碎前受压外凸。此外，箍筋也可以起到抵抗水平剪力的作用，对于配置较密的箍筋，还能对核心混凝土有较强的环向约束，从而提高构件的承载能力和变形能力。《混凝土结构设计规范》对受压构件中箍筋的构造要求主要有：

（1）柱及其他受压构件中的周边箍筋应做成封闭式，以保证钢筋骨架的整体刚度，并保证构件在破坏阶段箍筋对混凝土和纵筋的侧向约束作用。

（2）箍筋直径不应小于$d/4$，且不应小于 6mm，d 为纵向钢筋的最大直径。

（3）箍筋间距不应大于 400mm 及构件截面的短边尺寸，且不应大于 15d，d 为纵向钢筋的最小直径。

（4）柱中全部纵向受力钢筋配筋率超过 3% 时，箍筋直径不应小于 8mm，间距不应大于 10d，且不应大于 200mm。箍筋末端应做成 135° 弯钩，且弯钩末端平直段长度不应小于 10d，d 为纵向受力钢筋的最小直径。

（5）在配有螺旋式或焊接环式箍筋的柱中，如在正截面受压承载力计算中考虑间接钢筋的作用时，箍筋间距不应大于 80mm 及 $d_{cor}/5$，且不宜小于 40mm，d_{cor} 为按箍筋内表面确定的核心截面直径。

（6）当柱截面短边尺寸大于 400mm 且各边纵向钢筋多于 3 根时，或当柱截面短边尺寸不大于 400mm 但各边纵向钢筋多于 4 根时，应设置复合箍筋，如图 5-4（b）所示。对截面形状复杂的柱，为避免产生向外的拉力致使折角处的混凝土破损，不可采用具有内折角的箍筋，而应采用分离式箍筋，如图 5-5 所示。

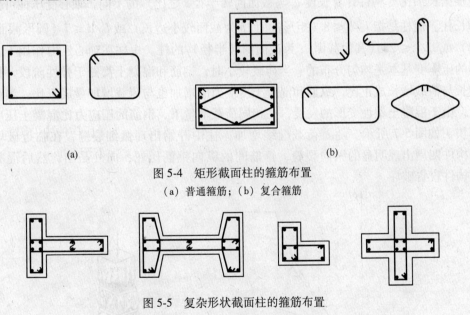

(a)   (b)

图 5-4　矩形截面柱的箍筋布置

（a）普通箍筋；（b）复合箍筋

图 5-5　复杂形状截面柱的箍筋布置

5.2　轴心受压构件正截面承载力计算

按照柱中箍筋的作用和配置方式的不同，钢筋混凝土轴心受压柱可分为普通箍筋柱和螺旋箍筋（或焊接环式箍筋）柱两种，如图 5-6 所示。由于普通箍筋柱构造简单和施工方便，所以其在工程中最为常见。当轴心受压构件承受轴向压力较大，且截面尺寸由于建筑或使用功能的要求受到限制，按普通箍筋柱设计不容易满足要求时，可考虑采用螺旋箍筋柱（或焊接环式箍筋）柱以提高受压承载力。螺旋箍筋柱的截面形式一般为圆形或正多边形。与普通箍筋柱相比，螺旋箍筋柱用钢量大，施工复杂，造价较高。

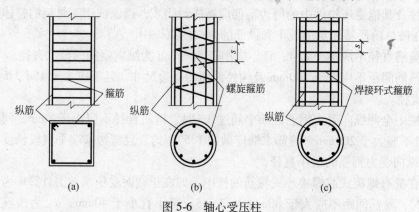

图 5-6　轴心受压柱

（a）普通箍筋柱；（b）螺旋箍筋柱；（c）焊接环式箍筋柱

5.2.1　轴心受压普通箍筋柱正截面受压承载力

5.2.1.1　破坏特征

根据长细比（构件计算长度 l_0 与截面回转半径 i 之比）的不同，轴心受压柱可分为短柱和长柱。短柱是指 $l_0/b \leqslant 8$（矩形截面，b 为截面较小边长）或 $l_0/d \leqslant 7$（圆形截面，d 为直径）或 $l_0/i \leqslant 28$（其他截面，i 为截面回转半径）的柱。短柱在轴心压力作用下，整个截面的压应变基本是均匀分布的。当荷载较小时，钢筋和混凝土都处于弹性阶段，柱的变形增长与荷载增长成正比，纵筋和混凝土压应力的增加也与荷载增加量成正比。当荷载较大时，由于混凝土塑性变形的发展，在相同荷载增量下，钢筋的压应力比混凝土压应力增加得快，如图 5-7 所示。随着荷载继续增加，柱中开始出现微细裂缝，在临近破坏荷载时，构件四周出现明显的纵向裂缝，箍筋间的纵向钢筋压屈，向外凸出，然后混凝土压碎，构件宣告破坏。

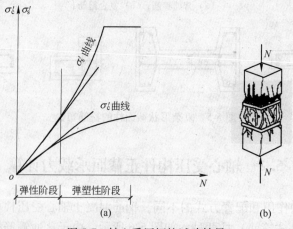

图 5-7　轴心受压短柱试验结果

（a）荷载-应力关系曲线；（b）破坏形式

试验表明，素混凝土棱柱体构件达到最大压应力时的压应变为 $0.0015 \sim 0.002$，而钢筋混凝土短柱达到峰值应力时的压应变一般为 $0.0025 \sim 0.0035$。其主要原因是配置纵筋及箍筋后改善了混凝土的变形性能。若保守认为构件破坏时混凝土压应变值为 0.002，则相应的钢筋最大应力值为

$$\sigma'_s = E'_s \varepsilon'_s = (2.00 \sim 2.10) \times 10^5 \times 0.002 = 400 \sim 420 \text{N/mm}^2$$

因此，对于常用的热轧钢筋，其应力都能达到屈服强度值 f'_y。

对于长细比较大的柱子，由于各种偶然因素造成的初始偏心距的影响是不能忽略的。长柱在轴心压力作用下，由于初始偏心距将使构件产生附加弯矩和侧向挠曲，而侧向挠曲又会增大原来的初始偏心距，这样相互影响的结果使长柱最终在弯矩和轴力共同作用下发生破坏。破坏时，首先在构件凹侧出现纵向裂缝，随后混凝土被压碎，纵筋压屈向外凸出，构件凸侧混凝土出现横向裂缝，侧向挠度急剧增大，柱子破坏，如图 5-8 所示。

试验表明，长柱的承载能力 N_u^l 低于相同条件短柱的承载能力 N_u^s，《混凝土结构设计规范》采用稳定系数 φ 来考虑长柱承载能力降低的程度，即 $\varphi = N_u^l / N_u^s$。$\varphi \leqslant 1.0$ 且随长细比的增大而减小，具体取值可查阅表 5-1。

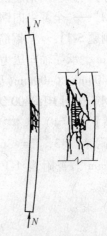

图 5-8 轴心受压长柱的破坏形式

表 5-1 钢筋混凝土轴心受压构件的稳定系数 φ

l_0/b	$\leqslant 8$	10	12	14	16	18	20	22	24	26	28
l_0/d	$\leqslant 7$	8.5	10.5	12	14	15.5	17	19	21	22.5	24
l_0/i	$\leqslant 28$	35	42	48	55	62	69	76	83	90	97
φ	1.00	0.98	0.95	0.92	0.87	0.81	0.75	0.70	0.65	0.60	0.56
l_0/b	30	32	34	36	38	40	42	44	46	48	50
l_0/d	26	28	29.5	31	33	34.5	36.5	38	40	41.5	43
l_0/i	104	111	118	125	132	139	146	153	160	167	174
φ	0.52	0.48	0.44	0.40	0.36	0.32	0.29	0.26	0.23	0.21	0.19

表 5-1 中构件的计算长度 l_0 与构件梁端的支承情况有关，《混凝土结构设计规范》对单层厂房柱、框架柱等的计算长度作了具体规定。

5.2.1.2 受压承载力计算

根据以上分析，配有纵筋和普通箍筋轴心受压构件的截面应力分布见图 5-9。考虑到长柱承载力的降低和可靠度的调整因素后，轴心受压构件的正截面受压承载力按下式计算

$$N \leqslant N_u = 0.9\varphi(f_c A + f'_y A'_s) \tag{5-1}$$

式中 N——轴向压力设计值；

       N_u——受压承载力设计值；

       0.9——可靠度调整系数；

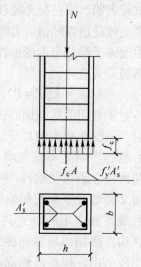

φ——钢筋混凝土轴心受压构件的稳定系数，见表 5-1；

f_c——混凝土轴心抗压强度设计值；

A——构件截面面积，当纵筋配筋率大于 3% 时，A 改用 $A - A'_s$；

f'_y——纵向钢筋抗压强度设计值；

A'_s——全部纵向钢筋的截面面积。

图 5-9 普通箍筋柱正截面
受压承载力计算简图

【例题 5-1】 某钢筋混凝土轴心受压柱，计算长度 $l_0 = 3.8\text{m}$，承受轴向压力设计值 $N = 2800\text{kN}$，截面尺寸 $b \times h = 400\text{mm} \times 400\text{mm}$（见图 5-10），混凝土强度等级为 C30，钢筋选用 HRB400 级，求所需纵向钢筋面积。

【解】   （1）基本参数

查附表 1-3，$f'_y = 360\text{N/mm}^2$；查附表 1-11，$f_c = 14.3\text{N/mm}^2$。查附表 1-19，全部纵向钢筋最小配筋率为 0.55%。

（2）求 φ

$$\frac{l_0}{b} = \frac{3800}{400} = 9.5 , \quad \text{查表 5-1 得 } \varphi = 0.985$$

（3）求 A'_s

由式（5-1）得

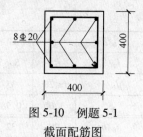

$$A'_s = \frac{\dfrac{N}{0.9\varphi} - f_c A}{f'_y} = \frac{\dfrac{2800 \times 10^3}{0.9 \times 0.985} - 14.3 \times 400 \times 400}{360} = 2418\text{mm}^2$$

图 5-10 例题 5-1
截面配筋图

$$\rho' = \frac{A'_s}{A} = \frac{2418}{400 \times 400} = 1.51\% , \quad 0.3\% < \rho' < 0.55\% , \quad \text{配筋率合适}$$

纵筋选用 8 ⊕ 20（$A'_s = 2514\text{mm}^2$）。

5.2.2 轴心受压螺旋箍筋柱正截面受压承载力

配置螺旋箍筋或焊接环式箍筋的柱中，间距很密的螺旋箍筋或焊接环式箍筋能有效约束核心混凝土在纵向受压时产生的横向变形，使混凝土处于三向受压状态，从而间接地提高了柱的纵向受压承载力，因此也称这种箍筋为"间接钢筋"。同时，在柱受压过程中箍筋也产生了拉应力（图 5-11），当外力逐渐增大，其应力达到屈服强度时，就不能再有效约束核心混凝土，混凝土的抗压强度也不再提高，此时构件破坏。间接钢筋外侧的混凝土保护层在间接钢筋产生较大拉应力时就会开裂，因此在计算时不考虑这部分混凝土的作用。

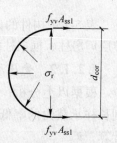

图 5-11 螺旋
箍筋受力情况

根据上述分析可知，间接钢筋所包围的核心混凝土的抗压强度 f_{c1} 高于混凝土轴心抗压强度 f_c，可按混凝土三向受压时的强度考虑，即

$$f_{c1} = f_c + 4\alpha\sigma_r \tag{5-2}$$

式中 α——间接钢筋对混凝土约束的折减系数，当混凝土强度等级不超过 C50 时，取 1.0，当混凝土强度等级为 C80 时，取 0.85，其间按线性内插法确定；

σ_r——间接钢筋应力达到屈服强度时，核心混凝土受到的径向压应力值。

在间接钢筋间距范围 s 内，根据图 5-11 所示的隔离体，由平衡关系得

$$\sigma_r = \frac{2f_{yv}A_{ss1}}{s d_{cor}} = \frac{2f_{yv}}{\dfrac{\pi d_{cor}^2}{4}} \times \frac{\pi d_{cor}A_{ss1}}{s} = \frac{f_{yv}}{2A_{cor}}A_{ss0} \tag{5-3}$$

式中 A_{ss1}——单根间接钢筋的截面面积；

f_{yv}——间接钢筋的抗拉强度；

s——沿构件轴线方向间接钢筋的间距；

d_{cor}——核心混凝土内直径，即间接钢筋内表面之间的距离；

A_{cor}——核心混凝土面积，即间接钢筋内表面范围内的混凝土面积，$A_{cor} = \pi d_{cor}^2/4$；

A_{ss0}——间接钢筋的换算截面面积，$A_{ss0} = \pi d_{cor}A_{ss1}/s$。

考虑到可靠度调整系数 0.9 后，螺旋箍筋柱的正截面受压承载力为

$$N \leqslant N_u = 0.9(f_{c1}A_{cor} + f_y'A_s') = 0.9\left(f_cA_{cor} + 4\alpha\frac{f_{yv}}{2A_{cor}}A_{ss0}A_{cor} + f_y'A_s'\right)$$

整理后得

$$N \leqslant N_u = 0.9(f_cA_{cor} + 2\alpha f_{yv}A_{ss0} + f_y'A_s') \tag{5-4}$$

为了防止间接钢筋外面的混凝土保护层过早剥落，按式（5-4）算得的构件受压承载力不应大于按式（5-1）算得的承载力的 1.5 倍。

凡属下列情况之一者，不考虑间接钢筋的影响而按式（5-1）计算构件的承载力：

（1）当 $l_0/d > 12$ 时，因构件长细比较大，有可能因纵向弯曲影响导致间接钢筋尚未屈服而构件已经破坏；

（2）当按式（5-4）计算的构件承载力小于按式（5-1）算得的承载力时；

（3）当间接钢筋换算截面面积 A_{ss0} 小于纵筋全部截面面积的 25% 时，可以认为间接钢筋配置得太少，环向约束作用效果不明显。

【例题 5-2】 某钢筋混凝土轴心受压柱，建筑要求为圆形截面（见图 5-12），直径为 400mm。该柱承受轴向压力设计值 $N = 3800\text{kN}$，计算长度 $l_0 = 4.2\text{m}$，混凝土强度等级为 C35，纵筋选用 HRB500 级钢筋，螺旋箍筋采用 HRB335 级钢筋，混凝土保护层厚度 $c = 25\text{mm}$。求柱配筋。

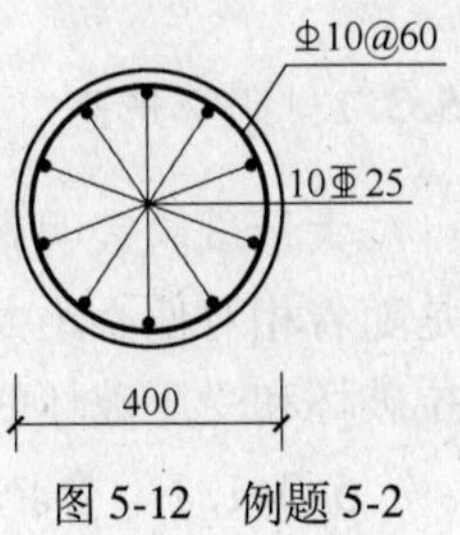

图 5-12 例题 5-2 截面配筋图

【解】 柱长细比 $l_0/d = 4200/400 = 10.5 < 12$，符合要求。

（1）基本参数

查附表 1-3，HRB500 级钢筋 $f_y' = 410\text{N/mm}^2$，HRB335 级钢筋 $f_y' = 300\text{N/mm}^2$；查附表 1-11，$f_c = 16.7\text{N/mm}^2$；对于 C35 混凝土，间接钢筋对混凝土约束的折减系数 $\alpha = 1.0$；$l_0/d = 10.5$，查表 5-1 得 $\varphi = 0.95$。

（2）求所需纵向钢筋和螺旋箍筋数量

假定选配纵筋 10 Φ 25 ($A'_s = 4909\,\text{mm}^2$)，螺旋箍筋直径为 10mm ($A_{ss1} = 78.5\,\text{mm}^2$)，则

$$d_{cor} = d - (25 + 10) \times 2 = 400 - 70 = 330\text{mm}$$

$$A_{cor} = \pi d_{cor}^2/4 = 3.14 \times 330^2/4 = 85487\text{mm}$$

由式（5-4）得

$$A_{ss0} = \frac{N/0.9 - f_c A_{cor} - f'_y A'_s}{2\alpha f_{yv}} = \frac{3800 \times 10^3/0.9 - 16.7 \times 85487 - 410 \times 4909}{2 \times 1.0 \times 300}$$

$$= 1303\text{mm}^2 > 0.25 A'_s = 0.25 \times 4909 = 1227\text{mm}^2$$

满足构造要求。根据间接钢筋换算截面面积 A_{ss0} 的定义，得

$$s = \pi d_{cor} A_{ss1}/A_{ss0} = 3.14 \times 330 \times 78.5/1303 = 62\text{mm}$$

根据构造要求，在正截面受压承载力计算中考虑间接钢筋的作用时，箍筋间距 s 不应大于 80mm 及 $d_{cor}/5 = 330/5 = 66\text{mm}$，且不宜小于 40mm，故取 $s = 60$ mm。则实际 A_{ss0} 为

$$A_{ss0} = \pi d_{cor} A_{ss1}/s = 3.14 \times 330 \times 78.5/60 = 1356\text{mm}^2$$

（3）验算承载力

按式（5-4）得

$$N_u = 0.9(f_c A_{cor} + 2\alpha f_{yv} A_{ss0} + f'_y A'_s)$$

$$= 0.9 \times (16.7 \times 85487 + 2 \times 1.0 \times 300 \times 1356 + 410 \times 4909)$$

$$= 3828.53 \times 10^3\text{N} = 3828.53\text{kN} > N = 3800\text{kN}$$

按式（5-1）得

$$N_u = 0.9\varphi(f_c A + f'_y A'_s)$$

$$= 0.9 \times 0.95 \times [16.7 \times (3.14 \times 200^2 - 4909) + 410 \times 4909]$$

$$= 3444.14 \times 10^3\text{N} = 3444.14\text{kN}$$

且有

$$3444.14\text{kN} < N_u = 3828.53\text{kN} < 1.5 \times 3444.14 = 5166.21\text{kN}$$

故满足要求。

5.3　偏心受压构件正截面承载力分析

5.3.1　破坏形态

大量试验表明，偏心受压构件最后的破坏都是由于受压区混凝土被压碎所造成的。但是随着相对偏心距大小和配筋量的不同，其破坏的发展过程及特征有所不同，可以分为受拉破坏和受压破坏两种类型。

5.3.1.1　受拉破坏（大偏心受压破坏）

受拉破坏又称大偏心受压破坏，它发生于轴向压力 N 的相对偏心距 e_0/h_0 比较大，且受拉钢筋 A_s 配置不过多时。此时，靠近轴向压力 N 一侧截面受压，另一侧受拉。荷载增加到一定数值时，受拉区边缘混凝土首先出现水平裂缝。继续增加荷载，受拉区裂缝不断开展，在破坏前主裂缝逐渐明显，受拉钢筋首先达到屈服强度，裂缝迅速扩展并使受压区高度进一步减小。最后受压区边缘混凝土达到极限压应变值，出现纵向裂缝而被压碎，构

件即告破坏。破坏时受压钢筋一般都能达到受压屈服强度。

这种破坏从受拉区开始，受拉钢筋先屈服，然后受压区混凝土被压坏，因此称为受拉破坏。受拉破坏是与适筋梁破坏形态相似的延性破坏类型。构件破坏时正截面上的应力状态如图5-13（b）所示。

5.3.1.2 受压破坏（小偏心受压破坏）

受压破坏又称小偏心受压破坏，构件截面破坏是从受压区开始的，通常发生以下两种情况：

（1）大部分截面受压，远离轴向压力 N 一侧钢筋受拉但不屈服。当轴向压力 N 的相对偏心距 e_0/h_0 较小，或虽然相对偏心距 e_0/h_0 较大，但受拉钢筋 A_s 配置较多时，截面大部分受压而小部分受拉，如图5-14（b）所示。破坏时，受

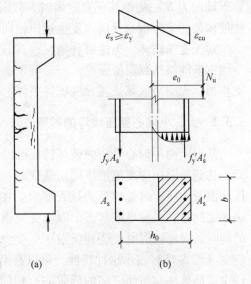

图5-13 大偏心受压破坏
(a) 破坏形态；(b) 截面应力、应变

拉钢筋应力较小，达不到屈服强度，因此不能形成明显的受拉裂缝，而受压区边缘混凝土已达到极限压应变值而破坏，此时受压钢筋一般能够达到屈服强度。

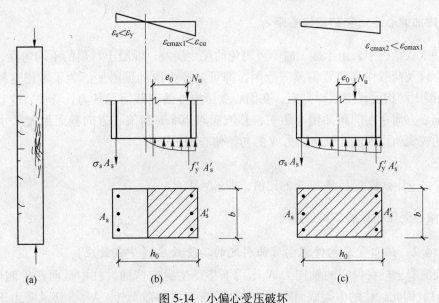

图5-14 小偏心受压破坏
(a) 破坏形态；(b) 截面应力、应变（情况1）；(c) 截面应力、应变（情况2）

（2）全截面受压，远离轴向压力 N 一侧钢筋受压但不屈服。当轴向压力 N 的相对偏心距 e_0/h_0 很小时，构件全截面受压，靠近轴向压力 N 一侧压力较大，另一侧压力较小，如图5-14（c）所示。此时离轴向压力 N 较远一侧受力钢筋也为受压钢筋（即图中 σ_s 为负值），但其截面面积仍用 A_s 表示。构件破坏时受压较大一侧混凝土达到极限压应变值而压碎，该侧钢筋一般均能屈服，而受压较小一侧钢筋达不到屈服。当相对偏心距非常小，且

靠近轴向力 N 一侧钢筋配置较多时，截面的实际形心轴向钢筋配置较多一侧偏移，还有可能使构件的实际偏心反向，发生远离轴向力一侧混凝土先被压坏的情况。

对于受压破坏，无论哪种情况，其破坏特征都是由于混凝土受压而破坏，压应力较大一侧钢筋能够达到屈服强度，另一侧钢筋受拉或受压，但均不屈服。这种破坏特征与超筋梁相似，无明显破坏征兆，属脆性破坏。

5.3.2　大、小偏心受压破坏的界限

从以上两种偏心受压的破坏特征可以看出，其共同之处是破坏都是由于受压区边缘混凝土达到极限压应变值被压碎而造成的，不同之处在于受压区混凝土压碎时受拉钢筋是否屈服。在大、小偏心受压破坏之间存在一种界限状态，即当受拉钢筋达到屈服强度的同时，受压区混凝土达到极限压应变而被压坏。用截面应变（图 5-15）表示这种特性，可以看出其界限与受弯构件中适筋破坏与超筋破坏的界限完全相同。因此，大、小偏心受压的相对界限受压区高度 ξ_b 仍用式（4-11）计算。

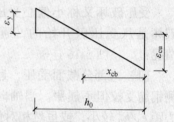

图 5-15　界限状态时的截面应变

将界限破坏归类于大偏心受压破坏，则：

当 $\xi \leqslant \xi_b$ 或 $x \leqslant \xi_b h_0$ 时，为大偏心受压破坏；

当 $\xi > \xi_b$ 或 $x > \xi_b h_0$ 时，为小偏心受压破坏。

5.3.3　附加偏心距 e_a 和初始偏心距 e_i

实际工程结构中，由于施工时不可避免的尺寸误差、混凝土材料的不均匀性、钢筋布置不对称以及荷载作用位置偏差等原因，都可能产生附加偏心距。为了考虑这种不利影响，《混凝土结构设计规范》规定，在偏心受压构件的正截面承载力计算中，应计入轴向压力在偏心方向存在的附加偏心距 e_a，其值应取 20mm 和偏心方向截面最大尺寸的 1/30 两者中的较大值。因此，轴向压力 N 的初始偏心距 e_i 应为

$$e_i = e_0 + e_a \tag{5-5}$$

式中　e_0——计算截面上 M 与 N 的比值，即 $e_0 = M/N$。

5.3.4　偏心受压构件的二阶效应

5.3.4.1　偏心受压构件纵向弯曲引起的二阶效应（$P\text{-}\delta$ 效应）

钢筋混凝土柱在偏心的轴向力 N 作用下将产生纵向弯曲，柱中截面产生侧向挠度 f（图 5-16）。因此，柱的中间截面除了承受初始弯矩（一阶弯矩）Ne_i，还承受由于纵向弯曲引起的附加弯矩（二阶弯矩）Nf 的作用。这种由于加载后构件的变形而引起的内力增大称为二阶效应。二阶效应的大小与构件长细比和构件两端的弯矩情况有关。

　　A　长细比对二阶效应的影响

构件长细比对二阶效应有较大的影响，构件长细比越大，二阶效应越显著。图5-16所示为三个截面尺寸、配筋、材料强度等级以及初始偏心矩完全相同，仅长细比不同的柱从加载到破坏的加荷路径示意图。当构件为短柱，纵向弯曲可以忽略，因此基本上不产生二

阶效应，N 与 M 为线性关系 OA，构件破坏为材料破坏。当构件为长柱，纵向弯曲不能忽略，随着轴向力增大，纵向弯曲引起的偏心距呈非线性增大，截面的弯矩也随之呈非线性增大，如 OB 线所示，最后构件也能达到材料破坏。当构件为细长柱时，纵向弯曲效应非常明显，当荷载接近 C 点，纵向弯曲引起的偏心距急剧增大，荷载的微小增加便导致构件侧向失稳，此时控制截面的材料应力远未达到材料的极

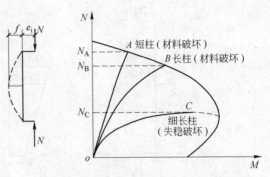

图 5-16　不同长细比构件的 N-M 关系

限强度。从图 5-16 还能看出，这三根柱所能承受的轴向力 $N_A > N_B > N_C$。这表明随着构件长细比增大，产生了不可忽略的二阶效应，从而降低了构件的受压承载力。

B　构件两端弯矩对二阶效应的影响

纵向弯曲引起的二阶效应随着构件两端弯矩的不同而不同，可分为三种情况。

a　构件两端作用弯矩相等

图 5-17 所示为构件两端作用有相等的轴向力且偏心距也相同的偏心受压柱。构件在 N 和 $M = Ne_i$ 共同作用下产生单曲率挠曲变形，如图 5-17（a）所示虚线。用 y 表示构件任意截面的侧向挠度，则构件任意截面处的弯矩为

$$M = N(e_i + y) = Ne_i + Ny \tag{5-6}$$

式中　Ne_i——初始弯矩；

　　　Ny——纵向弯曲引起的二阶弯矩。

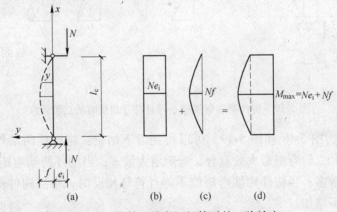

图 5-17　构件两端弯矩相等时的二阶效应

在构件中点侧向挠度值 f 最大，二阶弯矩最大。因此，构件中点为最危险截面，也称临界截面，该截面弯矩值为 $M_{max} = Ne_i + Nf$。

b　构件两端弯矩值不等但符号相同

此时，柱挠曲变形仍为单曲率，构件的最大挠度发生在离端部某一距离处，该处弯矩值为 $M_{max} = M_0 + Nf$，如图 5-18 所示。由于 $M_0 < M_2$，所以临界截面的弯矩比两端弯矩相等时小，即二阶效应比较小。

c　构件两端弯矩值不等且符号相反

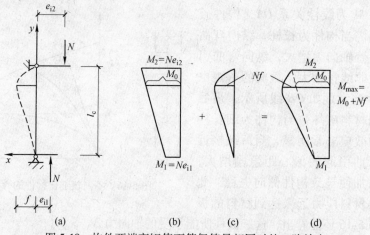

图 5-18　构件两端弯矩值不等但符号相同时的二阶效应

当构件两端弯矩值不等且反号时，其挠曲变形为双曲率，侧移曲线出现反弯点，纵向弯曲引起的二阶弯矩也有反弯点。此时，二阶弯矩并不使构件的最大弯矩发生变化（图 5-19（d）），或仅有较小的增加（图 5-19（e））。

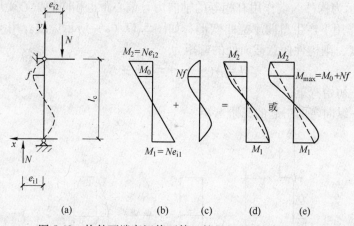

图 5-19　构件两端弯矩值不等且符号相反时的二阶效应

比较图 5-17、图 5-18 和图 5-19，可以得到以下结论：当构件两端作用弯矩相等时，一阶弯矩最大处和二阶弯矩最大处重合，弯矩增大最多；当构件两端弯矩值不等但符号相同时，弯矩增大较多；当构件两端弯矩值不等且符号相反时，将沿构件产生一个反弯点，弯矩增大很少或不增加。

C　构件承载力计算中挠曲二阶效应的考虑

考虑到构件长细比和构件两端弯矩作用情况对二阶效应的影响，《混凝土结构设计规范》规定，弯矩作用平面内截面对称的偏心受压构件，当同一主轴方向的杆端弯矩比 M_1/M_2 不大于 0.9 且轴压比不大于 0.9 时，若构件的长细比满足式（5-7）的要求，可不考虑轴向压力在该方向挠曲杆件中产生的附加弯矩影响。

$$l_c/i \leqslant 34 - 12(M_1/M_2) \tag{5-7}$$

式中　M_1，M_2—— 分别为偏心受压构件两端截面按结构弹性分析确定的对同一主轴的组合弯矩设计值，绝对值较大端为 M_2，绝对值较小端为 M_1，当构件按单曲率弯曲时 M_1/M_2 取正值，否则取负值；

l_c ——构件的计算长度，可近似取偏心受压构件相应主轴方向上下支撑点之间的距离；

i ——偏心方向的截面回转半径。

除排架结构柱外，其他偏心受压构件考虑轴向压力在挠曲杆件中产生的二阶效应后控制截面的弯矩设计值应按下列公式计算：

$$M = C_m \eta_{ns} M_2 \tag{5-8}$$

$$C_m = 0.7 + 0.3 \frac{M_1}{M_2} \tag{5-9}$$

$$\eta_{ns} = 1 + \frac{1}{1300(M_2/N + e_a)/h_0} \left(\frac{l_c}{h}\right)^2 \zeta_c \tag{5-10}$$

$$\zeta_c = \frac{0.5 f_c A}{N} \tag{5-11}$$

式中　C_m ——构件端截面偏心距调节系数，当小于 0.7 时取 0.7；

η_{ns} ——弯矩增大系数；

N ——与弯矩设计值相应的轴向压力设计值；

e_a ——附加偏心距；

ζ_c ——截面曲率修正系数，当计算值大于 1.0 时取 1.0；

h ——截面高度；

h_0 ——截面有效高度；

A ——构件截面面积。

当 $C_m \eta_{ns}$ 小于 1.0 时取 1.0；对剪力墙及核心筒墙，可取 $C_m \eta_{ns}$ 等于 1.0。

5.3.4.2 结构有侧移时偏心受压构件的二阶效应（$P - \Delta$ 效应）

以上对二阶效应的分析仅适用于没有水平侧移的偏心受压构件，即构件两端没有发生相对位移的情况。当结构有侧移时，例如同时承受水平荷载 F 和竖向压力 N 的简单门架（图 5-20），其挠曲线与无侧移时不同，二阶效应增大。

由侧移产生的二阶效应可以在结构分析时采用有限元方法计算，也可以用增大系数法近似计算，具体计算方法参见《混凝土结构设计规范》附录 B。

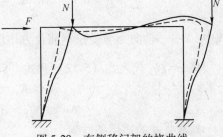

图 5-20　有侧移门架的挠曲线

5.4　矩形截面非对称配筋偏心受压构件正截面承载力计算

5.4.1　基本公式及适用条件

偏心受压构件采用与受弯构件相同的基本假定，用等效矩形应力图形代替混凝土受压区的实际应力图形。根据偏心受压构件破坏时的极限状态和基本假定，可绘出矩形截面偏心受压构件正截面承载力计算图形，如图 5-21 所示。

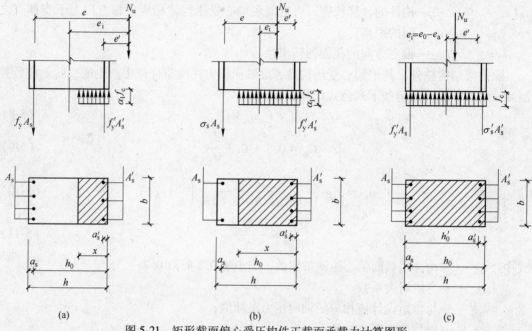

图 5-21　矩形截面偏心受压构件正截面承载力计算图形
（a）大偏心受压；（b）小偏心受压；（c）小偏心反向受压

5.4.1.1　大偏心受压构件（$\xi \leqslant \xi_b$）

根据图 5-21（a），由轴向力的平衡条件和对受拉钢筋合力作用点取矩的力矩平衡条件，有

$$\sum Y = 0 \qquad N \leqslant N_u = \alpha_1 f_c bx + f'_y A'_s - f_y A_s \tag{5-12}$$

$$\sum M_{A_s} = 0 \qquad Ne \leqslant N_u e = \alpha_1 f_c bx\left(h_0 - \frac{x}{2}\right) + f'_y A'_s(h_0 - a'_s) \tag{5-13}$$

式中　e——轴向力至受拉钢筋合力作用点的距离，$e = e_i + \dfrac{h}{2} - a_s$。

将 $x = \xi h_0$ 代入式（5-12）和式（5-13），并令 $\alpha_s = \xi(1 - 0.5\xi)$，基本公式还可以写为

$$N \leqslant N_u = \alpha_1 f_c b\xi h_0 + f'_y A'_s - f_y A_s \tag{5-14}$$

$$Ne \leqslant N_u e = \alpha_1 f_c bh_0^2 \alpha_s + f'_y A'_s(h_0 - a'_s) \tag{5-15}$$

基本公式的适用条件为

$$x \leqslant \xi_b h_0 \ (\xi \leqslant \xi_b) \tag{5-16}$$

$$x \geqslant 2a'_s\left(\xi \geqslant \frac{2a'_s}{h_0}\right) \tag{5-17}$$

当 $x < 2a'_s$，受压钢筋不能屈服，可近似取 $x = 2a'_s$，并对受压钢筋合力作用点取矩，得

$$Ne' \leqslant N_u e' = f_y A_s(h_0 - a'_s) \tag{5-18}$$

式中　e'——轴向力至受压钢筋合力作用点的距离，$e' = e_i - \dfrac{h}{2} + a'_s$。

5.4.1.2 小偏心受压构件（$\xi > \xi_b$）

小偏心受压远离轴向力一侧钢筋 A_s 可能受拉也可能受压，但均达不到屈服强度，因此 A_s 的应力用 σ_s 表示。根据图 5-21（b），小偏心受压构件的承载力计算基本公式为

$$\sum Y = 0 \qquad N \leqslant N_u = \alpha_1 f_c bx + f'_y A'_s - \sigma_s A_s \tag{5-19}$$

$$\sum M_{A_s} = 0 \qquad Ne \leqslant N_u e = \alpha_1 f_c bx \left(h_0 - \frac{x}{2} \right) + f'_y A'_s h_0 - a'_s) \tag{5-20}$$

$$\sum M_{A'_s} = 0 \qquad Ne' \leqslant N_u e' = \alpha_1 f_c bx \left(\frac{x}{2} - a'_s \right) - \sigma_s A_s (h_0 - a'_s) \tag{5-21}$$

式中，$e = e_i + \dfrac{h}{2} - a_s$；$e' = \dfrac{h}{2} - a'_s - e_i$；$\sigma_s$ 理论上可由平截面假定求出，但由于计算复杂，可按下式近似计算：

$$\sigma_s = \frac{\xi - \beta_1}{\xi_b - \beta_1} f_y \quad (-f'_y \leqslant \sigma_s \leqslant f_y) \tag{5-22}$$

根据式（5-21）可绘出 σ_s 与 ξ 的关系如图 5-22 所示。

同样，将 $x = \xi h_0$ 代入基本公式，并令 $\alpha_s = \xi(1 - 0.5\xi)$，基本公式亦可写为

$$N \leqslant N_u = \alpha_1 f_c b \xi h_0 + f'_y A'_s - \sigma_s A_s \tag{5-23}$$

$$Ne \leqslant N_u e = \alpha_1 f_c b h_0^2 \alpha_s + f'_y A'_s (h_0 - a'_s) \tag{5-24}$$

$$Ne' \leqslant N_u e' = \alpha_1 f_c b h_0^2 \xi \left(\frac{\xi}{2} - \frac{a'_s}{h_0} \right) - \sigma_s A_s (h_0 - a'_s) \tag{5-25}$$

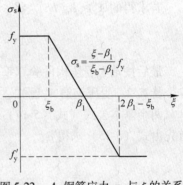

图 5-22 A_s 钢筋应力 σ_s 与 ξ 的关系

基本公式的适用条件为

$$x > \xi_b h_0 \quad (\xi > \xi_b) \tag{5-26}$$

当轴向力较大而偏心距很小时，小偏心受压构件可能发生远离轴向力一侧混凝土先被压坏的情况，也称为反向破坏（图 5-21（c））。为了避免发生反向破坏，《混凝土结构设计规范》规定，当轴向力 $N > f_c bh$ 时，小偏心受压还应满足下式的要求：

$$Ne' \leqslant N_u e' = f_c bh \left(h'_0 - \frac{h}{2} \right) + f'_y A_s (h'_0 - a_s) \tag{5-27}$$

按反向受压破坏计算时，为了考虑不利方向的附加偏心距，取初始偏心距 $e_i = e_0 - e_a$，故式中 $e' = \dfrac{h}{2} - a'_s - e_i = \dfrac{h}{2} - a'_s - (e_0 - e_a)$。

大、小偏心受压构件设计时，A_s 和 A'_s 均需满足最小配筋率及构造配筋要求。另外，偏心受压构件除应计算弯矩作用平面的受压承载力以外，尚应按轴心受压构件验算垂直于弯矩作用平面的受压承载力。

5.4.2 截面设计

5.4.2.1 大、小偏心受压的设计判别

如前所述，两类偏心受压破坏的界限条件为 $\xi = \xi_b$。但在截面设计时，A_s 和 A'_s 未知，ξ

也为未知数，因此无法采用上面的界限条件进行判别。

　　根据设计经验和理论分析，一般情况下，当 $e_i \leqslant 0.3h_0$ 时为小偏心受压；当 $e_i > 0.3h_0$ 时，受截面配筋的影响，可能为大偏心受压，也可能为小偏心受压。此时可先按大偏心受压进行设计，求出 ξ 后再判断 $\xi \leqslant \xi_b$ 是否满足。如满足，说明确实为大偏心受压；如不满足，则改用小偏心受压进行设计计算。

5.4.2.2 大偏心受压构件

情况 1：受拉钢筋 A_s 和受压钢筋 A_s' 均未知。

两个基本公式（式（5-14）和式（5-15））中有三个未知数：A_s、A_s' 和 ξ。此时，为了使截面配筋总面积（$A_s + A_s'$）最小，和双筋梁一样，可取 $\xi = \xi_b$，代入式（5-15），求出 A_s'：

$$A_s' = \frac{Ne - \alpha_1 f_c b h_0^2 \alpha_{sb}}{f_y'(h_0 - a_s')} = \frac{Ne - \alpha_1 f_c b h_0^2 \xi_b(1 - 0.5\xi_b)}{f_y'(h_0 - a_s')}$$

若求得的 $A_s' < \rho_{min}' bh$，则取 $A_s' = \rho_{min}' bh$，并改按 A_s' 已知求 A_s（情况 2）。

若求得的 $A_s' \geqslant \rho_{min} bh$，将 $\xi = \xi_b$ 和求得的 A_s' 代入式（5-14），求出 A_s：

$$A_s = \frac{\alpha_1 f_c b \xi_b h_0 + f_y' A_s' - N}{f_y} \geqslant \rho_{min} bh$$

最后按轴心受压构件验算垂直于弯矩作用平面的受压承载力是否满足。

情况 2：受压钢筋 A_s' 已知，求受拉钢筋 A_s。

两个基本公式（式（5-14）和式（5-15））中有两个未知数 A_s 和 ξ，可求得唯一解。首先由式（5-15）求得 α_s：

$$\alpha_s = \frac{Ne - f_y' A_s'(h_0 - a_s')}{\alpha_1 f_c b h_0^2}$$

再求得 $\xi = 1 - \sqrt{1 - 2\alpha_s}$。如果 ξ 满足 $\frac{2a_s'}{h_0} \leqslant \xi \leqslant \xi_b$，则由基本公式（5-14）求得 A_s：

$$A_s = \frac{\alpha_1 f_c b \xi h_0 + f_y' A_s' - N}{f_y} \geqslant \rho_{min} bh$$

如果 $\xi > \xi_b$，说明已知的 A_s' 不足，应按 A_s 和 A_s' 均未知（情况 1）重新计算。

如果 $\xi < \frac{2a_s'}{h_0}$，则应按式（5-18）求 A_s：

$$A_s = \frac{Ne'}{f_y(h_0 - a_s')}$$

最后验算垂直于弯矩作用平面的受压承载力。

【例题 5-3】　某钢筋混凝土偏心受压柱，截面尺寸 $b \times h = 400\text{mm} \times 500\text{mm}$，承受轴向压力设计值 $N = 1500\text{kN}$，柱顶截面弯矩设计值 $M_1 = 480\text{kN} \cdot \text{m}$，柱底截面弯矩设计值 $M_2 = 500\text{kN} \cdot \text{m}$。柱挠曲变形为单曲率，弯矩作用平面内柱的计算长度 $l_c = 3.5\text{m}$，弯矩作用平面外柱的计算长度 $l_0 = 4.0\text{m}$。混凝土强度等级为 C35，纵筋选用 HRB500 级，混凝土保护层厚度 $c = 25\text{mm}$。

（1）求所需钢筋面积 A_s 和 A_s'。

（2）截面受压区已配有 5Φ25（$A_s' = 2454\ \text{mm}^2$）的钢筋，求受拉钢筋 A_s。

【解】 基本参数：查附表 1-3，$f_y = 435\ \text{N/mm}^2$，$f_y' = 410\ \text{N/mm}^2$；查附表 1-11，$f_c = 16.7\ \text{N/mm}^2$；由表 4-1 和表 4-2 得 $\alpha_1 = 1.0$，$\xi_b = 0.482$。

计算弯矩设计值：按箍筋直径为 10mm 考虑，则 $a_s = a_s' = 25 + 10 + 10 = 45\text{mm}$

$$h_0 = h - a_s = 500 - 45 = 455\text{mm}$$

$$\frac{h}{30} = \frac{500}{30} = 17\text{mm} < 20\text{mm}，取 e_a = 20\text{mm}$$

$$M_1/M_2 = 480/500 = 0.96 > 0.9$$

应考虑杆件自身挠曲变形的影响。

$$\zeta_c = \frac{0.5f_c A}{N} = \frac{0.5 \times 16.7 \times 400 \times 500}{1500 \times 10^3} = 1.113 > 1，取 \zeta_c = 1$$

$$C_m = 0.7 + 0.3\frac{M_1}{M_2} = 0.7 + 0.3 \times 0.96 = 0.988$$

$$\eta_{ns} = 1 + \frac{1}{1300(M_2/N + e_a)/h_0}\left(\frac{l_c}{h}\right)^2 \zeta_c$$

$$= 1 + \frac{1}{1300 \times \left(\dfrac{500 \times 10^6}{1500 \times 10^3} + 20\right)/455} \times \left(\frac{3500}{500}\right)^2 \times 1 = 1.049$$

$$M = C_m \eta_{ns} M_2 = 0.988 \times 1.049 \times 500 = 518.21\text{kN} \cdot \text{m}$$

判别偏压类型：

$$e_0 = \frac{M}{N} = \frac{518.21 \times 10^6}{1500 \times 10^3} = 345\text{mm}$$

$$e_i = e_0 + e_a = 345 + 20 = 365\text{mm} > 0.3h_0 = 0.3 \times 455 = 137\text{mm}$$

按大偏心受压构件计算。

$$e = e_i + \frac{h}{2} - a_s = 365 + \frac{500}{2} - 45 = 570\text{mm}$$

（1）A_s 和 A_s' 均未知。为了使配筋最经济，取 $\xi = \xi_b = 0.482$，代入式（5-15），得

$$A_s' = \frac{Ne - \alpha_1 f_c b h_0^2 \xi_b(1 - 0.5\xi_b)}{f_y'(h_0 - a_s')}$$

$$= \frac{1500 \times 10^3 \times 570 - 1.0 \times 16.7 \times 400 \times 455^2 \times 0.482 \times (1 - 0.5 \times 0.482)}{410 \times (455 - 45)}$$

$$= 2077\ \text{mm}^2 > \rho_{min}' bh = 0.2\% \times 400 \times 500 = 400\text{mm}^2$$

由式（5-14）得

$$A_s = \frac{\alpha_1 f_c b \xi_b h_0 + f_y' A_s' - N}{f_y}$$

$$= \frac{1.0 \times 16.7 \times 400 \times 0.482 \times 455 + 410 \times 2077 - 1500 \times 10^3}{435}$$

$$= 1877\text{mm}^2 > \rho_{min} bh = 0.2\% \times 400 \times 500 = 400\text{mm}^2$$

查附表 1-20，受压钢筋选用 3 Φ 22+2 Φ 25（A'_s = 2122 mm^2），受拉钢筋选用 4 Φ 25（A_s = 1964mm^2）。截面总配筋率

$$\rho = \frac{A_s + A'_s}{bh} = \frac{2122 + 1964}{400 \times 500} = 0.020 > 0.005，满足要求。$$

验算垂直于弯矩作用平面的受压承载力：

$$\frac{l_0}{b} = \frac{4000}{400} = 10，查表 5\text{-}1 得 \varphi = 0.98$$

由式（5-1）得

$N_u = 0.9\varphi(f_c A + f'_y A'_s) = 0.9 \times 0.98 \times [16.7 \times 400 \times 500 + 410 \times (2122 + 1964)]$
　　$= 4423.46 \times 10^3 \text{N} = 4423.46\text{kN} > N = 1500\text{kN}$

满足要求。

截面配筋图如图 5-23 所示。

（2）已知 A'_s = 2454 mm^2，求 A_s。由式（5-15）得

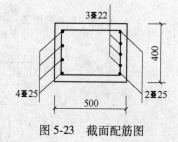

$$\alpha_s = \frac{Ne - f'_y A'_s(h_0 - a'_s)}{\alpha_1 f_c b h_0^2}$$

$$= \frac{1500 \times 10^3 \times 570 - 410 \times 2454 \times (455 - 45)}{1.0 \times 16.7 \times 400 \times 455^2}$$

$$= 0.320$$

$$\xi = 1 - \sqrt{1 - 2\alpha_s} = 1 - \sqrt{1 - 2 \times 0.320} = 0.400$$

图 5-23　截面配筋图

$2a'_s/h_0 = 2 \times 45/455 = 0.198 < \xi = 0.400 < \xi_b = 0.482$，满足基本公式的适用条件。

由式（5-14）得

$$A_s = \frac{\alpha_1 f_c b \xi h_0 + f'_y A'_s - N}{f_y}$$

$$= \frac{1.0 \times 16.7 \times 400 \times 0.400 \times 455 + 410 \times 2454 - 1500 \times 10^3}{435}$$

$$= 1660\text{mm}^2 \geqslant \rho_{min} bh = 0.2\% \times 400 \times 500 = 400\text{mm}^2$$

查附表 1-20，受拉钢筋选用 3 Φ 20+2 Φ 22（A_s = 1702 mm^2）。截面总配筋率

$$\rho = \frac{A_s + A'_s}{bh} = \frac{1702 + 2454}{400 \times 500} = 0.021 > 0.005，满足要求。$$

验算垂直于弯矩作用平面的受压承载力：

由式（5-1）得

$N_u = 0.9\varphi(f_c A + f'_y A'_s) = 0.9 \times 0.98 \times [16.7 \times 400 \times 500 + 410 \times (1702 + 2454)]$
　　$= 4448.77 \times 10^3 \text{N} = 4448.77\text{kN} > N = 1500\text{kN}$

满足要求。

5.4.2.3　小偏心受压构件

小偏心受压构件破坏时，远离轴向力一侧钢筋 A_s 的应力 σ_s 一般都比较小，A_s 按最小配筋率配置也能满足要求。故可取 $A_s = \rho_{min} bh$。当 $N > f_c bh$ 时，尚应按式（5-27）验算 A_s 用量，两者取大值。

A_s 确定后，小偏心受压基本公式中只有两个未知数 A_s' 和 ξ，可求得唯一解。求得 ξ 为

$$\xi = A + \sqrt{A^2 + B}$$

$$A = \frac{a_s'}{h_0} + \left(1 - \frac{a_s'}{h_0}\right) \frac{f_y A_s}{(\xi_b - \beta_1)\alpha_1 f_c b h_0}$$

$$B = \frac{2Ne'}{\alpha_1 f_c b h_0^2} - 2\beta_1 \left(1 - \frac{a_s'}{h_0}\right) \frac{f_y A_s}{(\xi_b - \beta_1)\alpha_1 f_c b h_0}$$

根据求得的 ξ，可分为以下几种情况（参考图5-22）：

（1）若 $\xi \le \xi_b$，应按大偏心受压重新计算；

（2）若 $\xi_b < \xi \le 2\beta_1 - \xi_b$ 且 $\xi \le h/h_0$，说明 $-f_y' \le \sigma_s < f_y$，且受压区高度未超出截面高度，ξ 有效，将 ξ 代入基本公式求 A_s'；

（3）若 $\beta_1 < \xi \le 2\beta_1 - \xi_b$ 且 $\xi > h/h_0$，说明 $-f_y' \le \sigma_s < 0$（A_s 受压），受压区高度超出截面高度，求得 ξ 无效。应取 $\xi = h/h_0$，代入基本公式求解；

（4）若 $\xi > 2\beta_1 - \xi_b$ 且 $\xi \le h/h_0$，说明 A_s 受压屈服，求得 ξ 无效。应取 $\sigma_s = -f_y'$，代入基本公式求解；

（5）若 $\xi > 2\beta_1 - \xi_b$ 且 $\xi > h/h_0$，说明 A_s 受压屈服，且受压区高度超出截面高度，求得 ξ 无效。应取 $\sigma_s = -f_y'$，$\xi = h/h_0$，代入基本公式求解。

最后仍需验算垂直于弯矩作用平面的受压承载力。

【例题 5-4】 某钢筋混凝土偏心受压柱，截面尺寸 $b \times h = 400\text{mm} \times 600\text{mm}$，承受轴向压力设计值 $N = 3500\text{kN}$，柱顶截面弯矩设计值 $M_1 = 390\text{kN} \cdot \text{m}$，柱底截面弯矩设计值 $M_2 = 400\text{kN} \cdot \text{m}$。柱挠曲变形为单曲率，弯矩作用平面内柱的计算长度 $l_c = 6.0\text{m}$，弯矩作用平面外柱的计算长度 $l_0 = 6.4\text{m}$。混凝土强度等级为 C40，纵筋选用 HRB500 级，混凝土保护层厚度 $c = 25\text{mm}$。求所需钢筋面积 A_s 和 A_s'。

【解】 （1）基本参数

查附表 1-3，$f_y = 435 \text{ N/mm}^2$，$f_y' = 410 \text{ N/mm}^2$；查附表 1-11，$f_c = 19.1 \text{ N/mm}^2$；由表 4-1 和表 4-2 得 $\alpha_1 = 1.0$，$\beta_1 = 0.8$，$\xi_b = 0.482$。

（2）计算弯矩设计值

按箍筋直径为 10mm 考虑，则 $a_s = a_s' = 25 + 10 + 10 = 45\text{mm}$

$$h_0 = h - a_s = 600 - 45 = 555\text{mm}$$

$$\frac{h}{30} = \frac{600}{30} = 20\text{mm}, \text{ 取 } e_a = 20\text{mm}$$

$$M_1/M_2 = 390/400 = 0.975 > 0.9$$

应考虑杆件自身挠曲变形的影响。

$$\zeta_c = \frac{0.5 f_c A}{N} = \frac{0.5 \times 19.1 \times 400 \times 600}{3500 \times 10^3} = 0.655 < 1, \text{ 取 } \zeta_c = 0.655$$

$$C_m = 0.7 + 0.3 \frac{M_1}{M_2} = 0.7 + 0.3 \times 0.975 = 0.993$$

$$\eta_{ns} = 1 + \frac{1}{1300(M_2/N + e_a)/h_0} \left(\frac{l_c}{h}\right)^2 \zeta_c$$

$$= 1 + \frac{1}{1300 \times \left(\frac{400 \times 10^6}{3500 \times 10^3} + 20 \right) \bigg/ 555} \times \left(\frac{6000}{600} \right)^2 \times 0.655 = 1.208$$

$$M = C_m \eta_{ns} M_2 = 0.993 \times 1.208 \times 400 = 479.82 \text{kN} \cdot \text{m}$$

（3）判别偏压类型

$$e_0 = \frac{M}{N} = \frac{479.82 \times 10^6}{3500 \times 10^3} = 137 \text{mm}$$

$$e_i = e_0 + e_a = 137 + 20 = 157 \text{mm} < 0.3 h_0 = 0.3 \times 555 = 167 \text{mm}$$

按小偏心受压构件计算。

$$e = e_i + \frac{h}{2} - a_s = 157 + \frac{600}{2} - 45 = 412 \text{mm}$$

$$e' = \frac{h}{2} - a'_s - e_i = \frac{600}{2} - 45 - 157 = 98 \text{mm}$$

（4）确定 A_s 和 A'_s

$$A_s = \rho_{min} bh = 0.2\% \times 400 \times 600 = 480 \text{mm}^2$$

$$f_c bh = 19.1 \times 400 \times 600 = 4584 \times 10^3 \text{N} = 4584 \text{kN} > N = 3500 \text{kN}$$

故不需进行反向受压破坏验算，可取 $A_s = 480 \text{ mm}^2$，查附表 1-20，受拉钢筋选用 2 Φ 18（$A_s = 509 \text{mm}^2$）。

求解 ξ：

$$A = \frac{a'_s}{h_0} + \left(1 - \frac{a'_s}{h_0} \right) \frac{f_y A_s}{(\xi_b - \beta_1) \alpha_1 f_c bh_0}$$

$$= \frac{45}{555} + \left(1 - \frac{45}{555} \right) \frac{435 \times 509}{(0.482 - 0.8) \times 1.0 \times 19.1 \times 400 \times 555} = -0.070$$

$$B = \frac{2Ne'}{\alpha_1 f_c bh_0^2} - 2\beta_1 \left(1 - \frac{a'_s}{h_0} \right) \frac{f_y A_s}{(\xi_b - \beta_1) \alpha_1 f_c bh_0}$$

$$= \frac{2 \times 3500 \times 10^3 \times 98}{1.0 \times 19.1 \times 400 \times 555^2} - 2 \times 0.8 \times \left(1 - \frac{45}{555} \right) \times$$

$$\frac{435 \times 509}{(0.482 - 0.8) \times 1.0 \times 19.1 \times 400 \times 555}$$

$$= 0.533$$

$$\xi = A + \sqrt{A^2 + B} = -0.070 + \sqrt{(-0.070)^2 + 0.533} = 0.663$$

由于

$$\xi_b = 0.482 < \xi = 0.663 < 2\beta_1 - \xi_b = 2 \times 0.8 - 0.482 = 1.118$$

且

$$\xi = 0.663 < h/h_0 = 600/555 = 1.081$$

说明 ξ 有效，由式（5-24）得

$$A'_s = \frac{Ne - \alpha_1 f_c bh_0^2 \xi (1 - 0.5\xi)}{f'_y (h_0 - a'_s)}$$

$$= \frac{3500 \times 10^3 \times 412 - 1.0 \times 19.1 \times 400 \times 555^2 \times 0.663 \times (1 - 0.5 \times 0.663)}{410 \times (555 - 45)}$$

$$= 1908 \text{mm}^2 > \rho'_{\min} bh = 0.2\% \times 400 \times 600 = 480 \text{mm}^2$$

查附表 1-20，受压钢筋选用 4 Φ 25 （$A'_s = 1964 \text{mm}^2$）。截面总配筋率

$$\rho = \frac{A_s + A'_s}{bh} = \frac{509 + 1964}{400 \times 600} = 0.010 > 0.005 \text{，满足要求。}$$

（5）验算垂直于弯矩作用平面的受压承载力

$$\frac{l_0}{b} = \frac{6400}{400} = 16 \text{，查表 5-1 得 } \varphi = 0.87$$

由式（5-1）得

$$N_u = 0.9\varphi(f_c A + f'_y A'_s) = 0.9 \times 0.87 \times [19.1 \times 400 \times 600 + 410 \times (509 + 1964)]$$
$$= 4383.18 \times 10^3 \text{N} = 4383.18 \text{kN} > N = 3500 \text{kN}$$

满足要求。

5.4.3　截面复核

在截面尺寸、截面配筋 A_s 和 A'_s、材料强度、构件计算长度，以及截面上作用的 N 和 M 设计值均为已知时，要求判断截面是否满足承载力要求，属于截面承载力复核问题。一般情况下，单向偏心受压构件应进行两个平面内的承载力复核，即弯矩作用平面内的承载力复核和垂直于弯矩作用平面的承载力复核。具体计算过程参见例题 5-5。

【例题 5-5】　已知某钢筋混凝土偏心受压柱，截面尺寸 $b \times h = 300 \text{mm} \times 450 \text{mm}$，$a_s = a'_s = 50 \text{mm}$，承受轴向压力设计值 $N = 315 \text{kN}$，柱顶截面弯矩设计值 $M_1 = 163 \text{kN} \cdot \text{m}$，柱底截面弯矩设计值 $M_2 = 180 \text{kN} \cdot \text{m}$。柱挠曲变形为单曲率，弯矩作用平面内柱的计算长度 $l_c = 4.0 \text{m}$，弯矩作用平面外柱的计算长度 $l_0 = 5.0 \text{m}$。混凝土强度等级为 C30，纵向受压钢筋选用 3 Φ 16 （$A'_s = 603 \text{mm}^2$），受拉钢筋选用 4 Φ 20 （$A_s = 1256 \text{mm}^2$），验算截面能否满足承载力要求。

【解】　（1）基本参数

查附表 1-3，$f_y = f'_y = 360 \text{N/mm}^2$；查附表 1-11，$f_c = 14.3 \text{N/mm}^2$；由表 4-1 和表 4-2 得 $\alpha_1 = 1.0$，$\xi_b = 0.518$。

（2）计算弯矩设计值

$$\frac{h}{30} = \frac{450}{30} = 15 \text{mm} < 20 \text{mm} \text{，取 } e_a = 20 \text{mm}$$

$$h_0 = h - a_s = 450 - 50 = 400 \text{mm}$$

$$M_1 / M_2 = 163/180 = 0.906 > 0.9$$

应考虑杆件自身挠曲变形的影响。

$$\zeta_c = \frac{0.5 f_c A}{N} = \frac{0.5 \times 14.3 \times 300 \times 450}{315 \times 10^3} = 3.064 > 1 \text{，取 } \zeta_c = 1$$

$$C_m = 0.7 + 0.3 \frac{M_1}{M_2} = 0.7 + 0.3 \times 0.906 = 0.972$$

$$\eta_{ns} = 1 + \frac{1}{1300(M_2/N + e_a)/h_0} \left(\frac{l_c}{h}\right)^2 \zeta_c$$

$$= 1 + \frac{1}{1300 \times \left(\frac{180 \times 10^6}{315 \times 10^3} + 20 \right) \Big/ 400} \times \left(\frac{4000}{450} \right)^2 \times 1 = 1.041$$

$$M = C_m \eta_{ns} M_2 = 0.972 \times 1.041 \times 180 = 182.13 \text{kN} \cdot \text{m}$$

（3）判别偏压类型

$$e_0 = \frac{M}{N} = \frac{182.13 \times 10^6}{315 \times 10^3} = 578 \text{mm}$$

$$e_i = e_0 + e_a = 578 + 20 = 598 \text{mm} > 0.3 h_0 = 0.3 \times 400 = 120 \text{mm}$$

按大偏心受压构件计算。

（4）计算截面能承受的偏心压力设计值

$$e = e_i + \frac{h}{2} - a_s = 598 + \frac{450}{2} - 50 = 773 \text{mm}$$

将已知条件代入式（5-14）和式（5-15）得

$$N_u = 1.0 \times 14.3 \times 300 \times 400\xi + 360 \times 603 - 360 \times 1256$$

$$N_u \times 773 = 1.0 \times 14.3 \times 300 \times 400^2 \xi(1 - 0.5\xi) + 360 \times 603 \times (400 - 50)$$

解得

$$\xi = 0.340 < \xi_b = 0.518$$

$$N_u = 348.87 \text{kN} > N = 315 \text{kN}$$

（5）计算垂直于弯矩作用平面的受压承载力

$$\frac{l_0}{b} = \frac{5000}{300} = 16.67 \text{，查表 5-1 得 } \varphi = 0.85$$

由式（5-1）得

$$N_u = 0.9\varphi(f_c A + f'_y A'_s) = 0.9 \times 0.85 \times \left[14.3 \times 300 \times 450 + 360 \times (603 + 1256) \right]$$

$$= 1988.80 \times 10^3 \text{N} = 1988.80 \text{kN} > N = 315 \text{kN}$$

故截面能够满足承载力要求。

5.5　矩形截面对称配筋偏心受压构件正截面承载力计算

实际工程中，考虑各种荷载的组合，偏心受压构件经常承受变号弯矩的作用。为了适应这种情况，也为了构造简单便于施工，常采用对称配筋，即 $A_s = A'_s$，$f_y = f'_y$，$a_s = a'_s$。

5.5.1　基本公式及适用条件

5.5.1.1　大偏心受压构件（$\xi \leqslant \xi_b$）

将 $A_s = A'_s$，$f_y = f'_y$ 代入式（5-12）和式（5-13），可得对称配筋大偏心受压的基本公式：

$$\sum Y = 0 \qquad N \leqslant N_u = \alpha_1 f_c b x \tag{5-28}$$

$$\sum M_{A_s} = 0 \qquad Ne \leqslant N_u e = \alpha_1 f_c b x \left(h_0 - \frac{x}{2} \right) + f'_y A'_s (h_0 - a'_s) \tag{5-29}$$

基本公式的适用条件仍为 $x \leqslant \xi_b h_0$（$\xi \leqslant \xi_b$）和 $x \geqslant 2a'_s \left(\xi \geqslant \frac{2a'_s}{h_0} \right)$。

5.5.1.2　小偏心受压构件（ $\xi > \xi_b$ ）

将 $A_s = A'_s$ 代入式（5-19）和式（5-20），可得对称配筋小偏心受压的基本公式：

$$\sum Y = 0 \qquad N \leqslant N_u = \alpha_1 f_c bx + f'_y A'_s - \sigma_s A'_s \qquad (5\text{-}30)$$

$$\sum M_{A_s} = 0 \qquad Ne \leqslant N_u e = \alpha_1 f_c bx\left(h_0 - \frac{x}{2}\right) + f'_y A'_s(h_0 - a'_s) \qquad (5\text{-}31)$$

式中，σ_s 同样按式（5-22）计算，且有 $f_y = f'_y$。

基本公式的适用条件为 $x > \xi_b h_0$ （ $\xi > \xi_b$ ）。

将 $x = \xi h_0$ 及式（5-22）代入式（5-30）和式（5-31），有

$$N \leqslant N_u = \alpha_1 f_c b h_0 + f'_y A'_s \frac{\xi_b - \xi}{\xi_b - \beta_1} \qquad (5\text{-}32)$$

$$Ne \leqslant N_u e = \alpha_1 f_c b h_0^2 \xi(1 - 0.5\xi) + f'_y A'_s(h_0 - a'_s) \qquad (5\text{-}33)$$

式（5-32）和式（5-33）中含有两个未知数 ξ 和 A'_s，故可以联立求得 ξ。但由于计算过于麻烦，规范进行了简化处理，给出了 ξ 的近似计算公式：

$$\xi = \frac{N - \alpha_1 f_c b h_0 \xi_b}{\dfrac{Ne - 0.43\alpha_1 f_c b h_0^2}{(\beta_1 - \xi_b)(h_0 - a'_s)} + \alpha_1 f_c b h_0} + \xi_b \qquad (5\text{-}34)$$

5.5.2　截面设计

5.5.2.1　大、小偏心受压的设计判别

由大偏压基本公式（5-28）可直接求出 x ：

$$x = \frac{N}{\alpha_1 f_c b}$$

$x \leqslant \xi_b h_0$ 时按大偏心受压构件计算，当 $x > \xi_b h_0$ 时按小偏心受压构件计算。

5.5.2.2　大偏心受压构件

两个基本公式（5-28）和式（5-29）中有两个未知数 x 和 A'_s，直接联立求解。当 $x < 2a'_s$ 时，同样按式（5-18）求 A_s ，并有 $A_s = A'_s$ 。

【例题5-6】　某钢筋混凝土偏心受压柱，截面尺寸 $b \times h = 400\text{mm} \times 400\text{mm}$ ，$a_s = a'_s = 50\text{mm}$ ，承受轴向压力设计值 $N = 1200\text{kN}$ ，柱顶截面弯矩设计值 $M_1 = 300\text{kN} \cdot \text{m}$ ，柱底截面弯矩设计值 $M_2 = 330\text{kN} \cdot \text{m}$ 。柱挠曲变形为单曲率，弯矩作用平面内柱的计算长度 $l_c = 4.2\text{m}$ ，弯矩作用平面外柱的计算长度 $l_0 = 4.8\text{m}$ 。混凝土强度等级为 C35，纵筋选用 HRB400 级，采用对称配筋，求所需钢筋面积。

【解】　（1）基本参数

查附表 1-3，$f_y = f'_y = 360 \text{ N/mm}^2$ ；查附表 1-11，$f_c = 16.7 \text{ N/mm}^2$ ；由表 4-1 和表 4-2 得 $\alpha_1 = 1.0$ ，$\xi_b = 0.518$ 。

（2）计算弯矩设计值

$$h_0 = h - a_s = 400 - 50 = 350\text{mm}$$

$$\frac{h}{30} = \frac{400}{30} = 13\text{mm} < 20\text{mm} ，取 e_a = 20\text{mm}$$

$$M_1/M_2 = 300/330 = 0.91 > 0.9$$

应考虑杆件自身挠曲变形的影响。

$$\zeta_c = \frac{0.5 f_c A}{N} = \frac{0.5 \times 16.7 \times 400 \times 400}{1200 \times 10^3} = 1.113 > 1，取 \zeta_c = 1$$

$$C_m = 0.7 + 0.3 \frac{M_1}{M_2} = 0.7 + 0.3 \times 0.91 = 0.973$$

$$\eta_{ns} = 1 + \frac{1}{1300(M_2/N + e_a)/h_0}\left(\frac{l_c}{h}\right)^2 \zeta_c$$

$$= 1 + \frac{1}{1300 \times \left(\dfrac{330 \times 10^6}{1200 \times 10^3} + 20\right)/350} \times \left(\frac{4200}{400}\right)^2 \times 1 = 1.101$$

$$M = C_m \eta_{ns} M_2 = 0.973 \times 1.101 \times 330 = 353.52 \text{kN} \cdot \text{m}$$

（3）判别偏压类型

$$e_0 = \frac{M}{N} = \frac{353.52 \times 10^6}{1200 \times 10^3} = 295 \text{mm}$$

$$e_i = e_0 + e_a = 295 + 20 = 315 \text{mm}$$

$$x = \frac{N}{\alpha_1 f_c b} = \frac{1200 \times 10^3}{1.0 \times 16.7 \times 400} = 180 \text{mm} < \xi_b h_0 = 0.518 \times 350 = 181 \text{mm}$$

按大偏心受压构件计算。

$$e = e_i + \frac{h}{2} - a_s = 315 + \frac{400}{2} - 50 = 465 \text{mm}$$

（4）计算钢筋面积

由式（5-29），得

$$A_s' = \frac{Ne - \alpha_1 f_c bx\left(h_0 - \dfrac{x}{2}\right)}{f_y'(h_0 - a_s')}$$

$$= \frac{1200 \times 10^3 \times 465 - 1.0 \times 16.7 \times 400 \times 180 \times \left(350 - \dfrac{180}{2}\right)}{360 \times (350 - 50)}$$

$$= 2272 \text{mm}^2$$

查附表 1-20，钢筋选用 5 Φ 25 （$A_s' = A_s = 2454 \text{ mm}^2$）截面总配筋率

$$\rho = \frac{A_s + A_s'}{bh} = \frac{2454 + 2454}{400 \times 400} = 0.031 > 0.005，满足要求。$$

（5）验算垂直于弯矩作用平面的受压承载力

$$\frac{l_0}{b} = \frac{4800}{400} = 12，查表 5-1 得 \varphi = 0.95$$

由式（5-1）得

$$N_u = 0.9\varphi(f_c A + f_y' A_s')$$

$$= 0.9 \times 0.95 \times [16.7 \times (400 \times 400 - 2454 \times 2) + 360 \times 2454 \times 2]$$

$$= 3725.16 \times 10^3 \text{N} = 3725.16 \text{kN} > N = 1200 \text{kN}$$

满足要求。

5.5.2.3 小偏心受压构件

由式（5-34）求 ξ 值，其余与非对称配筋类似。

【例题 5-7】 其他已知条件同例题 5-4，只是纵筋选用 HRB400 级，采用对称配筋，求所需钢筋面积。

【解】 判别偏压类型：

$$x = \frac{N}{\alpha_1 f_c b} = \frac{3500 \times 10^3}{1.0 \times 19.1 \times 400} = 458 \text{mm} > \xi_b h_0 = 0.518 \times 555 = 287 \text{mm}$$

按小偏心受压构件计算。

按式（5-34）计算 ξ 值：

$$\xi = \frac{N - \alpha_1 f_c b h_0 \xi_b}{\dfrac{Ne - 0.43 \alpha_1 f_c b h_0^2}{(\beta_1 - \xi_b)(h_0 - a_s')} + \alpha_1 f_c b h_0} + \xi_b$$

$$= \frac{3500 \times 10^3 - 1.0 \times 19.1 \times 400 \times 555 \times 0.518}{\dfrac{3500 \times 10^3 \times 412 - 0.43 \times 1.0 \times 19.1 \times 400 \times 555^2}{(0.8 - 0.518) \times (555 - 45)} + 1.0 \times 19.1 \times 400 \times 555} + 0.518$$

$$= 0.698 > \xi_b = 0.518$$

由于

$$\xi_b = 0.518 < \xi = 0.698 < 2\beta_1 - \xi_b = 2 \times 0.8 - 0.518 = 1.082$$

且

$$\xi = 0.698 < h/h_0 = 600/555 = 1.081$$

说明 ξ 有效，由式（5-33）得

$$A_s' = \frac{Ne - \alpha_1 f_c b h_0^2 \xi(1 - 0.5\xi)}{f_y'(h_0 - a_s')}$$

$$= \frac{3500 \times 10^3 \times 412 - 1.0 \times 19.1 \times 400 \times 555^2 \times 0.698 \times (1 - 0.5 \times 0.698)}{360 \times (555 - 45)}$$

$$= 2030 \text{mm}^2$$

查附表 1-20，钢筋选用 3 Φ 22+2 Φ 25（$A_s' = A_s = 2122 \text{ mm}^2$）截面总配筋率

$$\rho = \frac{A_s + A_s'}{bh} = \frac{2122 + 2122}{400 \times 600} = 0.018 > 0.005，满足要求。$$

验算垂直于弯矩作用平面的受压承载力：

由式（5-1）得

$$N_u = 0.9\varphi(f_c A + f_y' A_s') = 0.9 \times 0.87 \times [19.1 \times 400 \times 600 + 360 \times (2122 + 2122)]$$

$$= 4785.57 \times 10^3 \text{N} = 4785.57 \text{kN} > N = 3500 \text{kN}$$

满足要求。

5.5.3 截面复核

对称配筋矩形截面承载力复核与非对称配筋时相同，只是引入 $A_s = A_s'$，$f_y = f_y'$，

$a_s = a'_s$。

【例题 5-8】　已知条件同例题 5-5，只是纵向受压钢筋和受拉钢筋均选用 3 ϕ 22($A_s = A'_s = 1140 \text{ mm}^2$)，验算截面能否满足承载力要求。

【解】　由例题 5-5 知按大偏心受压构件计算。

将已知条件代入式（5-28）和式（5-29），得

$$N_u = 1.0 \times 14.3 \times 300x$$

$$N_u \times 773 = 1.0 \times 14.3 \times 300x\left(400 - \frac{x}{2}\right) + 360 \times 1140 \times (400 - 50)$$

解得

$$x = 81\text{mm}$$

$$N_u = 347.49\text{kN} > N = 315\text{kN}$$

计算垂直于弯矩作用平面的受压承载力：

$$\frac{l_0}{b} = \frac{5000}{300} = 16.67 \text{，查表 5-1 得 } \varphi = 0.85$$

由式（5-1）得

$N_u = 0.9\varphi(f_c A + f'_y A'_s) = 0.9 \times 0.85 \times [14.3 \times 300 \times 450 + 360 \times (1140 + 1140)]$
$= 2104.74 \times 10^3\text{N} = 2104.74\text{kN} > N = 315\text{kN}$

故截面能够满足承载力要求。

———————————— 小　结 ————————————

（1）轴心受压构件根据箍筋配置方式的不同，可分为普通箍筋柱和螺旋箍筋（或焊接环式箍筋）柱两类。螺旋式或焊接环式箍筋对核心混凝土具有较强的环向约束，因而能够提高构件的承载力和延性。但是，只有当构件的长细比、间接钢筋换算截面面积和箍筋间距满足一定要求时才能考虑螺旋箍筋对构件承载力的提高作用。

（2）根据长细比不同，普通箍筋轴心受压柱可分为长柱和短柱。在计算中引入稳定系数 φ 表示长柱承载力的降低程度，$\varphi \leqslant 1.0$ 且随长细比的增大而减小。

（3）偏心受压构件正截面破坏有受拉破坏（大偏心受压破坏）和受压破坏（小偏心受压破坏）两种形式。这两种破坏的根本区别在于受压区混凝土压碎时远离轴向力一侧钢筋是否屈服，其分界条件为：$\xi \leqslant \xi_b$ 时，为大偏心受压破坏；$\xi > \xi_b$ 时，为小偏心受压破坏。在截面设计时，由于 ξ 为未知数，因此可按初始偏心距 e_i 的大小近似判别：当 $e_i \leqslant 0.3h_0$ 时可按小偏心受压设计；当 $e_i > 0.3h_0$ 时，可按大偏心受压设计。

（4）当受压构件产生侧向位移和挠曲变形时，轴向压力将在构件中引起附加弯矩（二阶弯矩）。《混凝土结构设计规范》规定，弯矩作用平面内截面对称的偏心受压构件，当同一主轴方向的杆端弯矩比 M_1/M_2 不大于 0.9 且轴压比不大于 0.9 时，若构件的长细比满足式（5-7）的要求，可不考虑轴向压力在该方向挠曲杆件中产生的附加弯矩影响。当其中任何一个条件不满足时，都应考虑其影响。

（5）偏心受压构件采用与受弯构件相同的基本假定。大偏心受压构件的基本公式和计算方法与双筋受弯构件类似。小偏心受压构件由于远离轴向压力一侧钢筋（A_s）应力 σ_s 为非定值（$-f'_y \leqslant \sigma_s \leqslant f_y$），因此计算较为复杂。

复习思考题

5-1 钢筋混凝土轴心受压构件的承载力计算公式中为什么要考虑稳定系数 φ 的影响?

5-2 配有螺旋箍筋的钢筋混凝土轴心受压构件中,箍筋的主要作用是什么?

5-3 轴心受压螺旋箍筋柱与普通箍筋柱的受压承载力计算有何不同,螺旋箍筋柱承载力计算公式的适用条件是什么?

5-4 大、小偏心受压破坏的发生条件和破坏特征是什么,其界限破坏是什么,截面设计时如何初步判断大、小偏压?

5-5 为什么要引入附加偏心距 e_a?

5-6 比较大偏心受压构件和双筋受弯构件的正截面承载力计算应力图形和计算公式有何异同?

5-7 什么是二阶效应,偏心受压构件设计中如何考虑二阶效应?

5-8 矩形截面大偏心受压构件非对称配筋时,当受压钢筋 A_s' 已知,如果出现 $\xi > \xi_b$,说明什么问题?

5-9 小偏心受压构件设计时,为什么需首先确定远离轴向力一侧钢筋面积 A_s,A_s 的确定为什么与 A_s' 及 ξ 无关?

5-10 某钢筋混凝土轴心受压柱,计算长度 $l_0 = 4.2\text{m}$,承受轴向压力设计值 $N = 1800\text{kN}$,截面尺寸 $b \times h = 400\text{mm} \times 400\text{mm}$,混凝土强度等级为 C30,钢筋选用 HRB400 级,求所需纵向钢筋面积。

5-11 某圆形截面钢筋混凝土轴心受压柱,因使用要求,直径不能超过 400mm。该柱承受轴向压力设计值 $N = 3000\text{kN}$,计算长度 $l_0 = 4.5\text{m}$,混凝土强度等级为 C35,纵筋选用 HRB500 级钢筋,螺旋箍筋采用 HRB335 级钢筋,混凝土保护层厚度 $c = 25\text{mm}$。求柱配筋。

5-12 某钢筋混凝土偏心受压柱,截面尺寸 $b \times h = 300\text{mm} \times 500\text{mm}$,承受轴向压力设计值 $N = 350\text{kN}$,柱顶截面弯矩设计值 $M_1 = 280\text{kN} \cdot \text{m}$,柱底截面弯矩设计值 $M_2 = 300\text{kN} \cdot \text{m}$。柱挠曲变形为单曲率,弯矩作用平面内柱的计算长度 $l_c = 3.8\text{m}$,弯矩作用平面外柱的计算长度 $l_0 = 4.0\text{m}$。混凝土强度等级为 C30,纵筋选用 HRB400 级,混凝土保护层厚度 $c = 25\text{mm}$。

(1) 计算当采用对称配筋时所需钢筋面积 A_s 和 A_s'。

(2) 截面受压区已配有 3 ⊈ 20 的钢筋,求受拉钢筋 A_s。

(3) 计算当采用对称配筋时所需钢筋面积 A_s 和 A_s'。

(4) 比较上述三种情况的钢筋用量。

5-13 某钢筋混凝土偏心受压柱,截面尺寸 $b \times h = 350\text{mm} \times 550\text{mm}$,承受轴向压力设计值 $N = 2600\text{kN}$,柱顶截面弯矩设计值 $M_1 = 90\text{kN} \cdot \text{m}$,柱底截面弯矩设计值 $M_2 = 100\text{kN} \cdot \text{m}$。柱挠曲变形为单曲率,弯矩作用平面内柱的计算长度 $l_c = 5.0\text{m}$,弯矩作用平面外柱的计算长度 $l_0 = 5.4\text{m}$。混凝土强度等级为 C35,纵筋选用 HRB400 级,混凝土保护层厚度 $c = 25\text{mm}$。

(1) 计算当采用非对称配筋时所需钢筋面积 A_s 和 A_s'。

(2) 计算当采用对称配筋时所需钢筋面积 A_s 和 A_s'。

5-14 已知某钢筋混凝土偏心受压柱,截面尺寸 $b \times h = 300\text{mm} \times 400\text{mm}$,承受轴向压力设计值 $N = 200\text{kN}$,柱顶截面弯矩设计值 $M_1 = 210\text{kN} \cdot \text{m}$,柱底截面弯矩设计值 $M_2 = 225\text{kN} \cdot \text{m}$。柱挠曲变形为单曲率,弯矩作用平面内柱的计算长度 $l_c = 3.6\text{m}$,弯矩作用平面外柱的计算长度 $l_0 = 4\text{m}$。混凝土强度等级为 C35,纵筋选用 HRB400 级,混凝土保护层厚度 $c = 25\text{mm}$。

(1) 纵向受压钢筋选用 3 ⊈ 18,受拉钢筋选用 3 ⊈ 22,验算截面能否满足承载力要求。

(2) 纵向受压钢筋和受拉钢筋均选用 3 ⊈ 20,验算截面能否满足承载力要求。

6 受拉构件正截面承载力计算

6.1 概　述

以承受轴向拉力为主的构件称为受拉构件。受拉构件包括轴心受拉构件和偏心受拉构件。当轴向拉力作用点位于构件正截面形心时，为轴心受拉构件。当轴向拉力作用点偏离正截面形心或构件截面上既有轴心拉力，又有弯矩时为偏心受拉构件。工程中常见的轴心受拉构件有桁架受拉腹杆及下弦杆、带拉杆拱的拉杆、圆形贮液池的池壁、高压水管管壁等。理想的轴心受拉构件实际上是不存在的，但如果轴向拉力的偏心距很小，弯矩作用可以忽略不计时，就可简化为轴心受拉构件计算。偏心受拉构件有承受节间荷载的屋架下弦杆、双肢柱的受拉肢、承受水平荷载的框架边柱、矩形水池的池壁与底板等，这些构件除受轴向拉力作用外，还同时承受弯矩作用，见图 6-1。

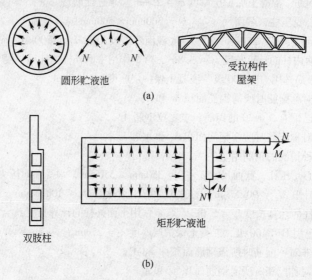

圆形贮液池　　　　　受拉构件
屋架

(a)

双肢柱　　　　矩形贮液池

(b)

图 6-1　几种常见的受拉构件
（a）轴心受拉构件；（b）偏心受拉构件

6.2　轴心受拉构件正截面受拉承载力计算

轴心受拉构件裂缝出现以前，混凝土与钢筋共同承担拉力。裂缝出现以后，开裂截面的混凝土退出工作，拉力全部由钢筋承担。构件最终破坏时，钢筋的拉应力达到抗拉屈服强度。轴心受拉构件承载力计算图形如图 6-2 所示。其承载力应满足

$$N \leqslant N_{u} = f_{y}A_{s} \tag{6-1}$$

式中　　N——轴向拉力设计值；

$\quad\quad N_{u}$——受拉承载力设计值；

$\quad\quad f_{y}$——钢筋的抗拉强度设计值；

$\quad\quad A_{s}$——纵向钢筋的全部截面面积。

轴心受拉和偏心受拉构件中纵向受拉钢筋还应满足最小配筋率的要求，最小配筋率取 0.2% 和 $45f_{t}/f_{y}$（%）中的较大值。

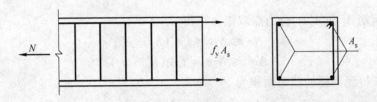

图 6-2　轴心受拉构件承载力计算图形

【例题 6-1】　某钢筋混凝土轴心受拉构件，截面尺寸 $b \times h = 200\text{mm} \times 300\text{mm}$，承受轴向拉力设计值 $N = 300\text{kN}$，采用 C30 混凝土，HRB 335 级钢筋。求所需纵向钢筋面积 A_{s} 并配筋。

【解】　（1）基本参数

查附表 1-3，$f_{y} = 300\text{N/mm}^{2}$；查附表 1-12，$f_{t} = 1.43\text{N/mm}^{2}$。

$$0.45 \frac{f_{t}}{f_{y}} = 0.45 \times \frac{1.43}{300} = 0.21\% > 0.2\%，取 \rho_{\min} = 0.21\%$$

（2）求 A_{s}

$$A_{s} = \frac{N}{f_{y}} = \frac{300 \times 10^{3}}{300} = 1000\text{mm}^{2} > \rho_{\min}bh = 0.21\% \times 200 \times 300 = 126\text{mm}^{2}$$

受拉钢筋选用 4Φ18（$A_{s} = 1018\text{mm}^{2}$）。

6.3　偏心受拉构件正截面受拉承载力计算

偏心受拉构件纵向钢筋的布置方式与偏心受压构件相同，离轴向拉力 N 较近一侧所配钢筋的总量用 A_{s} 表示；离轴向拉力 N 较远一侧所配钢筋的总量用 A'_{s} 表示。根据轴向拉力偏心距 e_{0} 大小不同，偏心受拉构件可分为大偏心受拉和小偏心受拉两种破坏形态。

6.3.1　小偏心受拉 $\left(e_{0} \leqslant \dfrac{h}{2} - a_{s} \right)$

当轴向拉力 N 作用在钢筋 A_{s} 合力点及 A'_{s} 合力点之间 $\left(\text{即 } e_{0} \leqslant \dfrac{h}{2} - a_{s}\right)$ 时，构件全截面受拉，发生小偏心受拉破坏。构件临近破坏前，整个截面裂通，拉力全部由钢筋承担。破坏时钢筋 A_{s} 和 A'_{s} 的应力与轴向拉力 N 作用点位置及两侧配置的钢筋面积比值有关。设计时，应使两侧钢筋均达到抗拉强度设计值，如图 6-3 所示。

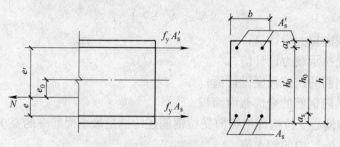

图 6-3 　小偏心受拉构件截面应力计算图形

分别对钢筋 A_s 和 A_s' 的合力点取矩，可得

$$Ne \leqslant N_u e = f_y A_s'(h_0 - a_s') \tag{6-2}$$

$$Ne' \leqslant N_u e' = f_y A_s(h_0' - a_s) \tag{6-3}$$

可进一步得到钢筋的截面面积为

$$A_s' \geqslant \frac{Ne}{f_y(h_0 - a_s')} \tag{6-4}$$

$$A_s \geqslant \frac{Ne'}{f_y(h_0' - a_s)} \tag{6-5}$$

式中，$e = \dfrac{h}{2} - a_s - e_0$；$e' = \dfrac{h}{2} - a_s' + e_0$。

【例题 6-2】 　某钢筋混凝土偏心受拉构件，截面尺寸 $b \times h = 300\mathrm{mm} \times 400\mathrm{mm}$，$a_s = a_s' = 40\mathrm{mm}$，承受轴向拉力设计值 $N = 650\mathrm{kN}$，弯矩设计值 $M = 60\mathrm{kN} \cdot \mathrm{m}$，采用 C30 混凝土，HRB 400 级钢筋。求所需纵向钢筋面积 A_s 和 A_s'，并画出配筋图。

【解】 （1）基本参数

查附表 1-3，$f_y = f_y' = 360\mathrm{N/mm^2}$；查附表 1-12，$f_t = 1.43\mathrm{N/mm^2}$。

$h_0 = h - a_s = 400 - 40 = 360\mathrm{mm}$，$h_0' = h - a_s' = 400 - 40 = 360\mathrm{mm}$

$0.45 \dfrac{f_t}{f_y} = 0.45 \times \dfrac{1.43}{360} = 0.18\% < 0.2\%$，取 $\rho_{\min} = \rho_{\min}' = 0.2\%$

（2）判别偏心类型

$$e_0 = \frac{M}{N} = \frac{60 \times 10^6}{650 \times 10^3} = 92.3\mathrm{mm} < \frac{h}{2} - a_s = \frac{400}{2} - 40 = 160\mathrm{mm}$$

故属于小偏心受拉构件。

（3）计算几何条件

$$e = \frac{h}{2} - a_s - e_0 = \frac{400}{2} - 40 - 92.3 = 67.7\mathrm{mm}$$

$$e' = \frac{h}{2} - a_s' + e_0 = \frac{400}{2} - 40 + 92.3 = 252.3\mathrm{mm}$$

（4）求 A_s 和 A_s'

$$A_s' = \frac{Ne}{f_y(h_0 - a_s')} = \frac{650 \times 10^3 \times 67.7}{360 \times (360 - 40)} = 382\mathrm{mm^2} > \rho_{\min}'bh = 0.2\% \times 300 \times 400 = 240\mathrm{mm^2}$$

$$A_s = \frac{Ne'}{f_y(h_0' - a_s)} = \frac{650 \times 10^3 \times 252.3}{360 \times (360 - 40)} = 1424\mathrm{mm^2} > \rho_{\min}bh = 0.2\% \times 300 \times 400 = 240\mathrm{mm^2}$$

钢筋 A'_s 选用 2Φ16 ($A'_s = 402\text{mm}^2$), A_s 选用 3Φ25 ($A_s = 1473\text{mm}^2$), 配筋图如图 6-4 所示。

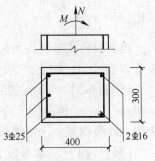

图 6-4 例题 6-2 配筋图

6.3.2 大偏心受拉 $\left(e_0 > \dfrac{h}{2} - a_s\right)$

当轴向拉力 N 作用在钢筋 A_s 合力点及 A'_s 合力点之外 $\left(\text{即} \ e_0 > \dfrac{h}{2} - a_s\right)$ 时, 构件截面 A_s 一侧受拉, A'_s 一侧受压, 发生大偏心受拉破坏。大偏心受拉构件达到极限承载力时, 截面受拉侧混凝土开裂, 拉力全部由钢筋承担, 截面受压侧混凝土达到极限压应变。钢筋配置适当时, 钢筋 A_s 和 A'_s 都能达到屈服强度, 截面应力分布如图 6-5 所示。

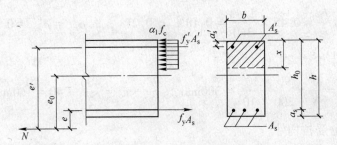

图 6-5 大偏心受拉构件截面应力计算图形

根据平衡条件可得

$$\sum N = 0 \qquad N \leq N_u = f_y A_s - f'_y A'_s - \alpha_1 f_c b x \tag{6-6}$$

$$\sum M_{A_s} = 0 \qquad Ne \leq N_u e = \alpha_1 f_c b x \left(h_0 - \dfrac{x}{2}\right) + f'_y A'_s (h_0 - a'_s) \tag{6-7}$$

式中, $e = e_0 - \dfrac{h}{2} + a_s$。

将 $x = \xi h_0$ 代入式 (6-6) 和式 (6-7), 并令 $\alpha_s = \xi(1 - 0.5\xi)$, 则计算公式还可写成如下形式:

$$N \leq N_u = f_y A_s - f'_y A'_s - \alpha_1 f_c b h_0 \xi \tag{6-8}$$

$$Ne \leq N_u e = \alpha_1 f_c \alpha_s b h_0^2 + f'_y A'_s (h_0 - a'_s) \tag{6-9}$$

上述基本公式的适用条件是

$$x \leq \xi_b h_0 \ (\text{或} \ \xi \leq \xi_b) \tag{6-10}$$

$$x \geq 2a'_s \ (\text{或} \ \xi \geq \dfrac{2a'_s}{h_0}) \tag{6-11}$$

要求满足 $x \leq \xi_b h_0$ 和 $x \geq 2a'_s$ 分别是为了保证构件在破坏时, 受拉钢筋和受压钢筋能够达到受拉和受压屈服。如果计算中出现 $x < 2a'_s$ 的情况, 和大偏心受压构件截面设计时相同, 近似取 $x = 2a'_s$, 并对受压钢筋 A'_s 的合力点取矩得

$$Ne' \leq N_u e' = f_y A_s (h_0 - a'_s) \tag{6-12}$$

式中, $e' = e_0 + \dfrac{h}{2} - a'_s$ 。

由上列公式可见, 大偏心受拉破坏与大偏心受压破坏的计算公式是相似的, 所不同的仅是 N 为拉力。因此, 其计算方法与设计步骤可参照大偏心受压构件进行。

【例题 6-3】 某钢筋混凝土偏心受拉构件, 截面尺寸 $b \times h = 300\text{mm} \times 400\text{mm}$, $a_s = a'_s = 40\text{mm}$, 承受轴向拉力设计值 $N = 300\text{kN}$, 弯矩设计值 $M = 90\text{kN} \cdot \text{m}$, 采用 C30 混凝土, HRB 400 级钢筋。求所需纵向钢筋面积 A_s 和 A'_s , 并画出配筋图。

【解】 (1) 基本参数

查附表 1-3, $f_y = f'_y = 360 \text{ N/mm}^2$; 查附表 1-11 和附表 1-12, $f_c = 14.3\text{N/mm}^2$, $f_t = 1.43\text{N/mm}^2$; 查表 4-1, $\alpha_1 = 1$; 查表 4-2, $\xi_b = 0.518$ 。

$$h_0 = h - a_s = 400 - 40 = 360\text{mm}$$

$$0.45 \frac{f_t}{f_y} = 0.45 \times \frac{1.43}{360} = 0.18\% < 0.2\% , \text{ 取 } \rho_{\min} = \rho'_{\min} = 0.2\%$$

(2) 判别偏心类型

$$e_0 = \frac{M}{N} = \frac{90 \times 10^6}{300 \times 10^3} = 300\text{mm} > \frac{h}{2} - a_s = \frac{400}{2} - 40 = 160\text{mm}$$

故属于大偏心受拉构件。

(3) 计算几何条件

$$e = e_0 - \frac{h}{2} + a_s = 300 - \frac{400}{2} + 40 = 140\text{mm}$$

(4) 求 A_s 和 A'_s

取 $\xi = \xi_b = 0.518$, 则 $\alpha_s = \alpha_{sb} = \xi_b(1 - 0.5\xi_b) = 0.518 \times (1 - 0.5 \times 0.518) = 0.384$

由式 (6-9) 可得

$$A'_s = \frac{Ne - \alpha_1 f_c \alpha_s bh_0^2}{f'_y(h_0 - a'_s)} = \frac{300 \times 10^3 \times 140 - 1 \times 14.3 \times 0.384 \times 300 \times 360^2}{360 \times (360 - 40)} < 0$$

取 $A'_s = \rho'_{\min}bh = 0.2\% \times 300 \times 400 = 240\text{mm}^2$, 受压钢筋选用 2⌀C14 ($A'_s = 308\text{mm}^2$)。按 A'_s 已知进行设计。

由式 (6-9) 亦可得

$$\alpha_s = \frac{Ne - f'_y A'_s(h_0 - a'_s)}{\alpha_1 f_c bh_0^2} = \frac{300 \times 10^3 \times 140 - 360 \times 308 \times (360 - 40)}{1 \times 14.3 \times 300 \times 360^2} = 0.012$$

$$\xi = 1 - \sqrt{1 - 2\alpha_s} = 1 - \sqrt{1 - 2 \times 0.012} = 0.012 < \frac{2a'_s}{h_0} = \frac{2 \times 40}{360} = 0.222$$

按 $x = 2a'_s$ 计算, $e' = e_0 + \dfrac{h}{2} - a'_s = 300 + \dfrac{400}{2} - 40 = 460\text{mm}$

$$A_s = \frac{Ne'}{f_y(h_0 - a'_s)} = \frac{300 \times 10^3 \times 460}{360 \times (360 - 40)} = 1198\text{mm}^2 > \rho_{\min}bh = 0.2\% \times 300 \times 400 = 240\text{mm}^2$$

受拉钢筋选用 4⌀20 ($A_s = 1256 \text{ mm}^2$)。配筋图如图 6-6 所示。

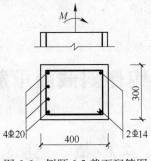

图 6-6   例题 6-3 截面配筋图

小　　结

（1）轴心受拉构件在破坏时混凝土已经被拉裂，拉力全部由钢筋承担。

（2）根据轴向拉力偏心距 e_0 大小不同，偏心受拉构件可分为大偏心受拉和小偏心受拉两种情况。小偏心受拉构件破坏时，截面混凝土全部开裂，在满足构造要求的前提下，以采用较小的截面尺寸为宜。大偏心受拉构件破坏时，截面仅部分开裂，未开裂的混凝土还能承担部分压力，大偏心受拉破坏的计算与大偏心受压类似。

复习思考题

6-1 轴心受拉构件的纵向钢筋用量是如何确定的？

6-2 判别大、小偏心受拉构件的条件是什么，这两种受拉构件的受力特点和破坏形态有何不同？

6-3 根据力的平衡原理说明为什么大偏心受拉构件截面上必然存在受压区。

6-4 某钢筋混凝土偏心受拉构件，截面尺寸 $b \times h = 250\text{mm} \times 400\text{mm}$，$a_s = a'_s = 40\text{mm}$，承受轴向拉力设计值 $N = 400\text{kN}$，弯矩设计值 $M = 50\text{kN} \cdot \text{m}$，采用 C30 混凝土，HRB 335 级钢筋。求所需纵向钢筋面积 A_s 和 A'_s 并配筋。

6-5 某钢筋混凝土偏心受拉构件，截面尺寸 $b \times h = 300\text{mm} \times 450\text{mm}$，$a_s = a'_s = 40\text{mm}$，承受轴向拉力设计值 $N = 320\text{kN}$，弯矩设计值 $M = 180\text{kN} \cdot \text{m}$，采用 C30 混凝土，HRB 400 级钢筋。求所需纵向钢筋面积 A_s 和 A'_s 并配筋。

7 受弯构件斜截面承载力计算

7.1 概 述

钢筋混凝土构件截面大多会作用有剪力。在正应力和剪应力共同作用的区段，其主应力方向与构件的纵向形心轴方向斜交，当主拉应力超过混凝土抗拉强度时，构件上会出现斜裂缝，这样形成的截面为斜截面，并有可能沿斜截面发生破坏，设计时必须进行斜截面承载力计算以保证构件的安全。

斜截面承载力包括斜截面受剪承载力和斜截面受弯承载力两个方面，其中斜截面受剪承载力通过计算来保证，而斜截面受弯承载力则通常由构造要求来保证。

为了防止梁沿斜截面破坏，需要在梁内设置足够的抗剪钢筋，通常由与梁轴线垂直的箍筋和与主拉应力方向平行的斜向钢筋共同组成。斜钢筋常利用正截面承载力多余的纵向钢筋弯起而成，所以又称弯起钢筋。箍筋与弯起钢筋统称腹筋。

在钢筋混凝土构件内，由纵向钢筋（受力钢筋和构造钢筋）和腹筋共同构成钢筋骨架，与混凝土一起抵抗荷载作用，梁内钢筋布置见图7-1。

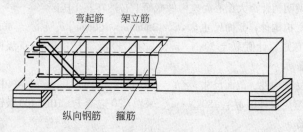

图 7-1 梁内钢筋布置示意图

7.2 钢筋混凝土梁斜截面受力分析

7.2.1 梁斜截面受力分析

以一承受对称集中荷载的钢筋混凝土简支梁为例，说明其内力分布。图7-2（a）所示为一作用有对称集中荷载的钢筋混凝土简支梁，其中集中荷载之间的区段 CD 段只有弯矩作用，称为纯弯段。集中荷载与支座之间的 AC 和 DB 段是弯矩和剪力共同作用的区段，称为弯剪段。

图7-2（b）所示为梁受力状态下的主应力迹线。由主应力迹线可见，在仅承受弯矩的区段（CD 段），剪应力为零，主拉应力的作用方向与梁纵轴的夹角为零，最大主拉应力发

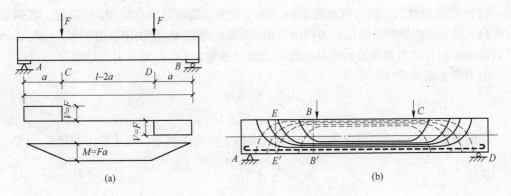

图 7-2 对称集中荷载钢筋混凝土简支梁

生在截面的下边缘，当其超过混凝土的抗拉强度时，将出现垂直裂缝。在弯剪区段（AC 和 BD 段），主拉应力的方向是倾斜的，当主拉应力超过混凝土的抗拉强度时，将出现斜裂缝。但是在弯剪区段中，截面下边缘的主拉应力仍为水平的，故在这些区段一般先出现竖向裂缝，并随着荷载的增大，这些竖向裂缝将斜向发展，形成弯剪斜裂缝。

对于无腹筋梁，梁上出现斜裂缝后，梁的应力在混凝土及纵向钢筋间发生内力的应力重分布。如图 7-3 所示，取 AB 裂缝左端梁段为隔离体，由图中可以看出，荷载在斜截面 AB 上引起的弯矩为 M，剪力为 V，而在斜截面 AB 上的抵抗力有以下几部分：（1）纵向钢筋承担的拉力 T_s；（2）斜裂缝上端残余面混凝土承担的压力 D_c；（3）残余面混凝土承担的剪力 V_c；（4）纵向钢筋承担的剪力 V_d（斜裂缝出现后，纵向钢筋犹如销栓一样将裂缝两侧的混凝土联系起来，这种作用称"销栓作用"）；（5）斜裂缝两侧混凝土发生相对错动产生的骨料咬合力的竖向分力 V_a。

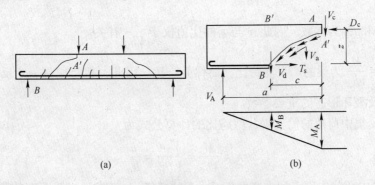

图 7-3 斜裂缝形成后的受力状态

在无腹筋梁中，V 作用下阻止纵向钢筋发生垂直位移的只有很薄的混凝土保护层，所以"销栓作用"很弱。随着斜裂缝的增大，骨料咬合力 V_a 逐渐减弱，直至消失。因此，斜裂缝出现后，梁的抗剪能力主要由残余面上的混凝土承担。斜裂缝出现前后，梁内的应力状态的变化：

（1）在斜裂缝出现前，剪力由全截面承受；在斜裂缝形成后，剪力主要由斜裂缝上端的混凝土残余面抵抗。同时，由 V_a 和 V_c 所组成的力偶由纵筋的拉力 T_s 和混凝土压力 D_c 组成的力偶来平衡。

（2）在斜裂缝出现前，截面处纵筋的拉应力由该截面处的弯矩 M_B 所决定。在斜裂缝形成后，截面 BB' 处的纵筋拉应力则由截面 AA' 处的弯矩 M_A 所决定。由于 $M_A > M_B$ ，所以斜截面形成后，穿过斜裂缝的纵筋的拉应力将突然增大。

由力学平衡条件：

$$V_A = V_c + V_d + V_a \approx V_c$$

$$M_A = Tz + V_d c \approx Tz$$

梁的斜截面抗剪承载能力主要由弯剪区段的主拉应力决定，其主应力的计算公式：

主压应力 $$\sigma_{tp} = \frac{\sigma}{2} + \sqrt{\frac{\sigma^2}{4} + \tau^2}$$

主拉应力 $$\sigma_{tp} = \frac{\sigma}{2} - \sqrt{\frac{\sigma^2}{4} + \tau^2}$$

主应力的作用方向与梁轴线的夹角为： $\tan 2\alpha = -\dfrac{2\tau}{\sigma}$

主拉应力的大小与方向与正应力和剪应力的大小与比值有关。对于矩形截面梁

$$\sigma = \alpha_1 \frac{M}{bh_0^2}$$

$$\tau = \alpha_2 \frac{V}{bh_0}$$

式中　α_1，α_2——计算系数；

　　b，h_0——分别为梁截面宽度和截面有效高度。

σ 与 τ 的比值为： $\dfrac{\sigma}{\tau} = \dfrac{\alpha_1}{\alpha_2} \cdot \dfrac{M}{Vh}$ 。

由于 α_1 和 α_2 为常数，因此 σ 与 τ 的比值仅与 $\dfrac{M}{Vh_0}$ 有关。

定义 $\lambda = \dfrac{M}{Vh_0}$ 为梁的广义剪跨比，简称剪跨比。因此，剪跨比是一个反映梁斜截面受剪承载能力及破坏形态的重要参数。

对于承受集中荷载的简支梁，剪跨比的计算公式为

$$\lambda = \frac{M}{Vh_0} = \frac{V_A a}{V_A h_0} = \frac{a}{h_0}$$

式中，a 为集中荷载作用点到支座的距离，称为剪跨。剪跨 a 与截面有效高度 h_0 的比值，称为计算剪跨比，即 $\lambda = \dfrac{a}{h_0}$ 。

7.2.2　梁沿斜截面破坏的主要形态

试验研究表明，梁出现斜裂缝后，梁沿斜截面破坏的形态主要有三种（见图7-4）：

（1）斜压破坏。当梁的剪跨比较小（ $\lambda < 1$ ），或剪跨比适当（ $1 < \lambda < 3$ ），但其截面尺寸过小而腹筋数量过多时，首先在梁腹部出现若干条斜裂缝，方向大致相互平行；随着荷载的增加，斜裂缝一端朝支座另一端朝荷载作用点发展，梁腹部被斜裂缝分割成若干个倾

斜的受压柱体，梁最后因斜压柱体被压碎而破坏，故称为斜压破坏。

（2）剪压破坏。当梁的剪跨比适当（1< λ <3），且梁中腹筋数量不过多，梁的弯剪段下边缘先出现垂直裂缝，随着荷载的增加，裂缝沿着主压应力轨迹向集中荷载作用点延伸。随着荷载继续增加，几条斜裂缝中会形成一条主要的斜裂缝，称为临界斜裂缝。最终与临界斜裂缝相交的箍筋应力达到屈服强度，同时，剪压区混凝土在剪应力和压应力的复合应力作用下达到混凝土受压强度而破坏。这种破坏称为剪压破坏。

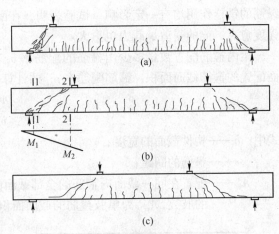

图 7-4　无腹筋梁斜截面主要破坏形态

（3）斜拉破坏。当梁的剪跨比较大（ λ >3），且梁内配置的腹筋数量又不多时，荷载作用下，梁中拉应力较大，很快出现斜裂缝，且裂缝一旦出现，即很快形成临界斜裂缝，并迅速延伸到集中荷载作用点处。因腹筋数量过少，不能抑制斜裂缝的开展，梁斜向被拉裂成两部分而突然破坏。由于这种破坏是混凝土在正应力 σ 和剪应力 τ 共同作用下发生的主拉应力破坏，故称为斜拉破坏。

梁斜压破坏为梁中裂缝间混凝土被压碎而破坏，承载能力较高，破坏突然；剪压破坏时，为腹筋屈服，混凝土达到剪压复合强度而破坏，梁的受剪承载力较斜压破坏小，延性比斜压破坏稍好，但仍为脆性破坏；斜拉破坏为混凝土的主拉应力破坏，受剪承载力最小，破坏很突然。因此，这三种破坏均为脆性破坏，其中斜拉破坏最为突出，斜压破坏次之，剪压破坏稍好。

7.2.3　影响梁斜截面受剪承载力的主要因素

影响梁斜截面受剪承载力的因素主要有剪跨比、混凝土强度等级、箍筋的配筋率和纵筋的配筋率等。

（1）剪跨比 λ 。剪跨比 λ 反映了梁截面上正应力 σ 和剪应力 τ 的相对关系。相应的，也反映了主应力的大小与方向。剪跨比大时，梁中主拉应力较大，破坏形态为斜拉破坏，梁的受剪承载力较低；剪跨比减小后，梁的破坏为混凝土在剪压复合作用下的受压破坏，破坏形态为剪压破坏，受剪承载力提高；剪跨比很小时，梁的破坏为混凝土的受压破坏，破坏形态为斜压破坏，受剪承载力很高但延性较差。因此剪跨比对梁的破坏形态和受剪承载力有重大影响。

（2）混凝土强度。梁斜截面受剪破坏时混凝土达到相应受力状态下的极限强度，故混凝土强度对斜截面受剪承载力影响很大。如前所述，梁发生斜压破坏时，受剪承载力取决于混凝土的抗压强度；斜拉破坏时，受剪承载力取决于混凝土的抗拉强度；剪压破坏时，受剪承载力与混凝土的压剪复合受力强度有关。

（3）箍筋的配筋率 ρ_{sv} 和箍筋强度 f_{yv} 。有腹筋梁出现斜裂缝后，箍筋不仅直接承担着剪力，而且还能有效地抑制斜裂缝的开展和延伸，这对提高剪压区混凝土的受剪承载力和纵筋的销栓作用均有一定影响。试验表明，在配筋量适当的范围内，箍筋配得愈多，箍筋强度愈高，梁的受剪承载力也愈大。

梁内箍筋配置数量多少用箍筋的配筋率 ρ_{sv} 表示，它反映了梁沿纵向单位长度水平截面配置的箍筋截面面积，箍筋配筋率 ρ_{sv} 的计算公式：

$$\rho_{sv} = \frac{A_{sv}}{bs} \tag{7-1}$$

式中　　b——构件截面的宽度；

        s——箍筋的间距；

    A_{sv}——配置在同一截面内箍筋的全部截面面积，$A_{sv} = nA_{sv1}$，n 为在同一个截面内箍筋的肢数，A_{sv1} 为单肢箍筋的截面面积，如图 7-5 所示。

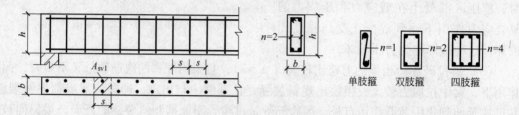

图 7-5　梁截面箍筋布置示意图

（4）纵向钢筋的配筋率 ρ。梁内的纵向钢筋能有效抑制斜裂缝的开展和延伸，从而提高剪压区混凝土承受的剪力；同时，纵筋数量增大，其销栓作用也随之增大。剪跨比较小时，销栓作用明显，ρ 对受剪承载力影响较大；剪跨比较大时，属斜拉破坏，ρ 的影响程度减弱。

7.3　受弯构件斜截面受剪承载力计算

7.3.1　受力分析

梁的三种斜截面受剪破坏形态均为脆性破坏，工程中都应尽量避免。设计时针对不同的破坏形态采用相应的设计措施防止破坏的发生。

造成斜压破坏的主要原因是截面尺寸过小，导致梁腹部被斜裂缝分割成若干个倾斜的受压柱体，最后斜压柱体被压碎而破坏。因此防止斜压破坏的措施是限制截面尺寸不过小，即构件的截面应满足最小尺寸要求。

发生斜拉破坏的原因是荷载作用下，梁内主拉应力较大，而腹筋数量过少，不能抑制斜裂缝的开展，导致梁斜向被拉裂而突然破坏。因此防止斜拉破坏的措施是布置足够适量的箍筋限制斜裂缝的发展，提高斜截面抗拉承载力，即通过配置一定数量的箍筋和保证必要的箍筋间距来防止斜拉破坏的发生。

对于剪压破坏，因其承载力变化幅度较大，必须通过计算，使构件满足一定的斜截面受剪承载力，防止剪压破坏的发生，《混凝土结构设计规范》中受剪承载力计算公式就是依据剪压破坏特征建立的。

如图 7-6 所示，对于配有箍筋和弯起钢筋的简支梁，斜截面的受剪承载力（V_u）包括剪压区混凝土所承担的剪力（V_c）、与斜裂缝相交的箍筋所承担剪力（V_{sv}）、与斜裂缝相交的弯起钢筋所承担剪力（V_{sb}）、纵筋的销栓力（V_d）和斜截面上混凝土骨料咬合力的竖向分力（V_a），即：

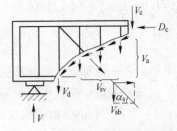

$$V_u = V_c + V_{sv} + V_{sb} + V_d + V_a \qquad (7\text{-}2)$$

图 7-6 有腹筋梁斜截面受力分析

建立设计计算公式时，忽略较小纵筋的销栓力和混凝土骨料咬合力的竖向分力的影响，上式简化为

$$V_u = V_{cs} + V_{sb} \qquad (7\text{-}3)$$

其中

$$V_{cs} = V_c + V_{sv} \qquad (7\text{-}4)$$

式中　V_{cs}——仅配有箍筋梁的斜截面受剪承载力。

7.3.2　仅配有箍筋梁的斜截面受剪承载力

由上面的分析可以看出，仅配有箍筋梁的斜截面受剪承载力 V_{cs} 由混凝土的受剪承载力 V_c 和与斜裂缝相交的箍筋受剪承载力 V_{sv} 所组成。大量试验表明，斜截面受剪承载力与混凝土受剪承载力和箍筋强度及配箍率大致呈线性关系，即

$$V_{cs} = \alpha_t f_t b h_0 + \alpha_{sv} \rho_{sv} f_{yv} b h_0 = \alpha_t f_t b h_0 + \alpha_{sv} \frac{A_{sv}}{s} f_{yv} h_0 \qquad (7\text{-}5)$$

其中，α_t 和 α_{sv} 为线性组合系数，由试验确定。

试验表明，系数 α_t 和 α_{sv} 与荷载形式和截面形状等因素有关。《混凝土结构设计规范》给出了两种常见的受剪承载力计算公式。

（1）一般受弯构件矩形、T 形和 I 形截面的斜截面受剪承载力计算。对于 I 形截面、翼缘位于剪压区的 T 形截面梁及 I 形截面，经验系数的取值为：$\alpha_t = 0.7$，$\alpha_{sv} = 1.0$。则式（7-5）具体为

$$V \leqslant V_u = V_{cs} = 0.7 f_t b h_0 + f_{yv} \frac{A_{sv}}{s} h_0 \qquad (7\text{-}6)$$

式中　V——构件斜截面上的最大剪力设计值；

　　　b——矩形截面的宽度，T 形截面或 I 形截面的腹板宽度；

　　　h_0——截面的有效高度；

　　　f_t——混凝土轴心抗拉强度设计值；

　　　f_{yv}——箍筋抗拉强度设计值。

（2）集中荷载作用下矩形、T 形和 I 形截面独立梁斜截面受剪承载力计算。当梁上作用有集中荷载时（包括作用有多种荷载，其中集中荷载对支座截面或节点边缘所产生的剪力值占总剪力值的 75% 以上的情况），发生剪切破坏斜截面的剪压区多在最大集中荷载作用截面处，该截面的弯矩和剪力都很大，因此，正应力和剪应力也很大，此时应考虑剪跨比的影响。

根据对试验资料的统计分析，这种情况下的经验系数取值为：$\alpha_t = 1.75/(\lambda + 1)$，

$\alpha_{sv} = 1.0$，则式（7-5）具体为

$$V \leqslant V_u = V_{cs} = \frac{1.75}{\lambda + 1} f_t b h_0 + f_{yv} \frac{A_{sv}}{s} h_0 \tag{7-7}$$

式中 λ ——计算截面的剪跨比，可取 $\lambda = a/h_0$；

       a——集中荷载作用点至支座截面或节点边缘的距离，当 $\lambda < 1.5$ 时，取 $\lambda = 1.5$，当 $\lambda > 3$ 时，取 $\lambda = 3$。

7.3.3 配有箍筋和弯起钢筋梁的斜截面受剪承载力

工程结构无抗震设防要求时，为了抵抗较大的设计剪力，梁中除配置箍筋外，有时还可设置一定数量的弯起钢筋。弯起钢筋所承受的剪力为其拉力在垂直于梁纵轴方向的分力 $f_y A_{sb} \sin \alpha_s$。弯起钢筋的受剪承载力为

$$V_{sb} = 0.8 f_y A_{sb} \sin \alpha_s \tag{7-8}$$

式中 A_{sb} ——配置在同一弯起平面内的弯起钢筋的截面面积；

       α_s ——弯起钢筋与梁纵轴的夹角，一般取 $\alpha_s = 45°$；当梁截面较高时，可取 $\alpha_s = 60°$；

       f_y ——弯起钢筋的抗拉强度设计值。

式（7-8）中的 0.8 为应力不均匀折减系数，主要考虑弯起钢筋与斜裂缝相交时，可能已经接近受压区，梁发生剪切破坏时，弯起钢筋尚未屈服。

对于同时配置箍筋和弯起钢筋的梁，其斜截面受剪承载力等于仅配箍筋梁的受剪承载力与弯起钢筋的受剪承载力之和。即：

对于 I 形截面、翼缘位于剪压区的 T 形截面梁及 I 形截面：

$$V \leqslant V_u = 0.7 f_t b h_0 + f_{yv} \frac{A_{sv}}{s} h_0 + 0.8 f_y A_{sb} \sin \alpha_s \tag{7-9}$$

集中荷载作用下矩形、T 形和 I 形截面独立梁：

$$V \leqslant V_u = \frac{1.75}{\lambda + 1} f_t b h_0 + f_{yv} \frac{A_{sv}}{s} h_0 + 0.8 f_y A_{sb} \sin \alpha_s \tag{7-10}$$

7.3.4 公式的适用范围

梁斜截面剪切破坏有三种破坏形态：斜拉破坏、剪压破坏、斜压破坏。上述梁斜截面抗剪承载力计算公式是以剪压破坏的受力特点和试验结果建立的，所以公式的适用条件为梁斜截面发生剪压破坏，即应用上述公式进行设计计算时，应首先保证梁不发生斜拉破坏和斜压破坏。

防止斜压破坏的措施是限制截面尺寸不过小，即构件的截面应满足最小尺寸要求；防止斜拉破坏的措施是配置足够数量的箍筋并保证必要的箍筋间距。因此，梁斜截面抗剪承载力计算公式的上限为截面尺寸限制条件，下限为箍筋设置构造要求。

7.3.4.1 截面尺寸限制条件——防止发生斜压破坏

设计时为防止发生斜压破坏，同时也为了限制梁在使用阶段的裂缝宽度，规范规定，矩形、T 形和 I 形截面的受弯构件，其受剪截面应符合下列条件：

当 $h_w/b \leqslant 4$ 时 $V \leqslant 0.25\beta_c f_c b h_0$ (7-11)

当 $h_w/b \geqslant 6$ 时 $V \leqslant 0.2\beta_c f_c b h_0$ (7-12)

当 $4 < h_w/b < 6$ 时，按线性内插法确定，即 $V \leqslant 0.025\left(14 - \dfrac{h_w}{b}\right)\beta_c f_c b h_0$。

式中　V——构件斜截面上的最大剪力设计值；

$\quad\quad\beta_c$——混凝土强度影响系数，当混凝土强度等级不超过 C50 时，取 $\beta_c = 1$；当混凝土强度等级为 C80 时，取 $\beta_c = 0.8$；其间按线性内插法确定；

$\quad\quad f_c$——混凝土轴心抗压强度设计值；

$\quad\quad h_w$——截面的腹板高度，对矩形截面，取有效高度；对 T 形截面，取有效高度减翼缘高度；对 I 形截面，取腹板净高。

对 T 形或 I 形截面的简支受弯构件，由于受压翼缘对抗剪的有利影响，所以，当有实践经验时，式（7-11）中的系数可改用 0.3；同样，对受拉边倾斜的构件，其受剪截面的控制条件可适当放宽。

7.3.4.2 箍筋构造要求——防止发生斜拉破坏

如果梁内箍筋间距过大，则斜裂缝可能在箍筋之间产生、发展，斜裂缝不与箍筋相交，箍筋起不到限制裂缝开展，承担剪力的作用；另外，若配置的数量过少，则斜裂缝一出现，箍筋很快屈服甚至被拉断，导致斜拉破坏。为了避免斜拉破坏，规范规定了箍筋最小配筋率、最大箍筋间距及最小箍筋直径等构造要求。

（1）箍筋最小配筋率：

$$\rho_{sv,\,min} = 0.24\frac{f_t}{f_{yv}}$$ (7-13)

（2）最小箍筋直径及最大箍筋间距。截面高度大于 800mm 的梁，箍筋直径不宜小于 8mm；截面高度不大于 800mm 的梁，箍筋直径不宜小于 6mm。

如果箍筋最小配筋率满足要求，但箍筋间距很大，破坏的斜裂缝不与箍筋相交，箍筋不能抑制斜裂缝的开展，同样也会出现斜拉破坏。为此，规范规定：箍筋的最大间距不得超过表 7-1 的要求。

表 7-1　梁中箍筋最大间距　　　　　　　　　　　　　　　　　　　　　（mm）

梁高 h	$V > 0.7 f_t b h_0$	$V \leqslant 0.7 f_t b h_0$
$150 < h \leqslant 300$	150	200
$300 < h \leqslant 500$	200	300
$500 < h \leqslant 800$	250	350
$h > 800$	300	500

7.3.5 板类构件的受剪承载力

由于板类构件难以配置箍筋，无腹筋板类构件的斜截面受剪承载力主要由混凝土承担。此时应考虑截面的尺寸效应对其受剪承载力的影响。因为随着板厚的增加，斜裂缝的宽度会相应地增大，如果骨料的粒径没有随板厚的加大而增大，就会使裂缝两侧的骨料咬合力减弱，传递剪力的能力相对较低。对此，规范规定：不配箍筋和弯起钢筋的一般板类受弯构件，其斜截面受剪承载力应按下式计算：

$$V \leqslant V_{\mathrm{u}} = 0.7\beta_{\mathrm{h}} f_{\mathrm{t}} b h_0 \tag{7-14}$$

$$\beta_{\mathrm{h}} = \left(\frac{800}{h_0}\right)^{\frac{1}{4}} \tag{7-15}$$

式中 β_{h} ——截面高度影响系数，当 $h_0 < 800\mathrm{mm}$ 时，取 $h_0 = 800\mathrm{mm}$；当 $h_0 > 2000\mathrm{mm}$ 时，取 $h_0 = 2000\mathrm{mm}$。

7.4　受弯构件斜截面受剪承载力的设计计算方法

7.4.1　计算截面确定

计算截面应选取剪力设计值较大，受剪承载力较小及截面抗力变化处的斜截面。设计中一般取下列斜截面作为梁受剪承载力的计算截面：

（1）支座边缘处的截面（图7-7（a）、（b）中的截面1—1），一般该截面剪力设计值最大，剪力设计值取该截面的剪力设计值；

（2）受拉区弯起钢筋弯起点处的截面（图7-7（a）中的截面2—2、3—3），钢筋的弯起点以外截面受剪承载力减小，剪力设计值在计算第一排弯起钢筋（从支座算起）时，取支座边缘处的剪力设计值，计算以后每一排弯起钢筋时，取前一排弯起钢筋弯起点处的剪力设计值；

（3）箍筋截面面积或间距改变处的截面（图7-7（b）中的截面4—4），箍筋数量减小或间距增大，截面受剪承载力减小，剪力设计值取箍筋数量开始改变处的剪力设计值；

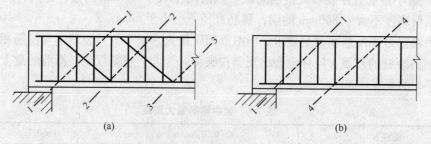

图7-7 斜截面受剪承载力剪力设计值计算截面
（a）配置弯起钢筋；（b）仅配置箍筋

（4）腹板宽度改变处的截面，腹板宽度减小引起受剪承载力减小。

7.4.2　设计计算步骤

在工程应用中，通常需要解决两类问题：一类是对于拟建建筑，设计时需要根据所需构件刚度、截面内力、材料强度等确定截面尺寸，并配置钢筋，这类问题称为截面设计问题；另一类是对于已有建筑，构件的截面尺寸及配筋都是确定的，需要验算其承载能力是否满足当前要求，这类问题称为截面复核问题。

7.4.2.1　截面设计问题

已知构件的截面尺寸 b、h，材料强度设计值 f_t、f_{yv}，荷载设计值（或内力设计值）和跨度等，要求确定箍筋和弯起钢筋的数量。

截面设计问题的设计计算步骤：

（1）确定计算斜截面处的剪力设计值。

（2）验算截面尺寸。根据构件斜截面上的剪力设计值，按式（7-11）或式（7-12）验算截面尺寸是否合适，如不满足则应加大截面尺寸或提高混凝土强度等级。

（3）验算是否需要按计算配置腹筋。

对于 I 形截面、翼缘位于剪压区的 T 形截面梁及 I 形截面的截面尺寸若符合：

$$V \leqslant 0.7 f_t b h_0$$

集中荷载作用下矩形、T 形和 I 形截面独立梁截面的截面尺寸若符合：

$$V \leqslant \frac{1.75}{\lambda + 1} f_t b h_0$$

则不需要按计算配置腹筋。但应按构造要求配置箍筋，即根据最小配箍率、最小箍筋直径和最大箍筋间距配置箍筋，梁中不允许不设置箍筋。

（4）当截面尺寸及材料强度等级不满足上面公式的要求时，应根据计算配置腹筋。

腹筋的配置有两种方案：一种是只配置箍筋，不配置弯起钢筋；另一种是既配置箍筋，也配置弯起钢筋。当荷载作用方向不发生变化时，剪力的方向也不发生改变，此时，可采用第一种配置方案，也可采用第二种配置方案，既配置箍筋，也配置弯起钢筋；但当荷载作用方向变化（如地震作用、风荷载作用等），剪力的方向会发生改变，此时采用第一种配置方案，不应采用第二种配置方案，即只配置箍筋，不采用弯起钢筋抵抗剪力，因为弯起钢筋有弯起方向，当斜裂缝的方向与弯起钢筋一致时，弯起钢筋起不到抗剪作用。

1）只配置箍筋不配置弯起钢筋。

对矩形、T 形和 I 形截面的一般受弯构件，由式（7-6）可得

$$\frac{A_{sv}}{s} \geqslant \frac{V - 0.7 f_t b h_0}{f_{yv} h_0} \tag{7-16}$$

对集中荷载作用下的矩形、T 形和 I 形截面独立梁，由式（7-7）可得

$$\frac{A_{sv}}{s} \geqslant \frac{V - \dfrac{1.75}{\lambda + 1} f_t b h_0}{f_{yv} h_0} \tag{7-17}$$

计算出 A_{sv}/s 值后，根据箍筋最小直径要求，确定箍筋直径 d 及单肢箍筋的截面面积 A_{sv1}，根据构件截面宽度确定箍筋肢数 n，$A_{sv} = n A_{sv1}$，求出箍筋间距 s。箍筋间距 s 应满足表 7-1 规定的最大箍筋间距要求，并验算箍筋的配筋率应满足式（7-13）最小配箍率要求。

2）既配置箍筋又配置弯起钢筋。此时的弯起钢筋为按照正截面受弯承载力计算选定的纵向受力钢筋，当接近支座时截面正弯矩变小，纵向受力钢筋有富裕，可将其弯起，作为弯起钢筋承受剪力。根据弯起的纵向受力钢筋确定弯起钢筋面积 A_{sb}，则箍筋的计算公式：

对矩形、T形和I形截面的一般受弯构件，由式（7-6）可得

$$\frac{A_{sv}}{s} \geq \frac{V - 0.7f_t bh_0 - 0.8f_y A_{sb}\sin\alpha_s}{f_{yv}h_0} \tag{7-18}$$

对集中荷载作用下的矩形、T形和I形截面独立梁，由式（7-7）可得

$$\frac{A_{sv}}{s} \geq \frac{V - \dfrac{1.75}{\lambda+1}f_t bh_0 - 0.8f_y A_{sb}\sin\alpha_s}{f_{yv}h_0} \tag{7-19}$$

再根据相应构造要求确定箍筋的直径、间距，并验算箍筋的配筋率。

也可以先根据箍筋的构造要求确定箍筋的布置，再按照式（7-20）、式（7-21）计算弯起钢筋的面积。

对矩形、T形和I形截面的一般受弯构件：

$$A_{sb} \geq \frac{V - 0.7f_t bh_0 - f_{yv}\dfrac{A_{sv}}{s}h_0}{0.8f_y\sin\alpha_s} \tag{7-20}$$

集中荷载作用下矩形、T形和I形截面独立梁：

$$A_{sb} \geq \frac{V - \dfrac{1.75}{\lambda+1}f_t bh_0 - f_{yv}\dfrac{A_{sv}}{s}h_0}{0.8f_y\sin\alpha_s} \tag{7-21}$$

7.4.2.2　截面复核问题

已知构件截面尺寸 b、h，材料强度设计值 f_t、f_y、f_{yv}，箍筋数量，弯起钢筋数量及位置等，要求复核构件斜截面所能承受的剪力设计值。

首先验算箍筋的配箍率及最大箍筋间距，若 $\rho_{sv} < \rho_{sv,\,min}$ 或 $s > s_{max}$，则按无腹筋梁计算其斜截面受剪承载力；若 $\rho_{sv} \geq \rho_{sv,\,min}$，且 $s \leq s_{max}$，则应用式（7-9）或式（7-10），计算梁斜截面受剪承载力，受剪承载力大于截面剪力设计值时，可认为截面抗剪承载力满足要求。

【例题7-1】　一矩形截面钢筋混凝土简支梁，计算跨度6m，截面尺寸 $b\times h = 250\text{mm}\times600\text{mm}$，混凝土强度等级为 C30（ $f_c = 14.3\text{N/mm}^2$ ，$f_t = 1.43\text{N/mm}^2$ ），纵筋采用 HRB400 级钢筋（ $f_y = 360\text{N/mm}^2$ ），箍筋为 HPB300 级钢筋（ $f_{yv} = 270\text{N/mm}^2$ ），结构的安全等级为二级，环境类别为一类。梁承受均布荷载设计值 75kN/m（包括梁自重）。根据正截面受弯承载力计算所配置的纵筋为 4Φ20。要求确定腹筋数量。

【解】　（1）计算剪力设计值

支座边缘截面的剪力设计值 V 为

$$V = \frac{1}{2} \times 6 \times 75 = 225\text{kN}$$

（2）验算截面尺寸

单排布置纵筋，$a_s = 40\text{mm}$，$h_w = 600 - 40 = 560\text{mm}$，$h_w/b = 560/250 = 2.24 < 4$，应按式（7-11）验算；混凝土强度等级为 C30，低于 C50，故取 $\beta_c = 1.0$，则

$$0.25\beta_c f_c bh_0 = 0.25 \times 1.0 \times 14.3 \times 250 \times 560 = 500.5\text{kN} > V$$

说明截面尺寸满足要求。

（3）验算是否按计算配置腹筋

$$0.7f_tbh_0 = 0.7 \times 1.43 \times 250 \times 560 = 140.14\text{kN} < V = 225\text{kN}$$

故需按计算配置腹筋。

（4）计算腹筋数量

1）只配置箍筋

则由式（7-16）得

$$\frac{A_{sv}}{s} \geqslant \frac{V - 0.7f_tbh_0}{f_{yv}h_0} = \frac{225 \times 10^3 - 0.7 \times 1.43 \times 250 \times 560}{270 \times 560} = 0.56$$

选用双肢$\phi8$箍筋，$A_{sv} = 101\text{mm}^2$，则$s = \dfrac{A_{sv}}{0.56} = \dfrac{101}{0.56} = 180\text{mm}$

箍筋最大间距$s_{max} = 250\text{mm}$

取$s = 180\text{mm} < s_{max}$

相应箍筋配筋率为

$$\rho_{sv} = \frac{A_{sv}}{bs} = \frac{101}{250 \times 180} = 0.22\% > \rho_{sv,min} = 0.24\frac{f_t}{f_{yv}} = 0.24 \times \frac{1.43}{270} = 0.127\%$$

所配双肢$\phi8@180$箍筋能够满足要求。

2）既配箍筋又配弯起钢筋

由于梁中设置4根纵向钢筋，因此可弯起纵向钢筋抗剪。

可先选用双肢$\phi8@250$箍筋（满足表7-1的构造要求），再由式（7-20）确定弯起钢筋

$$A_{sb} \geqslant \frac{V - 0.7f_tbh_0 - f_{yv}\dfrac{A_{sv}}{s}h_0}{0.8f_y\sin\alpha_s} = \frac{225 \times 10^3 - 0.7 \times 1.43 \times 250 \times 560 - 270 \times \dfrac{101}{250} \times 560}{0.8 \times 360 \times \sin45°}$$

$$= 117\text{mm}^2$$

将跨中正弯矩钢筋弯起$1\underline{\Phi}20$（$A_s = 314.2\text{mm}^2$）即可满足要求，而钢筋的弯起点至支座边缘的距离为$100\text{mm} + (600\text{mm} - 2 \times 40\text{mm}) = 620\text{mm}$。

验算钢筋弯起点处的斜截面抗剪承载力。钢筋弯起点处对应的剪力设计值V_1：

$$V_1 = \frac{1}{2} \times 75 \times (6 - 0.62 \times 2) = 178.5\text{kN}$$

纵向钢筋弯起点处，弯起钢筋不参与抗剪，截面抗剪承载力为

$$V_{cs} = 0.7f_tbh_0 + f_{yv}\frac{A_{sv}}{s}h_0 = 0.7 \times 1.43 \times 250 \times 560 + 270 \times \frac{101}{250} \times 560 = 201.2\text{kN} > V_1$$

说明该截面能够满足受剪承载力要求，故该梁只需配置一排弯起钢筋即可。

【例题 7-2】　一钢筋混凝土矩形截面梁支承于砖墙上，梁的跨度如图7-8所示。截面尺寸$b\times h = 200\text{mm}\times550\text{mm}$，梁承受均布荷载设计值$p = 15\text{kN/m}$（包括梁自重）及两个集中荷载$P$，每个集中荷载设计值

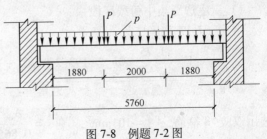

图7-8　例题7-2图

为 $P = 150\text{kN}$。混凝土强度等级为 C35（ $f_c = 16.7\text{N/mm}^2$, $f_t = 1.57\text{N/mm}^2$ ），纵筋采用 HRB500 级钢筋（ $f_y = 435\text{N/mm}^2$ ），箍筋为 HPB335 级钢筋（ $f_{yv} = 300\text{N/mm}^2$ ），结构的安全等级为二级，环境类别为一类。要求确定箍筋数量。

【解】 （1）计算剪力设计值

均布荷载引起的支座边缘剪力设计值： $V_p = \dfrac{1}{2} \times 15 \times 5.76 = 43.2\text{kN}$

集中荷载引起的支座边缘剪力设计值： $V_p = 150\text{kN}$

支座边缘总剪力设计值： $V = 43.2 + 150 = 193.2\text{kN}$

集中荷载引起的剪力占总剪力的比例： $150/193.2 = 77.6\% > 75\%$ ，应按集中荷载作用下矩形梁斜截面受剪承载力计算公式（7-7）计算。

（2）验算截面尺寸

集中荷载较大，纵向钢筋按两排布置考虑， $a_s = 60\text{mm}$ ，则 $h_w = 550 - 60 = 490\text{mm}$ ， $h_w/b = 490/200 = 2.45 < 4$ ，应按式（7-11）验算；混凝土强度等级为 C35，低于 C50，故取 $\beta_c = 1.0$ ，则

$$V \leqslant 0.25\beta_c f_c b h_0 = 0.25 \times 1.0 \times 16.7 \times 200 \times 490 = 409.15\text{kN} > 193.2\text{kN}$$

故截面尺寸满足要求。

（3）验算是否按计算配置腹筋

1）支座边至集中荷载区段

集中荷载对各支座截面所产生的剪力设计值均占相应支座截面总剪力值的 75% 以上，故各支座截面均应考虑剪跨比。剪跨比为

$$\lambda = \frac{a}{h_0} = \frac{1880}{490} = 3.84 > 3$$

取 $\lambda = 3.0$

$$\frac{1.75}{\lambda + 1} f_t b h_0 = \frac{1.75}{3.0 + 1} \times 1.57 \times 200 \times 490 = 42.875\text{kN} > V$$

需要按计算配置箍筋。

2）跨中区段

$$V = \frac{1}{2} \times 15 \times 2 = 15\text{kN}$$

该区段为均布荷载作用，

$$0.7 f_t b h_0 = 0.7 \times 1.57 \times 200 \times 490 = 107.7\text{kN} > V = 15\text{kN}$$

该区段不需要按照计算配置箍筋，但仍需要按照构造要求配置箍筋。

（4）计算腹筋数量

1）支座边至集中荷载区段

由式（7-17）得

$$\frac{A_{sv}}{s} \geqslant \frac{V - \dfrac{1.75}{\lambda + 1} f_t b h_0}{f_{yv} h_0} = \frac{193.2 \times 10^3 - \dfrac{1.75}{3.0 + 1} \times 1.57 \times 200 \times 490}{300 \times 490} = 0.856$$

选用双肢 $\phi 8$ 箍筋， $A_{sv} = 101\text{mm}^2$ ，则 $s = \dfrac{A_{sv}}{0.865} = \dfrac{101}{0.865} = 118\text{mm}$

箍筋最大间距 $s_{max} = 250mm$

取 $s = 110mm < s_{max}$

相应箍筋配筋率为

$$\rho_{sv} = \frac{A_{sv}}{bs} = \frac{101}{200 \times 110} = 0.505\% > \rho_{sv,min} = 0.24\frac{f_t}{f_{yv}} = 0.24 \times \frac{1.57}{300} = 0.126\%$$

所配双肢Φ8@110 箍筋能够满足要求。

2）跨中区段

按构造要求配置箍筋，选取Φ8@250。

【例题 7-3】 一钢筋混凝土矩形截面简支梁，净跨 $l_n = 5.6m$，承受均布荷载，环境类别为一类。梁截面尺寸 $b×h = 250mm×500mm$，混凝土强度等级为 C30（$f_c = 14.3N/mm^2$，$f_t = 1.43N/mm^2$），箍筋为箍筋为 HPB335 级钢筋（$f_{yv} = 300N/mm^2$），纵筋采用 3Φ22 HRB400 级钢筋（$f_y = 360N/mm^2$）。若沿梁全长配置双肢Φ10@150 箍筋，试计算该梁的斜截面受剪承载力，并推算梁所能承受的均布荷载设计值（不包括梁自重）。

【解】 环境类别为一类，混凝土保护层厚度 $c = 20mm$，$a_s = 20+8+22/2 = 39mm$。$h_0 = 500-a_s = 500-39 = 461mm$

箍筋最小配筋率 $\rho_{sv,min} = 0.24\frac{f_t}{f_{yv}} = 0.24 \times \frac{1.43}{300} = 0.114\%$

$$\rho_{sv} = \frac{A_{sv}}{bs} = \frac{157}{250 \times 150} = 0.419\% > \rho_{sv,min}$$

满足要求。

由式（7-6）

$$V_u = 0.7f_tbh_0 + f_{yv}\frac{A_{sv}}{s}h_0 = 0.7 \times 1.43 \times 250 \times 461 + 300 \times \frac{157}{150} \times 461 = 260.12kN$$

$$h_w/b = 461/250 = 1.84 < 4$$

$$V_u < 0.25\beta_c f_c bh_0$$

设该梁所能承受均布荷载设计值为 q，梁单位长度的自重标准值为 g，设计值为 $1.2g$，则简支梁在支座处的剪力设计值为 $V = \frac{1}{2}(q + 1.2g)l_n$。

$$g = \gamma bh = 25 \times 0.25 \times 0.50 = 3.125kN/m$$

$$q = \frac{2V_u}{l_n} - 1.2g = \frac{2 \times 260.12}{5.6} - 1.2 \times 3.125 = 89.78kN/m$$

则梁所能承受的均布荷载设计值为 89.78kN/m。

7.5 钢筋混凝土梁斜截面受弯承载力和钢筋构造要求

受弯构件出现斜裂缝后，在斜截面上不仅存在着剪力 V，同时还作用有弯矩 M。弯矩由纵向受拉钢筋、弯起钢筋、箍筋等共同承担，如图 7-9 所示。

$$M_u = f_y(A_s - A_{sb})z + \sum f_y A_{sb}z_{sb} + \sum f_{yv}A_{sv}z_{sv} \tag{7-22}$$

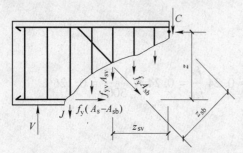

图 7-9　受弯构件斜截面受弯计算简图

式中，M_u 表示斜截面的受弯承载力。上式等号右边三项分别为纵筋、弯起钢筋和箍筋的受弯承载力。

由于斜截面和正截面所承受的外弯矩相等，所以按跨中最大弯矩 M_{max} 所配置的钢筋 A_s，只要沿梁全长既不弯起也不截断，则必然满足斜截面的抗弯要求。但是在工程设计中，纵筋有时需要弯起或截断，导致受弯承载力降低，因此，在纵筋有弯起或截断的梁中，应考虑斜截面的受弯承载力，使材料能够抵抗的弯矩大于荷载引起的弯矩。

7.5.1　抵抗弯矩图

抵抗弯矩图又称材料图，它是按梁实际配置的纵向受力钢筋所能承受弯矩为纵坐标，以相应截面位置为横坐标绘制的弯矩图，即各截面实际能够抵抗的弯矩值 M_u 沿构件轴线方向的分布图，反映了沿梁长度方向截面上的抗力。设计时材料能够抵抗的弯矩大于荷载引起的弯矩，结构才可能是安全的，即所绘制的 M_u 图应能够包住 M 图。

图 7-10 所示的承受均布荷载的简支梁，按跨中最大弯矩计算，需配纵筋 2Φ25+1Φ22，它所能抵抗的弯矩可按下式求得：

$$M_r = f_y A_s \left(h_0 - \frac{f_y A_s}{2\alpha_1 f_c b} \right) \tag{7-23}$$

而每根钢筋所能抵抗的弯矩 M_{ri}，可近似地按该根钢筋的面积 A_{si} 与钢筋总面积 A_s 的比值乘以总抵抗弯矩 M_r 求得，即

$$M_{ri} = \frac{A_{si}}{A_s} M_r \tag{7-24}$$

如果全部纵筋沿梁长直通，并在支座处有足够锚固长度时，则沿梁全长各个正截面抵抗弯矩的能力相等。同时可计算出每一根钢筋所能抵抗的弯矩。将荷载引起的弯矩、各钢筋能够抵抗的弯矩都绘制在图上。

在图 7-10 中，跨中 1 点处三根钢筋的强度被充分利用，2 点处①、②号钢筋的强度被充分利用，而③号钢筋不再需要。通常把 1 点称为③号钢筋的"充分利用点"，2 点称为③号钢筋的"理论截断点"或"不需要点"。按照图中所示布置钢筋，纵筋沿梁跨通长布置，构造上虽然简单，但靠近支座处，即使不布置③号钢筋，截面的抗弯承载力也能够满足。因此，工程设计

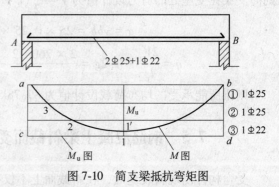

图 7-10　简支梁抵抗弯矩图

时，可将一部分纵向受力钢筋（如③号钢筋）在不需要的地方弯起或截断，以使抵抗弯矩图尽量靠近设计弯矩图，并利用弯起钢筋抗剪，以达到充分利用钢筋，节约材料的目的。

7.5.1.1 纵筋被截断时的抵抗弯矩图

在简支梁设计中，一般不宜在跨中截面将纵筋截断，而是在支座附近将纵筋弯起抗剪。在图 7-11 中，如将③号钢筋在 E、F 截面处弯起，由于在弯起过程中，弯筋对受压区合力点的力臂是逐渐减小的，因而其抗弯承载力并不立即消失，而是逐渐减小，一直到截面 G、H 处弯筋穿过梁轴线基本上进入受压区后，才认为它的正截面抗弯作用完全消失。现从 E、F 两点作垂直投影线与 M_r 图的基线 cd 相交于 e、f，再从 G、H 两点作

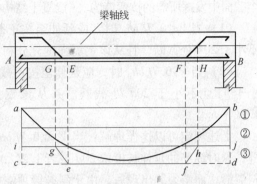

图 7-11 有弯起钢筋的抵抗弯矩图

垂直投影线与 M_r 图的基线 i、j 相交于 g、h，则连线 $igefhj$ 为③号钢筋弯起后的 M_r 图。

从上述分析可见，对正截面受弯承载力而言，把纵筋在不需要的地方弯起或截断是合理的，而且从设计弯矩图与抵抗弯矩图的关系来看，二者愈靠近，其经济效果愈好。但是，由于纵筋的弯起或截断多数是在弯剪段进行的，因而在处理过程中不仅应满足正截面受弯承载力的要求，同时还要保证斜截面的受弯承载力。

7.5.1.2 纵筋的弯起

在确定纵向钢筋的弯起时，必须考虑以下三方面的要求：

（1）保证正截面受弯承载力。纵筋弯起后，剩下的纵筋数量减少，正截面受弯承载力降低。为了保证正截面受弯承载力能够满足要求，纵筋的始弯点必须位于按正截面受弯承载力计算该纵筋强度被充分利用截面（充分利用点）以外，从而使抵抗弯矩图包在设计弯矩图的外面，即不得切入设计弯矩图以内。

（2）保证斜截面受剪承载力。纵筋弯起的数量由斜截面受剪承载力计算确定。当有集中荷载作用并按计算要求需配置弯起钢筋时，弯起钢筋应覆盖计算斜截面始点至相邻集中荷载作用点之间的范围，因为在这个范围内剪力值大小不变。弯起纵筋的布置，包括支座边缘到第一排弯筋的终弯点，以及从前排弯筋的始弯点到次一排弯筋的终弯点的距离，均应小于箍筋的最大间距。

（3）保证斜截面受弯承载力。为了保证梁斜截面受弯承载力，梁弯起钢筋在受拉区的弯点，应设在该钢筋的充分利用点以外，该弯点至充分利用点间的距离 s_1 应大于或等于 $h_0/2$；同时，弯筋与梁纵轴的交点应位于按计算不需要该钢筋的截面（不需要点）以外。在设计中，当满足上述规定时，梁斜截面受弯承载力就能得到保证。

7.5.2 纵筋的截断

7.5.2.1 支座负弯矩钢筋的截断

简支梁承受正弯矩，下部纵向钢筋受拉，不宜在跨中截断而应伸入支座。对于连续梁和框架梁，支座负弯矩受拉钢筋在向跨内延伸时，可根据弯矩图在适当部位截断。当梁端作用剪力较大时，在支座负弯矩钢筋的延伸区段范围内将形成由负弯矩引起的垂直裂缝和斜裂缝，并可能在斜裂缝区前端沿该钢筋形成劈裂裂缝，使纵筋拉应力由于斜弯作用和粘

结退化而增大，并使钢筋受拉范围相应向跨中扩展。为了使负弯矩钢筋的截断不影响它在各个截面中发挥所需的抗弯能力，《混凝土结构设计规范》对纵筋的截断位置作了如下规定：

（1）当 $V \leqslant 0.7f_tbh_0$ 时，应延伸至按正截面受弯承载力计算不需要该钢筋的截面以外不小于 $20d$ 处截断，且从该钢筋强度充分利用截面伸出的长度不应小于 $1.2l_a$。

（2）当 $V > 0.7f_tbh_0$ 时，应延伸至按正截面受弯承载力计算不需要该钢筋的截面以外不小于 h_0 且不小于 $20d$ 处截断，并从该钢筋强度充分利用截面伸出的长度不应小于 $1.2l_a + h_0$。

上述规定可以这样理解：当 $V \leqslant 0.7f_tbh_0$ 时，梁弯剪区在使用阶段一般不会出现斜裂缝，这时纵筋的延伸长度取 $20d$ 或者 $1.2l_a$；当 $V > 0.7f_tbh_0$ 时，梁在使用阶段有可能出现斜裂缝，而斜裂缝出现后，由于斜裂缝顶端处的弯矩增大，有可能使未截断纵筋的拉应力超过其屈服强度而发生斜弯破坏。因此纵筋的延伸长度应考虑斜裂缝水平投影长度这一段距离，这时纵筋的延伸长度取 $20d$ 且不小于 h_0 或 $1.2l_a + h_0$。

（3）若负弯矩区相对长度较大，按上述两条确定的截断点仍位于与支座最大负弯矩对应的负弯矩受拉区内时，则应延伸至按正截面受弯承载力计算不需要该钢筋的截面以外不小于 $1.3h_0$ 且不小于 $20d$ 处截断，且从该钢筋强度充分利用截面伸出的延伸长度不应小于 $1.2l_a + 1.7h_0$。

7.5.2.2　悬臂梁的负弯矩钢筋

悬臂梁是全部承受负弯矩的构件，其根部弯矩最大，向悬臂端迅速减弱。因此，理论上负弯矩钢筋可根据弯矩图的变化而逐渐减少。但是，由于悬臂梁中存在着比一般梁更为严重的斜弯作用和粘结退化而引起的应力延伸，所以在梁中截断钢筋会引起斜弯失效。根据试验研究结果和工程经验，《混凝土结构设计规范》对悬臂梁中负弯矩钢筋的配置作了以下规定：

（1）对较短的悬臂梁，将全部上部钢筋（负弯矩钢筋）伸至悬臂顶端，并向下弯折锚固，锚固段的长度不小于 $12d$。

（2）对较长的悬臂梁，应有不少于两根上部钢筋伸至悬臂梁外端，并按上述规定向下弯折锚固；其余钢筋不应在梁的上部截断，可分批向下弯折，锚固在梁的受压区内。弯折点位置可根据弯矩图确定；弯折角度为 $45°$ 或 $60°$；在受压区的锚固长度为 $10d$。

综上所述，钢筋弯起和截断均需绘制抵抗弯矩图。这实际上是一种图解设计过程，它可以帮助设计者看出纵向受拉钢筋的布置是否经济合理。因为对同一根梁、同一个设计弯矩图，可以画出不同的抵抗弯矩图，得到不同的钢筋布置方案和相应的纵筋弯起和截断位置，它们都可能满足正截面和斜截面承载力计算和有关构造要求，但经济合理程度有所不同，因而设计者应综合考虑各方面的因素，妥善确定纵筋弯起和截断的位置，以保证安全经济，且施工方便。

7.5.3　钢筋的构造要求

7.5.3.1　纵向受力钢筋在支座处的锚固

（1）伸入梁支座范围内的纵向受力钢筋根数。当梁宽 $b \geqslant 100\text{mm}$ 时，不宜少于两根；当梁宽 $b < 100\text{mm}$ 时，可为一根。

（2）简支梁和连续梁简支端下部纵筋的锚固。在简支梁和连续梁的简支端附近，弯矩接近于零。但当支座边缘截面出现斜裂缝时，该处纵筋的拉应力会突然增加，如无足够的锚固长度，纵筋会因锚固不足而发生滑移，造成锚固破坏，降低梁的承载力。为防止这种破坏，简支梁和连续梁简支端的下部纵向受力钢筋伸入梁支座范围内的锚固长度 l_{as} 应符合下列规定：

1）当 $V \leqslant 0.7 f_t b h_0$ 时，$l_{as} \geqslant 5d$；

2）当 $V > 0.7 f_t b h_0$ 时，带肋钢筋：$l_{as} \geqslant 12d$；光面钢筋：$l_{as} \geqslant 15d$。

对混凝土强度等级为 C25 及以下的简支梁和连续梁的简支端，当距支座边 $1.5h$ 范围内作用有集中荷载，且 $V > 0.7 f_t b h_0$ 时，对带肋钢筋宜采取附加锚固措施，或取锚固长度 $l_{as} \geqslant 15d$。

如果纵向受力钢筋伸入梁支座范围内的锚固长度不符合上述要求时，应采取在钢筋上加焊锚固钢板或将钢筋端部焊接在梁端预埋件上等有效锚固措施。

（3）连续梁或框架梁下部纵向钢筋在中间支座或中间节点处的锚固。在连续梁或框架梁的中间支座或中间节点处，其上部纵筋应贯穿中间支座或中间节点，下部纵筋在中间支座或中间节点处应满足下列锚固要求：

1）当计算中不利用该钢筋的强度时，无论剪力设计值的大小，其伸入支座或节点的锚固长度应符合简支支座 $V > 0.7 f_t b h_0$ 时对锚固长度的规定。

2）当计算中充分利用钢筋的抗拉强度时，下部纵向钢筋应锚固在支座或节点内。此时，可根据具体情况采取下述锚固方法：

①采用直线锚固形式时，其锚固长度不小于受拉钢筋的锚固长度 l_a；

②当柱截面较小而直线锚固长度不足时，可将下部纵筋伸至柱对边后向上弯折锚固，弯折前水平投影长度不小于 $0.4 l_a$，弯折后竖向投影长度不小于 $15d$；

③如果采用上述两种锚固方法都有困难，可将下部纵筋伸过支座或节点范围，并在梁中弯矩较小处（如反弯点附近）设置搭接接头。

3）当计算中充分利用钢筋的抗压强度时，下部纵筋应按受压钢筋锚固在中间支座或中间节点内，其直线锚固长度不应小于 $0.7 l_a$；下部纵筋也可伸过支座或节点范围，并在梁中弯矩较小处设置搭接接头。

7.5.3.2 弯起钢筋的构造要求

梁中弯起钢筋的弯起角度一般宜取 $45°$，当梁截面高度大于 $700mm$ 时，宜采用 $60°$。抗剪弯筋的弯折终点处应有直线段的锚固长度，其长度在受拉区不应小于 $20d$，在受压区不应小于 $10d$；光面钢筋在末端应设置弯钩，位于梁底层两侧的钢筋不应弯起，顶层钢筋中的角部钢筋不应弯下。

当不能弯起纵向受力钢筋抗剪时，亦可放置单独的抗剪弯筋。此时应将弯筋布置成"鸭筋"形式，不能采用"浮筋"。因为浮筋在受拉区只有一小段水平长度，锚固性能不如两端均锚固在受压区的鸭筋可靠。

7.5.3.3 箍筋的构造要求

（1）箍筋的形式和肢数。箍筋在梁内除承受剪力以外，还起着固定纵筋位置、使梁内钢筋形成钢筋骨架，以及连接梁的受拉区和受压区，增加受压区混凝土的延性等作用。箍筋一般采用封闭式，这样既方便固定纵筋又对梁的抗扭有利。对于现浇 T 形梁，当不承受扭矩和动荷载时，在跨中截面上部受压区的区段内，也可采用开口式。但当梁中配有计算的受压钢筋时，均应做成封闭式箍筋。

箍筋有单肢、双肢和复合箍等。一般按以下情况选用：当梁宽不大于 400mm 时，可采用双肢箍筋。当梁的宽度大于 400mm 且一层内的纵向受压钢筋多于 3 根时，或当梁的宽度不大于 400mm 但一层内的纵向受压钢筋多于 4 根时，应设置复合箍筋。当梁宽度小于 100mm 时，可采用单肢箍筋。

（2）箍筋的直径和间距。为了使钢筋骨架具有一定的刚性，便于制作和安装，箍筋直径应满足箍筋最小直径要求。当梁中配有计算的受压钢筋时，箍筋直径尚不应小于受压钢筋最大直径的 1/4。

箍筋间距除应满足计算要求外，其最大间距还应符合规范的规定，并且当梁中配有按计算需要的纵向受压钢筋时，箍筋的间距不应大于 15d，同时不应大于 400mm；当一层内的纵向受压钢筋多于 5 根且直径大于 18mm 时，箍筋间距不应大于 10d。

（3）箍筋的布置。如按计算不需要箍筋抗剪的梁，当截面高度大于 300mm 时，仍应沿梁全长设置箍筋；当截面高度为 150~300mm 时，可仅在构件端部各 1/4 跨度范围内设置箍筋，但当在构件中部 1/2 跨度范围内有集中荷载作用时，则应沿梁全长设置箍筋；当截面高度为 150mm 以下时，可不设置箍筋。

小　　　结

（1）设计钢筋混凝土结构受弯构件时，应同时解决正截面承载力和斜截面承载力的计算和构造问题。

（2）梁弯剪区出现斜裂缝的主要原因，是荷载作用下梁内产生的主拉应力超过了混凝土的抗拉强度；斜裂缝的开展方向大致沿着主压应力迹线（垂直于主拉应力）。斜裂缝有两类：弯剪斜裂缝（出现于一般梁中）和腹剪斜裂缝（出现于薄腹梁中）。

（3）受弯构件斜截面剪切破坏的主要形态有斜压、剪压和斜拉三种。当梁弯剪区剪力较大、弯矩较小、主压应力起主导作用时易发生斜压破坏，其特点是混凝土被斜向压坏，箍筋应力达不到屈服强度，设计时用限制截面尺寸不得过小来防止这种破坏的发生；当弯剪区弯矩较大、剪力较小、主拉应力起主导作用时易发生斜拉破坏，破坏时梁被斜向拉裂成两部分，破坏过程急速而突然，设计时采用配置一定数量的箍筋和保证必要的箍筋间距来避免；剪压破坏时箍筋应力首先达到屈服强度，然后剪压区混凝土被压坏，破坏时钢筋和混凝土的强度均被充分利用。因此，斜截面受剪承载力计算公式是以剪压破坏特征为基础建立的。

（4）受弯构件斜截面承载力有两类问题：一类是斜截面受剪承载力，对此问题应通过计算配置箍筋或配置箍筋和弯起钢筋来解决；另一类是斜截面受弯承载力，主要是纵向受力钢筋的弯起和截断位置以及相应的锚固问题，一般只需用相应的构造措施来保证，无需进行计算。

复习思考题

7-1 在荷载作用下，钢筋混凝土梁为什么会出现斜裂缝，简支梁和多跨连续梁中斜裂缝可能会出现在哪些部位?

7-2 在无腹筋钢筋混凝土梁中,斜裂缝出现后梁的应力状态发生了哪些变化,为什么会发生这些变化?

7-3 画出集中荷载作用下梁发生斜压、剪压和斜拉破坏时的典型裂缝图,并说明其破坏特征和发生的条件。

7-4 影响梁斜截面受剪承载力的主要因素有哪些,影响规律如何,什么是广义剪跨比,什么是计算剪跨比,在连续梁中,二者有何关系?

7-5 腹筋在哪些方面改善了梁的斜截面受剪性能,箍筋的配筋率是如何定义的?

7-6 对于仅配箍筋的梁,斜截面受剪承载力计算公式各适用于哪些情况?

7-7 斜截面受剪承载力为什么要规定上、下限,为什么要对梁截面尺寸加以限制,薄腹梁与一般梁的限制条件为何不同,为什么要规定箍筋的最小配筋率?

7-8 为什么要控制箍筋和弯筋的最大间距,为什么箍筋的直径不得小于最小直径,当箍筋满足最小直径和最大间距要求时,是否必然满足最小配筋率的要求?

7-9 什么是抵抗弯矩图,它与设计弯矩图的关系应当怎样,什么是纵筋的充分利用点和理论截断点?

7-10 一矩形截面简支梁,截面尺寸 $b \times h = 250\text{mm} \times 500\text{mm}$,两端支承在砖墙上,净跨 5.78m。梁上承受均布荷载 $q = 50\text{kN/m}$(包括梁自重),混凝土强度等级为 C30,箍筋采用 HRB335 级钢筋,结构的安全等级为二级,环境类别为一类。若只配置箍筋,试确定箍筋的直径和间距。

7-11 一矩形截面简支梁,梁截面尺寸、支承情况、荷载设计值(包括梁自重),如图 7-12 所示,混凝土强度等级 C35,纵筋采用 HRB400 级钢筋,箍筋为 HPB300 级钢筋,结构的安全等级为二级,环境类别为一类。梁截面受拉区已经配置 2Φ20+2Φ22 纵向受力钢筋。(1)仅配置箍筋抗剪时,确定箍筋的直径和间距;(2)若已配置双肢Φ8@250 箍筋,确定弯起钢筋的数量;(3)如利用纵筋抗剪,确定箍筋和弯起钢筋的数量。

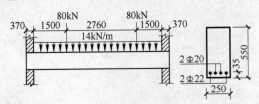

图 7-12　题 7-11 图

7-12 一 T 形截面简支梁,两端支承于砖墙上,梁截面尺寸及支承情况如图 7-13 所示,混凝土强度等级 C30,纵筋采用 HRB400 级钢筋,箍筋为 HPB300 级钢筋,结构的安全等级为二级,环境类别为一类。试计算该梁的斜截面受剪承载力,并推算梁所能承受的均布荷载设计值(不包括梁自重)。

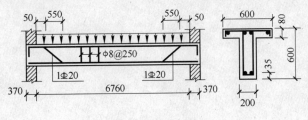

图 7-13　题 7-12 图

7-13 一钢筋混凝土矩形截面外伸梁,截面尺寸 $b \times h = 200\text{mm} \times 450\text{mm}$,支承情况如图 7-14 所示,梁上承受均布荷载 $q = 45\text{kN/m}$(包括梁自重),混凝土强度等级为 C25,箍筋采用 HPB300 级钢筋,纵筋采用 HRB400 级钢筋,结构的安全等级为二级,环境类别为一类。根据正截面受弯承载力计算,梁下部已经配置 2Φ18+2Φ20 纵向受力钢筋,试确定箍筋和弯起钢筋的数量。

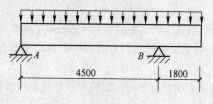

图 7-14　题 7-13 图

7-14 一钢筋混凝土矩形截面简支梁，梁截面尺寸、支承情况及配筋情况如图 7-15 所示，承受荷载设计值 $q = 100 \text{kN/m}$（包括梁自重），混凝土强度等级 C30，纵筋采用 HRB335 级钢筋，箍筋为 HPB300 级钢筋，验算该梁的承载力是否满足要求。

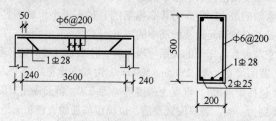

图 7-15　题 7-14 图

8 受扭构件扭曲截面承载力计算

8.1 概　　述

工程中的结构构件经常会受到扭转作用，见图 8-1。由荷载作用直接引起的扭转作用称为平衡扭矩，可由结构的平衡条件求得，如雨篷梁、曲梁和螺旋楼梯等都属于这一类扭矩作用。由结构构件中的变形协调在某些构件中引起的扭矩称为协调扭矩，如大柱网布置中的次梁对纵向框架梁的作用。

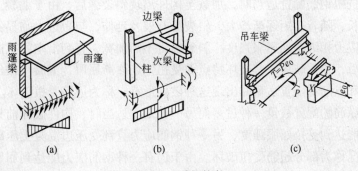

(a)　　　　　　　(b)　　　　　　　(c)

图 8-1　受扭构件

在实际工程中，单纯受扭的构件很少，一般都伴随有弯、剪、压等一种或多种效应的复合作用。因此，设计时不仅要考虑纯扭构件的扭曲截面承载力计算，还应考虑复合受扭构件的受力性能及承载力计算。

8.2　矩形截面纯扭构件承载力计算

8.2.1　素混凝土纯扭构件的受力性能

由材料力学可知，构件受扭矩作用后，在构件截面上产生剪应力 τ，相应地在与构件纵轴成 45° 方向产生主拉应力 σ_{tp} 和主压应力 σ_{cp}（图 8-2），并且 $\sigma_{tp} = \sigma_{cp} = \tau$。

对于素混凝土受扭构件，当主拉应力达到混凝土的抗拉强度时，构件开裂。试验结果表明，在扭矩作用下，矩形截面素混凝土构件先在构件的一个长边中点附近沿着 45° 方向被拉裂，并迅速延伸至该长边的上下边缘，然后在两个短边，裂缝又大致沿 45° 方向延伸，当斜裂缝延伸到另一长边边缘

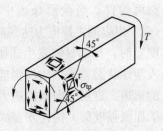

图 8-2　素混凝土纯扭构件的
受力情况及破坏面

时，在该长边形成受压破损线，使构件断裂成两半，形成三面开裂、一面受压的空间扭曲破坏面。破坏时截面的承载力很低且具有明显的脆性破坏特点。为改善其受力性能在构件内配置一定数量的抗扭钢筋，工程中通常采用横向箍筋和对称布置的纵筋组成的空间骨架共同承担扭矩。

8.2.2　钢筋混凝土纯扭构件的破坏形态

无筋矩形截面混凝土构件在扭矩作用下，首先在其长边中点最薄弱处产生一条斜裂缝，并很快向相邻两边延伸，形成三面开裂一面受压的空间扭曲斜裂缝面，构件立即破坏，属于脆性破坏。

当箍筋和纵筋或其中之一配置过少时，在荷载作用下，斜裂缝一出现，混凝土承担的扭矩全部转为钢筋承担，而钢筋配置过少，不能承受由于混凝土开裂后卸载给钢筋的扭矩而破坏，其破坏特征与素混凝土构件相似，也属于脆性破坏，这种破坏称为少筋受扭破坏。

当构件中抗扭钢筋配置适当时，加载至构件出现斜裂缝后，由于混凝土部分卸载，钢筋应力明显增长，随着扭矩逐渐增大，斜裂缝开展及延伸，与短边上临界斜裂缝相交的箍筋应力和纵筋应力相继达到屈服强度，斜裂缝将不断加宽，直到沿空间扭曲破坏面受压边混凝土被压碎后，构件破坏。其破坏特点随受扭钢筋逐渐屈服，混凝土被压碎，属于塑性破坏。当箍筋和纵筋都配置适量时出现这种破坏形态，称为适筋受扭破坏。

当箍筋和纵筋的配置数量一种过多而另一种基本适当时，构件破坏前只有数量适当的那种钢筋应力能达到受拉屈服强度，另一种钢筋应力直到受压边混凝土压碎仍未达到屈服强度，这种情况称为部分超筋受扭破坏。由于仍有一种钢筋应力能达到屈服强度，破坏仍有一定的塑性特征。

当箍筋和纵筋都配置过多时，在扭矩作用下，破坏前的螺旋形裂缝多而密，到构件破坏时，这些裂缝的宽度仍然不大。构件的受扭破坏是由于裂缝间的混凝土被压碎而引起的，破坏时箍筋和纵筋应力均未达到屈服强度，破坏具有脆性性质。这种破坏称为完全超筋受扭破坏。

8.2.3　纯扭构件的受扭承载力

8.2.3.1　矩形截面纯扭的开裂扭矩

试验表明，对于理想塑性材料的矩形截面构件，当截面长边中点的应力达到 τ_{max}（相应的主拉应力达到混凝土的抗拉强度）时，局部材料发生屈服，构件开始进入塑性状态，整个构件仍能承受继续增加的扭矩，直到截面上的应力全部达到材料的屈服强度后，构件才丧失承载能力而破坏。此时截面上剪应力分布如图 8-3（a）所示，即假定各点剪应力均达到最大值。

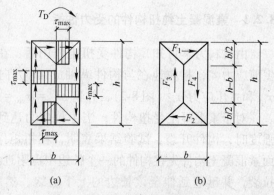

图 8-3　构件开裂前截面剪应力分布

设矩形截面的长边为 h，短边为 b，将截面上的剪应力分布划分为 4 部分（图 8-3(b)），计算各部分剪应力的合力及其对截面扭转中心的力矩，可得

$$T_{cr} = \tau_{max}\left\{ 2 \cdot \frac{b}{2}(h - b) \cdot \frac{b}{4} + 4 \cdot \frac{1}{2}\left(\frac{b}{2}\right)^2 \cdot \frac{2}{3} \cdot \frac{b}{2} + \right.$$

$$\left. 2 \cdot \frac{1}{2} \cdot b \cdot \frac{b}{2}\left[\frac{2}{3} \cdot \frac{b}{2} + \frac{1}{2}(h - b)\right] \right\}$$

$$= \frac{b^2}{6}(3h - b) \cdot \tau_{max}$$

构件开裂时，$\sigma_{tp} = \tau_{max} = f_t$，所以开裂扭矩

$$T_{cr} = f_t \cdot \frac{b^2}{6}(3h - b) = f_t W_t \tag{8-1}$$

式中，W_t 为受扭构件的截面受扭塑性抵抗矩，对矩形截面，W_t 按式（8-2）计算：

$$W_t = \frac{b^2}{6}(3h - b) \tag{8-2}$$

上式是按照理想塑性材料单向受拉情况推导的，但是混凝土不是理想塑性材料，在整个截面上剪应力完成重分布之前，构件就已开裂。且在拉压复合应力作用下，混凝土的抗拉强度低于单向受拉时的抗拉强度。因此，式（8-1）还应予以修正。试验表明，对素混凝土纯扭构件，修正系数在 0.87~0.97 之间变化；对于钢筋混凝土纯扭构件，则在 0.86~1.06 之间变化；高强混凝土的塑性比低强混凝土要差，相应的系数还要小。《混凝土结构设计规范》偏于安全地取修正系数为 0.7，即

$$T_{cr} = 0.7 f_t W_t \tag{8-3}$$

其中，系数 0.7 综合反映了混凝土塑性发挥的程度和双轴应力下混凝土强度降低的影响。

8.2.3.2 矩形截面纯扭构件的受扭承载力

试验研究表明，矩形截面纯扭构件在裂缝充分发展且钢筋应力接近屈服强度时，截面核心混凝土部分退出工作，实心截面的钢筋混凝土受扭构件可比拟为一箱形截面构件。具有螺旋形裂缝的混凝土箱壁与抗扭纵筋和箍筋共同组成空间桁架抵抗扭矩。因此，纯扭构件的受扭承载力 T_u 由混凝土的抗扭作用 T_c 和箍筋与纵筋的抗扭作用 T_s 组成，即

$$T_u = T_c + T_s$$

其中

$$T_c = \alpha_1 f_t W_t$$

$$T_s = \alpha_2 \sqrt{\zeta}\, \frac{f_{yv} A_{st1}}{s} A_{cor}$$

于是得

$$T_u = \alpha_1 f_t W_t + \alpha_2 \sqrt{\zeta}\, \frac{f_{yv} A_{st1}}{s} A_{cor} \tag{8-4}$$

上式可写成

$$\frac{T_u}{f_t W_t} = \alpha_1 + \alpha_2 \sqrt{\zeta}\, \frac{f_{yv} A_{st1}}{f_t W_t s} A_{cor} \tag{8-5}$$

式中 ζ ——受扭的纵向钢筋与箍筋的配筋强度比值，按下式计算：

$$\zeta = \frac{f_y A_{stl}/u_{cor}}{f_{yv} A_{st1}/s} = \frac{f_y A_{stl} s}{f_{yv} A_{st1} u_{cor}}$$

A_{stl} ——受扭计算中取对称布置的全部纵向非预应力钢筋截面面积；

A_{stl} ——受扭计算中沿截面周边配置的箍筋单肢截面面积；

f_y, f_{yv} ——分别为受扭纵筋和受扭箍筋的抗拉强度设计值；

s ——受扭箍筋的间距；

A_{cor} ——截面核心部分的面积，$A_{cor} = b_{cor} h_{cor}$。

根据对试验结果的统计回归，得系数 $\alpha_1 = 0.35$，$\alpha_2 = 1.2$。这样，钢筋混凝土矩形截面纯扭构件扭曲截面承载力的设计表达式为

$$T \leqslant T_u = 0.35 f_t W_t + 1.2\sqrt{\zeta} \frac{f_{yv} A_{st1}}{s} A_{cor} \tag{8-6}$$

式中，T 为扭矩设计值。

式（8-6）中，右边第一项表示开裂混凝土所能承受的扭矩。因为钢筋混凝土纯扭构件开裂后，抗扭钢筋对斜裂缝开展有一定的约束作用，从而使开裂面混凝土骨料之间存在咬合作用；同时斜裂缝只是在构件表面一定深度形成，并未贯穿整个截面，构件尚未被割成可变机构。因而混凝土仍具有一定的抗扭能力。

式（8-6）中的 ζ 为受扭纵向钢筋与箍筋的配筋强度比值，考虑了纵筋与箍筋之间不同配筋比对受扭承载力的影响。试验表明，当 $0.5 \leqslant \zeta \leqslant 2.0$ 时，纵筋与箍筋的应力基本上都能达到屈服强度。《混凝土结构设计规范》规定 ζ 的取值范围为 $0.6 \leqslant \zeta \leqslant 1.7$。在截面受扭承载力复核时，如果实际的 $\zeta > 1.7$，取 $\zeta = 1.7$。试验也表明，当 $\zeta = 1.2$ 左右时，抗扭纵筋与抗扭箍筋配合最佳，两者基本上能同时达到屈服强度。因此，设计时取 $\zeta = 1.2$ 左右较为合理。

8.3   矩形截面弯剪扭构件承载力计算

实际工程中单纯的受扭构件很少，大多数是弯矩、剪力和扭矩同时作用或者是弯矩、剪力、轴力和扭矩同时作用，使构件处于弯矩、剪力、轴力和扭矩共同作用的复合受力状态。构件的受扭承载力随同时作用的弯矩、剪力的大小而发生变化；同样，构件的受弯和受剪承载力也随同时作用的扭矩大小而发生变化。由于弯、剪、压、扭承载力之间的相互影响极为复杂，目前尚无统一的相关方程完全考虑它们之间的相关性。《混凝土结构设计规范》在试验研究基础上对复合受扭构件的承载力计算采用了对混凝土抗力部分考虑相关性，对钢筋的抗力部分采用叠加的简化计算方法。

8.3.1   剪扭承载力相关性

试验结果表明，当剪力与扭矩共同作用时，由于剪力的存在将使混凝土的抗扭承载力降低，而扭矩的存在也将使混凝土的抗剪承载力降低，两者的相关关系大致符合 1/4 圆的规律（图 8-4），其表达式为

$$\left(\frac{V_c}{V_{co}}\right)^2 + \left(\frac{T_c}{T_{co}}\right)^2 = 1 \tag{8-7}$$

式中　V_c，T_c——剪扭共同作用下混凝土的受剪及受扭承载力；

　　　　V_{co}——纯剪构件混凝土的受剪承载力，即 $V_{co} = 0.7f_t b h_0$；

　　　　T_{co}——纯扭构件混凝土的受扭承载力，即 $T_{co} = 0.35 f_t W_t$。

8.3.2　矩形截面剪扭构件承载力计算

　　矩形截面剪扭构件的受剪及受扭承载力分别由相应的混凝土抗力和钢筋抗力组成，即

$$V_u = V_c + V_s \tag{8-8}$$

$$T_u = T_c + T_s \tag{8-9}$$

式中　V_u，T_u——剪扭构件的受剪及受扭承载力；

　　　　V_c，T_c——剪扭构件中混凝土的受剪及受扭承载力；

　　　　V_s，T_s——剪扭构件中箍筋的受剪承载力及抗扭钢筋的受扭承载力。

　　根据部分相关、部分叠加的原则，式（8-8）、式（8-9）中的 V_s、T_s 应分别按纯剪及纯扭构件的相应公式计算；而 V_c、T_c 应考虑剪扭相关关系，这可直接由式（8-7）的相关方程求解确定。但《混凝土结构设计规范》中对 V_c 与 T_c 的相关关系，是将 1/4 圆用三段直线组成的折线代替（图 8-5）。可得矩形截面一般剪扭构件受剪及受扭承载力的设计表达式如下：

$$V \leqslant V_u = 0.7(1.5 - \beta_t)f_t b h_0 + 1.25 f_{yv}\frac{A_{sv}}{s}h_0 \tag{8-10}$$

$$T \leqslant T_u = 0.35\beta_t f_t W_t + 1.2\sqrt{\zeta}f_{yv}\frac{A_{st1}}{s}A_{cor} \tag{8-11}$$

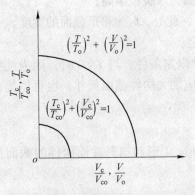

图 8-4　混凝土剪扭承载力相关关系

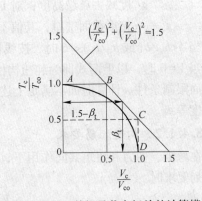

图 8-5　混凝土剪扭承载力相关的计算模式

8.3.3　弯扭构件承载力计算

　　弯扭承载力的相关关系比较复杂，为了简化设计，规范对弯扭构件的承载力计算采用简单的叠加法：首先拟定截面尺寸，然后按纯扭构件承载力公式计算所需要的抗扭纵筋和箍筋，按受扭要求配置；再按受弯承载力公式计算所需要的抗弯纵筋，按受弯要求配置；对截面同一位置处的抗弯纵筋和抗扭纵筋，可将二者面积叠加后确定纵筋的直径和根数。

8.4 弯剪扭构件承载力计算

8.4.1 截面尺寸限制条件及构造配筋要求

8.4.1.1 截面尺寸限制条件

在弯矩、剪力和扭矩共同作用下，或各自作用下，为了避免出现由于配筋过多（完全超筋）而造成构件腹部混凝土局部斜向压坏，对 $h_w/b \leqslant 6$ 的矩形、T 形、I 形和 $h_w/t_w \leqslant 6$ 的箱形截面构件，其截面尺寸应符合下列条件：

当 h_w/b（或 h_w/t_w） $\leqslant 4$ 时

$$\frac{V}{bh_0} + \frac{T}{0.8W_t} \leqslant 0.25\beta_c f_c \qquad (8\text{-}12)$$

当 h_w/b（或 h_w/t_w） $= 6$ 时

$$\frac{V}{bh_0} + \frac{T}{0.8W_t} \leqslant 0.2\beta_c f_c \qquad (8\text{-}13)$$

式中　V，T——剪力设计值、扭矩设计值；

　　　　b——矩形截面的宽度，T 形或 I 形截面的腹板宽度，箱形截面的侧壁总厚度 $2t_w$；

　　　　h_0——截面的有效高度；

　　　　h_w——截面的腹板高度，对矩形截面，取有效高度 h_0；对 T 形截面，取有效高度减去翼缘高度；对 I 形和箱形截面，取腹板净高；

　　　　t_w——箱形截面壁厚，其值不应小于 $b_h/7$，此处，b_h 为箱形截面的宽度。

当 $4 < h_w/b$（或 h_w/t_w） < 6 时，按线性内插法确定。

当 $V = 0$ 时，以上两式即为纯扭构件的截面尺寸限制条件；当 $T = 0$ 时，则为纯剪构件的截面限制条件。计算时如不满足上述条件，一般应加大构件截面尺寸，也可以提高混凝土强度等级。

8.4.1.2 构造配筋要求

在弯矩、剪力和扭矩共同作用下，当矩形、T 形、I 形和箱形截面构件的截面尺寸符合下列要求时：

$$\frac{V}{bh_0} + \frac{T}{W_t} \leqslant 0.7f_t \qquad (8\text{-}14)$$

或

$$\frac{V}{bh_0} + \frac{T}{W_t} \leqslant 0.7f_t + 0.07\frac{N}{bh_0} \qquad (8\text{-}15)$$

则可不进行构件截面受剪扭承载力计算，但为了防止构件开裂后产生突然的脆性破坏，必须按构造要求配置钢筋。

式（8-15）中的 N 为与剪力、扭矩设计值 V、T 相应的轴向压力设计值，当 $N > 0.3f_c A$ 时，取 $N = 0.3f_c A$，A 为构件的截面面积。

在弯剪扭构件中，箍筋的配筋率 ρ_{sv} 应满足下列要求：

$$\rho_{sv} = \frac{A_{sv}}{bs} \geqslant \rho_{sv,\,min} = 0.28\frac{f_t}{f_{yv}} \tag{8-16}$$

对于箱形截面构件，式中的 b 应以 b_h 代替。

箍筋的间距应符合规范规定，箍筋应做成封闭式，沿截面周边布置；当采用复合箍筋时，位于截面内部的箍筋不应计入受扭所需的箍筋面积；受扭所需箍筋的末端应做成 135°弯钩，弯钩端头平直，且长度不应小于 $10d$（d 为箍筋直径）。

弯剪扭构件受扭纵向钢筋的配筋率 ρ_{tl} 应满足下列要求：

$$\rho_{tl} = \frac{A_{stl}}{bh} \geqslant \rho_{tl,\,min} = 0.6\sqrt{\frac{T}{Vb}}\frac{f_t}{f_y} \tag{8-17}$$

当 $T/(Vb) > 2.0$ 时，取 $T/(Vb) = 2.0$；对箱形截面构件，式中的 b 应以 b_h 代替。

沿截面周边布置的受扭纵向钢筋的间距不应大于 200mm 和梁截面短边长度；除应在梁截面四角设置受扭纵向钢筋外，其余受扭纵向钢筋宜沿截面周边均匀对称布置。受扭纵向钢筋应按受拉钢筋的锚固要求，锚固在支座内。

在弯剪扭构件中，配置在截面弯曲受拉边的纵向受力钢筋，其截面面积不应小于按受弯构件受拉钢筋最小配筋率计算的钢筋截面面积与按受扭纵向钢筋最小配筋率计算并分配到弯曲受拉边的钢筋截面面积之和。

8.4.2　弯剪扭构件承载力计算

弯、剪、扭复合受力构件的相关关系比较复杂，目前尚研究得不够深入。规范以剪扭和弯扭构件承载力计算方法为基础，建立了弯剪扭构件承载力计算方法。即对矩形、T形、I 形和箱形截面的弯剪扭构件，纵向钢筋应分别按受弯构件的正截面受弯承载力和剪扭构件的受扭承载力计算，所得的钢筋截面面积叠加配置；箍筋应分别按剪扭构件的受剪和受扭承载力计算所得的箍筋截面面积叠加配置。

小　　结

（1）矩形截面素混凝土纯扭构件的破坏面为三面开裂、一面受压的空间扭曲面。形成这种破坏面是因为构件在扭矩作用下，截面上各点均产生剪应力及相应的主应力，当主拉应力超过混凝土的抗拉强度时，构件开裂。破坏属于脆性破坏。

（2）钢筋混凝土受扭构件的破坏有四种类型，即少筋破坏、适筋破坏、部分超筋破坏和完全超筋破坏。其中适筋破坏和部分超筋破坏时，钢筋强度能充分或基本充分利用，破坏具有较好的塑性性质。为了使抗扭纵筋和箍筋的应力在构件受扭破坏时均能达到屈服强度，纵筋与箍筋的配筋强度比值 ζ 应满足条件 $0.6 \leqslant \zeta \leqslant 1.7$，最佳比为 $\zeta = 1.2$。

（3）由于弯、剪、扭复合受力状态复杂，理论上尚无弯、剪、扭复合受力构件的承载力计算方法。《混凝土结构设计规范》根据剪扭和弯扭构件的试验研究结果，规定对混凝土的抗力考虑剪扭相关性，对抗弯、抗扭纵筋及抗剪、抗扭箍筋则采用分别计算而后叠加的方法。

复习思考题

8-1 钢筋混凝土矩形截面纯扭构件有几种破坏形态，各有什么特征，矩形截面素混凝土纯扭构件的破坏有何特点？

8-2 影响矩形截面钢筋混凝土纯扭构件承载力的主要因素有哪些，抗扭钢筋配筋强度比 ζ 的含义是什么？

8-3 剪扭共同作用时，剪扭承载力之间存在怎样的相关性，《混凝土结构设计规范》是如何考虑这些相关性的？

8-4 在弯剪扭构件的承载力计算中，为什么要规定截面尺寸限制条件和构造配筋要求，弯剪扭构件箍筋的最小配筋率 $\rho_{sv,\ min}$ 和受扭纵筋的最小配筋率 $\rho_{tl,\ min}$ 如何确定，受扭构件的纵筋和箍筋各有哪些构造要求？

9 混凝土结构适用性及耐久性

9.1 概 述

结构的可靠性包括结构的安全性、适用性和耐久性，通过正常使用极限状态和承载能力极限状态两种设计状态来实现。

结构的适用性是指结构在使用过程中能够保持良好的使用性能，即结构在正常使用过程中不致产生较大的变形和裂缝，影响到结构的使用。结构的耐久性指结构在规定的工作环境中，在预定时期内，其材料性能的劣化不致导致结构出现不可接受的失效，也就是指在正常维护条件下结构能够正常使用到规定的设计使用年限。结构构件正常使用极限状态的要求主要指在各种作用下其裂缝宽度和变形不应超过规定的限值。

结构构件不满足正常使用极限状态与不满足承载能力极限状态相比较，结构构件不满足正常使用极限状态比不满足承载能力极限状态对生命及财产的危害性小。因此，其相应的目标可靠指标 $[\beta]$ 值可适当降低。

结构正常使用极限状态的设计内容主要包括：通过结构构件的裂缝宽度及变形验算满足结构的适用性要求，根据使用环境类别和设计使用年限进行混凝土结构耐久性设计。

9.2 裂缝宽度计算

混凝土的抗拉能力很低，其抗拉强度大致为其抗压强度的 1/10 左右，因此在不大的拉力下就可能开裂，过大的裂缝也会损坏结构的外观，影响结构的适用性。同时，过大的裂缝会减弱混凝土对钢筋的保护作用，导致钢筋的锈蚀，降低结构的耐久性。

按照裂缝产生的原因，混凝土中的裂缝可以分为结构裂缝和非结构裂缝。由于荷载作用产生的裂缝称为结构裂缝，非荷载原因造成的裂缝称为非结构裂缝，如混凝土的收缩和徐变、温度的变化、钢筋锈蚀等。

外荷载作用下的裂缝包括钢筋混凝土轴心受拉构件产生贯通全截面的裂缝、受弯构件纯弯区段的受拉区出现所谓的与形心轴垂直的正裂缝、在受弯构件的剪弯区段及受扭构件中出现的与形心轴呈一定角度的斜裂缝。

9.2.1 裂缝的形成、分布及开展过程

以受弯构件为例，说明裂缝的形成及开展过程。设 M 为外荷载产生的截面弯矩，M_{cr} 为截面的开裂弯矩，M_u 为截面的极限弯矩。

当 $M < M_{cr}$ 时，在纯弯区段内，受拉区外边缘混凝土的应力均未达到其抗拉强度值 f_{tk}，钢筋和混凝土间的粘结没有被破坏，构件不会出现裂缝。

当受拉区外边缘混凝土的拉应变达到其极限拉应变值 ε_{ctu} 后，由于混凝土的不均匀性，收缩和温度作用产生的微裂缝等不利的影响，在构件最薄弱的截面处就会出现第一批裂缝①（一条或几条），如图 9-1 中的 a—a、c—c 截面。

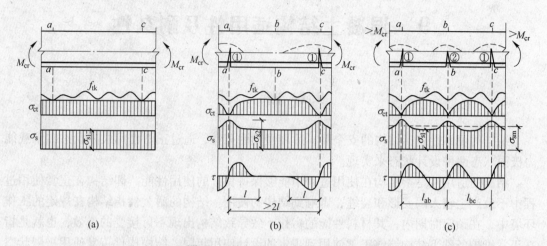

图 9-1　裂缝的出现、分布和开展
（a）裂缝即将出现；（b）第一批裂缝出现；（c）裂缝的分布及开展

裂缝出现后，裂缝处的受拉混凝土退出工作，应力全部由钢筋承担，钢筋的拉应力会突然增加，同时，混凝土向裂缝两侧回缩，但这种回缩受到钢筋的约束，在混凝土与钢筋之间出现相对滑移并产生粘结应力。随着离裂缝截面距离的增大，钢筋的拉应力由于逐渐传递给混凝土而减小；而混凝土的拉应力则由裂缝处的零逐渐增大，达到一定长度 l（传递长度）后，粘结应力消失，混凝土和钢筋又具有相同的拉伸应变，各自的应力又趋于均匀分布。

第一批裂缝出现后，在粘结应力作用长度 l 以外的那部分混凝土仍处于受拉张紧状态，因此当弯矩 M 略大于 M_{cr} 时，就有可能在距裂缝截面大于或等于 l 的另一薄弱截面处出现新裂缝②。理论上的最小裂缝间距为 l，最大裂缝间距为 $2l$，而平均裂缝间距则为 $1.5l$。

9.2.2　平均裂缝间距

裂缝的分布基本稳定后，平均裂缝间距 $l_m = 1.5l$，其中粘结应力传递长度 l 可由平衡条件求得。以轴心受拉构件为例（图 9-2），在构件"将裂未裂"的极限状态，截面上混凝土拉应力为 f_{tk}，钢筋的拉应力为 σ_{s1}。当薄弱截面 a—a 出现裂缝后，混凝土拉应力降

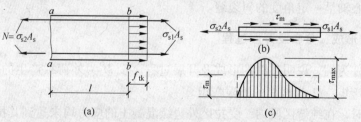

图 9-2　轴心受拉构件粘结应力传递长度

至零，钢筋应力由 σ_{s1} 突然增加至 σ_{s2}。离开裂缝截面，通过粘结应力的传递，经过传递长度 l 后，混凝土拉应力从截面 a—a 处为零提高到截面 b—b 处的 f_{tk}，钢筋应力则重新降至 σ_{s1}，又回复到出现裂缝时的状态。

如图 9-2（a）所示，对 l 间的构件根据内力平衡条件，有

$$\sigma_{s2}A_s = \sigma_{s1}A_s + f_{tk}A_{te} \tag{9-1}$$

式中　A_s——受拉钢筋的截面面积；

　　　A_{te}——有效受拉混凝土的截面面积。

如取 l 间的钢筋为隔离体，其两端的不平衡力由粘结力来平衡。可写出

$$\sigma_{s2}A_s = \sigma_{s1}A_s + \tau_m u l \tag{9-2}$$

式中　u——受拉钢筋截面总周长；

　　　τ_m——l 间钢筋表面的平均粘结应力。

将式（9-2）代入式（9-1）即得

$$l = \frac{f_{tk}}{\tau_m} \cdot \frac{A_{te}}{u} \tag{9-3}$$

钢筋直径相同时，注意到

$$A_{te}\rho_{te} = A_s = n\frac{\pi}{4}d^2, \qquad u = n\pi d$$

可写为

$$A_{te}/u = d/(4\rho_{te})$$

代入式（9-3）并乘以 1.5 后，即得平均裂缝间距为

$$l_m = \frac{3}{8}\frac{f_{tk}d}{\tau_m \rho_{te}} \tag{9-4}$$

式中　ρ_{te}——按有效受拉混凝土截面面积计算的纵向钢筋配筋率。

试验表明，混凝土和钢筋间的粘结强度大致与混凝土抗拉强度成正比例关系且可取 f_{tk}/τ_m 为常数。因此，式（9-4）可表示为

$$l_m = k_1\frac{d}{\rho_{te}} \tag{9-5}$$

式中　k_1——经验系数。

该式表明，平均裂缝间距 l_m 与 d/ρ_{te} 成线性关系，而与混凝土强度无关。但试验结果表明，当 d/ρ_{te} 趋近于零时，即钢筋直径 d 很小或配筋率 ρ_{te} 很大时，l_m 并不等于零，因此该公式还应根据试验结果修正，修正主要考虑混凝土保护层厚度和钢筋有效约束区对裂缝形成的影响。试验表明，平均裂缝间距 l_m 与混凝土保护层厚度 c 大致成线性关系。以粘结滑移理论为主并依据试验结果考虑保护层厚度 c 影响后的平均裂缝间距 l_m 计算公式采用两项表达式，即

$$l_m = k_2 c + k_1\frac{d}{\rho_{te}} \tag{9-6}$$

对受弯构件、偏心受拉和偏心受压构件，均可采用式（9-6）的表达式，但其中的经验系数 k_2、k_1 的取值不同。

9.2.3 平均裂缝宽度

我国《混凝土结构设计规范》定义的裂缝宽度是指受拉钢筋截面重心水平处构件侧表面的裂缝宽度。平均裂缝宽度 w_m 即等于构件两条相邻裂缝区段内钢筋的平均伸长与相应水平处构件侧表面混凝土平均伸长的差值。设 ε_{sm} 为纵向受拉钢筋的平均拉应变，ε_{ctm} 为与纵向受拉钢筋相同水平处侧表面混凝土的平均拉应变，则

$$w_m = \varepsilon_{sm} l_m - \varepsilon_{ctm} l_m = \varepsilon_{sm} \left(1 - \frac{\varepsilon_{ctm}}{\varepsilon_{sm}} \right) l_m \qquad (9-7)$$

令

$$\alpha_c = 1 - \varepsilon_{ctm} / \varepsilon_{sm} \qquad (9-8)$$

$$\varepsilon_{sm} = \psi \varepsilon_{sk} = \psi \frac{\sigma_{sk}}{E_s} \qquad (9-9)$$

则式（9-7）可写为

$$w_m = \alpha_c \psi \frac{\sigma_{sk}}{E_s} l_m \qquad (9-10)$$

式中　σ_{sk}——裂缝截面处的纵向钢筋拉应力；

　　ψ——纵向钢筋应变不均匀系数；

　　α_c——裂缝间混凝土自身伸长对裂缝宽度的影响系数。

9.2.4 最大裂缝宽度验算

为了避免过大的裂缝引起混凝土中钢筋的严重锈蚀，降低结构的耐久性以及过大的裂缝会损坏结构外观，引起使用者的不安，《混凝土结构设计规范》对裂缝宽度进行了限制。

《混凝土结构设计规范》规定：对矩形、T 形、倒 T 形和 I 形截面的受拉、受弯和大偏心受压构件，按荷载效应的标准组合并考虑荷载长期作用的影响，其最大裂缝宽度可按以下公式计算：

$$w_{max} = \alpha_{cr} \psi \frac{\sigma_{sk}}{E_s} \left(1.9c + 0.08 \frac{d_{eq}}{\rho_{te}} \right) \qquad (9-11)$$

式中　α_{cr}——构件受力特征系数，对钢筋混凝土构件有：轴心受拉构件，$\alpha_{cr} = 2.7$；偏心受拉构件，$\alpha_{cr} = 2.4$；受弯和偏心受压构件，$\alpha_{cr} = 2.1$；

　　c——最外层纵向受拉钢筋外边缘至受拉区底边的距离，mm；

　　d_{eq}——纵向受拉钢筋的等效直径（mm），按下式确定：

$$d_{eq} = \frac{\sum n_i d_i^2}{\sum n_i \nu_i d_i} \qquad (9-12)$$

　　d_i——受拉区第 i 种纵向钢筋的公称直径，mm；

　　n_i——受拉区第 i 种纵向钢筋的根数；

　　ν_i——受拉区第 i 种纵向钢筋的相对粘结特征系数，对钢筋混凝土构件的带肋钢筋，$\nu_i = 1.0$；光面钢筋，$\nu_i = 0.7$。

最大裂缝宽度应满足

$$w_{max} \leqslant w_{lim} \tag{9-13}$$

式中 w_{lim}——允许最大裂缝宽度限值，见表9-1。

表 9-1 结构构件裂缝控制等级及最大裂缝宽度限值 （mm）

环境类别	钢筋混凝土结构		预应力混凝土结构	
	裂缝控制等级	w_{lim}	裂缝控制等级	w_{lim}
一	三级	0.30 (0.40)	三级	0.20
二 a		0.20		0.10
二 b			二级	—
三 a、三 b			一级	—

对于受拉及受弯构件，可能会出现不能同时满足裂缝宽度或变形限值要求的情况，这时应增大截面尺寸或增加用钢量，但这种做法既不经济也不合理。有效的措施是应用预应力混凝土结构。

9.3 受弯构件变形验算

钢筋混凝土构件变形过大将会影响结构的正常使用，为了保证结构的正常使用，应限制构件的变形不超过允许的限值。结构构件的变形与结构的刚度直接相关。

9.3.1 混凝土受弯构件变形计算的特点

由结构力学知，匀质弹性材料梁的跨中挠度 f 可表示为

$$f = \alpha \frac{Ml_0^2}{EI} \tag{9-14}$$

式中，α 是与荷载形式、支承条件有关的挠度系数，例如，承受均布荷载的简支梁，$\alpha = 5/48$；l_0 是梁的计算跨度；EI 是梁的截面弯曲刚度。

对匀质弹性材料梁，当梁的截面形状、尺寸和材料已知时，其截面弯曲刚度 EI 是一个常数，既与弯矩 M 无关，也不受时间影响。因此，弯矩与挠度或者弯矩与曲率之间始终保持不变的线性关系。

类似的，对混凝土受弯构件，梁的跨中挠度可以写为

$$f = \alpha \frac{Ml_0^2}{B} \tag{9-15}$$

式中，B 仍称为受弯构件的弯曲刚度。但是，混凝土是不匀质的非弹性材料，其弹塑性模量 E_c 随截面应力增大而减小；同时，由于受力后构件中裂缝的出现与发展，截面的惯性矩 I_c 也随裂缝开展而显著降低；并且，混凝土材料具有比较明显的随着时间而变化的特性（如徐变、收缩等）。因此，混凝土弯曲刚度并不是一个常数，确定混凝土弯曲刚度时应考虑受力大小的影响以及长期荷载作用的影响。

9.3.2 短期刚度 B_s

根据平均应变 ε_m 与曲率 $1/r$ 间的几何关系，裂缝截面内力 M 与应力 σ 的平衡关系以

及裂缝截面应力 σ 与平均应变 ε_m 间的物理关系，可确定钢筋混凝土受弯构件的短期刚度 B_s 计算公式为

$$B_s = \frac{E_s A_s h_0^2}{1.15\psi + 0.2 + \dfrac{6\alpha_E \rho}{1 + 3.5\gamma_f'}} \tag{9-16}$$

式中　E_s ——受拉钢筋的弹性模量；

$\quad\quad A_s$ ——受拉纵筋的截面面积；

$\quad\quad \psi$ ——裂缝间纵向受拉钢筋应变的不均匀系数；

$\quad\quad \alpha_E$ ——钢筋弹性模量与混凝土弹性模量的比值，$\alpha_E = E_s/E_c$；

$\quad\quad \rho$ ——纵向受拉钢筋配筋率，$\rho = A_s/(bh_0)$；

$\quad\quad \gamma_f'$ ——受压翼缘面积与腹板有效截面面积的比值，即 $\gamma_f' = (b_f' - b)h_f'/(bh_0)$；当 $h_f' > 0.2h_0$ 时，取 $h_f' = 0.2h_0$。

9.3.3　受弯构件刚度 B

在荷载长期作用下，构件受压区混凝土发生徐变，同时裂缝不断向上发展，受拉区混凝土不断退出工作，受拉钢筋平均应变和平均应力也将随之增大。这些情况都会导致曲率增大、刚度降低。

受弯构件的挠度增大用挠度增大影响系数 θ 来考虑，$\theta = f_q / f_k$，其中 f_k 是荷载效应的标准组合下构件的挠度，f_q 是荷载效应的准永久组合下构件的挠度。

设荷载效应的标准组合值为 M_k，准永久组合值为 M_q，由于 $M_k = (M_k - M_q) + M_q$，对在 M_q 下产生的那部分挠度乘以挠度增大影响系数 θ，在 $(M_k - M_q)$ 下产生的短期挠度部分不必增大。则受弯构件挠度为

$$f = \alpha \frac{(M_k - M_q)l_0^2}{B_s} + \alpha \frac{M_q l_0^2}{B_s}\theta \tag{9-17}$$

如果上式仅用刚度 B 表达时，有

$$f = \alpha \frac{M_k l_0^2}{B} \tag{9-18}$$

当荷载作用形式相同时，令式（9-17）等于式（9-18），即可得刚度 B 的计算公式

$$B = \frac{M_k}{M_q(\theta - 1) + M_k}B_s \tag{9-19}$$

上式即为按荷载效应的标准组合并考虑荷载长期作用影响的受弯构件的弯曲刚度。

θ 的取值，《混凝土结构设计规范》建议对混凝土受弯构件：当 $\rho' = 0$ 时，$\theta = 2.0$；当 $\rho' = \rho$ 时，$\theta = 1.6$；当 ρ' 为中间数值时，θ 按线性插值计算，ρ 和 ρ' 分别为受拉及受压钢筋的配筋率。

9.3.4　受弯构件挠度计算

式（9-16）及式（9-19）都是指纯弯区段内平均的截面弯曲刚度。结构中很少有纯弯构件。对于一般结构构件而言，在其跨度范围内各截面的弯矩是不相等的，各截面弯曲刚度也不相同，弯矩大的截面抗弯刚度小，弯矩小的截面抗弯刚度大。实际工程中，为了简

化计算，常采用同一符号弯矩区段内最大弯矩 M_{max} 处的截面刚度 B_{min} 作为该区段的刚度 B 以计算构件的挠度，这就是受弯构件挠度计算中的"最小刚度原则"。

采用"最小刚度原则"表面上看会使挠度计算值偏大，但由于计算中多不考虑剪切变形及其裂缝对挠度的贡献，两者相比较，误差大致可以互相抵消。

当用 B_{min} 代替匀质弹性材料梁截面弯曲刚度 EI 后，就可用式（9-18）计算梁的挠度。按规范要求，挠度验算应满足

$$f < f_{lim} \tag{9-20}$$

式中　f_{lim}——允许挠度值，按表 9-2 取用；

　　　f——根据最小刚度原则计算的挠度。

表 9-2　受弯构件挠度限值

构件类型		挠度限值
吊车梁	手动吊车	$l_0/500$
	电动吊车	$l_0/600$
屋盖、楼盖及楼梯构件	当 $l_0 < 7m$ 时	$l_0/200$（$l_0/250$）
	当 $7m \leqslant l_0 \leqslant 9m$ 时	$l_0/250$（$l_0/300$）
	当 $l_0 > 9m$ 时	$l_0/300$（$l_0/400$）

注：1. 表中 l_0 为构件的计算跨度；计算悬臂构件的挠度限值时，其计算跨度 l_0 按实际悬臂长度的 2 倍取用；
　　2. 表中括号内的数值适用于使用上对挠度有较高要求的构件。

9.4　混凝土结构耐久性

工程结构应满足安全性、适用性和耐久性的要求。结构的耐久性是指一个构件、一个结构系统或一幢建筑物在一定时期内维持其适用性的能力，亦即结构在其设计使用年限内，应当能够承受所有可能的荷载和环境作用，而不应发生过度的腐蚀、损坏或破坏。混凝土结构的耐久性主要是由混凝土、钢筋材料本身特性和所处使用环境的侵蚀性两方面共同决定的。

9.4.1　影响结构耐久性能的主要因素

影响混凝土结构耐久性能的因素很多，可分为内部因素和外部因素两个方面。内部因素主要有混凝土的强度、密实性、水泥用量、水灰比、氯离子及碱含量、外加剂用量、保护层厚度等；外部因素则主要是环境条件，包括温度、湿度、CO_2 含量、侵蚀性介质等。另外，设计构造上的缺陷、施工质量差或使用中维修不当等也会影响结构的耐久性能。主要影响因素有：

混凝土碳化：混凝土在浇筑养护后形成强碱性环境，这会在钢筋表面形成一层氧化膜，使钢筋处于钝化状态，对钢筋起到一定的保护作用。然而，大气中的 CO_2 或其他酸性气体，渗入混凝土将使混凝土中性化而降低其碱度，这就是混凝土的碳化。当碳化深度大于或等于混凝土保护层厚度而到达钢筋表面时，将破坏钢筋表面的氧化膜。碳化还会加剧混凝土的收缩，这些均可导致混凝土结构物的开裂甚至破坏。

环境中的侵蚀性介质：如化工厂或制剂厂的酸、碱溶液滴漏至混凝土构件表面或直接接触混凝土构件时，将对混凝土产生严重腐蚀；浸泡在海水中的混凝土结构，海水中的有害物质在混凝土的孔隙与裂缝间迁移，使混凝土产生物理和化学方面的劣化和钢筋锈蚀的劣化，使结构开裂、损伤，直至刚度降低和承载力下降。

混凝土的冻融破坏：如果水在混凝土孔隙中结冰产生体积膨胀，会对混凝土孔壁产生拉应力造成内部开裂。在寒冷地区，在城市道路或立交桥中使用除冰盐融化冰雪，会加速混凝土的冻融破坏。

在我国部分地区存在混凝土的碱骨料反应，即混凝土骨料中某些活性物质与混凝土微孔中来自水泥、外加剂、掺和料及水中的可溶性碱溶液产生化学反应的现象。碱骨料反应产生碱-硅酸盐凝胶，并吸水膨胀，体积可增大 $3\sim4$ 倍，从而导致混凝土开裂、剥落、钢筋外露锈蚀，直至结构构件失效。另外碱骨料反应还可能改变混凝土的微观结构，降低其力学性能，从而影响结构的安全性。

9.4.2　混凝土结构耐久性设计

与保证结构安全性、适用性的设计方法不同，我国《混凝土结构设计规范》对于结构耐久性是通过概念设计来保证的，即根据混凝土结构所处的环境类别和设计使用年限，采取不同的技术措施和构造要求，保证结构的耐久性。

9.4.2.1　混凝土结构的环境类别

混凝土结构的耐久性与其使用环境密切相关。同一结构在强腐蚀环境中比在一般大气环境中的耐久性差。对混凝土结构使用环境进行分类，设计人员针对不同的环境类别采取不同的设计对策，使结构达到设计使用年限的要求。我国《混凝土结构设计规范》将混凝土结构的环境类别分为五类，见附表 1-15。

9.4.2.2　设计使用年限

混凝土结构设计的使用年限主要根据建筑物的重要程度确定，可参照表 3-1 分类，也可以根据工程业主的要求确定。

9.4.2.3　保证耐久性的技术措施及构造要求

根据影响结构耐久性的内部和外部因素，规范规定混凝土结构应采取下列技术构造措施，以保证其耐久性的要求。

（1）设计使用年限为 50 年的混凝土结构，其混凝土材料须符合表 9-3 的规定。

表 9-3　结构混凝土材料的耐久性基本要求

环境等级	最大水胶比	最低强度等级	最大氯离子含量/%	最大碱含量/kg·m⁻³
一	0.60	C20	0.30	不限制
二 a	0.55	C25	0.20	
二 b	0.50(0.55)	C30(C25)	0.15	
三 a	0.45(0.50)	C35(C30)	0.15	3.0
三 b	0.40	C40	0.10	

（2）混凝土结构及构件尚应采取下列耐久性技术措施：

1）预应力混凝土结构中的预应力筋应根据具体情况采取表面防护、孔道灌浆、加大混凝土保护层厚度等措施，外露的锚固端应采取封锚和混凝土表面处理等有效措施；

2）有抗渗要求的混凝土结构，混凝土的抗渗等级应符合有关标准的要求；

3）严寒及寒冷地区的潮湿环境中，结构混凝土应满足抗冻要求，混凝土抗冻等级应符合有关标准的要求；

4）处于二、三类环境中的悬臂构件宜采用悬臂梁-板的结构形式，或在其上表面增设防护层；

5）处于二、三类环境中的结构构件，其表面的预埋件、吊钩、连接件等金属部件应采取可靠的防锈措施，对于后张预应力混凝土外露金属锚具，应有防护要求；

6）处在三类环境中的混凝土结构构件，可采用阻锈剂、环氧树脂涂层钢筋或其他具有耐腐蚀性能的钢筋、采取阴极保护措施或采用可更换的构件等措施。

（3）一类环境中，设计使用年限为100年的混凝土结构应符合下列规定：

1）钢筋混凝土结构的最低强度等级为C30；预应力混凝土结构的最低强度等级为C40；

2）混凝土中的最大氯离子含量为0.06%；

3）宜使用非碱活性骨料，当使用碱活性骨料时，混凝土中的最大碱含量为3.0kg/m^3；

4）混凝土保护层厚度应符合《混凝土结构设计规范》的规定；当采取有效的表面防护措施时，混凝土保护层厚度可适当减小。

（4）二、三类环境中，设计使用年限100年的混凝土结构应采取专门的有效措施。

小　　结

（1）钢筋构件的裂缝宽度和变形验算属于正常使用极限状态的验算，应按荷载效应的标准组合并考虑荷载长期作用的影响，材料强度取用标准值。

（2）钢筋混凝土受弯构件的截面抗弯刚度与弯矩有关，不是常数，挠度计算时取最大弯矩处的最小刚度。

（3）在荷载长期作用下，由于混凝土的徐变等因素影响，截面刚度将会降低，因此，构件挠度计算时取长期刚度。

（4）我国规范采用的是耐久性概念设计。根据混凝土结构所处的环境类别和设计使用年限，对混凝土强度等级、水灰比、水泥用量、混凝土中氯离子含量、混凝土中碱含量和保护层厚度等采取不同的技术措施和构造要求，保证结构的耐久性。

复习思考题

9-1 对钢筋混凝土构件，为什么要控制其裂缝宽度和变形？

9-2 简述钢筋混凝土受弯构件的裂缝出现和开展的机理和过程。

9-3 钢筋混凝土受弯构件的挠度计算为什么不能直接采用结构力学公式？

9-4 何谓"最小刚度原则"，为什么在荷载的长期作用下受弯构件的刚度要降低？

9-5 当受弯构件的挠度验算不符合要求时，可采取什么措施，其中最有效的措施是什么？

9-6 对混凝土结构为什么要考虑耐久性问题，其耐久性问题表现在哪些方面？

9-7 混凝土结构的耐久性设计主要取决于哪两方面的因素？

10　预应力混凝土结构

10.1　预应力混凝土结构基本概念

普通钢筋混凝土构件的最大缺点是抗裂性能差。由于混凝土的抗拉强度很低，极限拉应变很小，当混凝土构件中存在拉应力时，受拉区的混凝土在很小的拉应力作用下就可能开裂，产生裂缝，使构件的刚度降低，变形增大，或者裂缝宽度不满足使用性能要求。另外，裂缝的存在也影响到结构及结构构件的耐久性。

提高混凝土强度等级和钢筋强度对于改善构件的抗裂性能和变形性能效果不明显，这是因为采用高强度等级的混凝土，其抗拉强度提高很少，弹性模量提高的幅度也有限，对于使用时允许裂缝宽度为 $0.2 \sim 0.3\text{mm}$ 的构件，受拉钢筋应力只能达到 $150 \sim 250\text{MPa}$，这与各种热轧钢筋的正常工作应力相近，因此高强度的钢筋（强度设计值超过 1000N/mm^2）在普通钢筋混凝土结构中不能充分发挥作用。

为了避免钢筋混凝土结构的裂缝过早出现，充分利用高强度材料，人们设想在结构构件受外荷载作用前，先对它施加压力，构件受到外荷载作用时，预先产生的压应力用以减小或抵消外荷载所引起的拉应力，达到推迟受拉区混凝土开裂的目的，即形成预应力混凝土结构。

对混凝土施加预压应力的方法，通常通过预应力钢筋的张拉与回缩实现。对混凝土施加预应力时，首先张拉预应力钢筋，在其弹性范围内，被张拉的钢筋有回缩的趋势，回缩力通过预应力钢筋与混凝土之间的粘结力，或通过锚具对混凝土的压力传递给混凝土，形成预应力钢筋受拉而混凝土受压的预应力状态。这种被张拉后在构件中建立预压应力的钢筋称为预应力钢筋。预应力钢筋的张拉与回缩产生的预应力状态必须依靠高强度钢筋的张拉和回弹来建立，而混凝土由于受到较高的压应力也应采用高强度等级的混凝土。

在预应力混凝土构件中，通过张拉钢筋给混凝土施加预压应力，其中预应力钢筋受到很高的拉应力，而混凝土则主要处于受压应力状态。因此，预应力混凝土可以更好地发挥钢筋与混凝土各自的优势。

与普通钢筋混凝土相比，预应力混凝土有以下特点：

（1）提高构件的抗裂能力，增大构件的刚度。普通钢筋混凝土构件一受外荷载作用即在受拉区产生拉应力，混凝土的抗拉强度很低，故其抗裂能力很低。预应力混凝土构件承受外荷载作用后，只有当混凝土的预压应力被全部抵消，才从受压转为受拉，当拉应变超过混凝土的极限拉应变时，构件才会开裂。预压应力的存在，推迟了构件的开裂，提高了构件的抗裂能力。由于预应力混凝土构件正常使用时，可能不开裂或只有很小的裂缝，混凝土基本处于弹性阶段工作，构件的刚度比普通钢筋混凝土构件有所增大。

（2）适合采用高强度材料。普通钢筋混凝土构件不能充分利用高强度材料，而在预应力混凝土构件中，未承受外荷载前预应力钢筋先被预拉，外荷载作用后其拉应力进一步增大，预应力钢筋始终处于高拉应力状态，能够有效地利用高强度钢筋；同时，应该尽可能采用高强度等级的混凝土，以便与高强度钢筋相配合。

（3）节省材料，减小自重。预应力混凝土结构由于采用了高强度材料，因而可以减少钢筋用量和构件截面尺寸，节省钢材和混凝土用量，降低结构自重，对大跨度和重荷载结构有着显著的优越性。

虽然预应力混凝土构件有诸多优点，但也存在一定的局限性，因而并不能完全代替普通钢筋混凝土构件。其主要缺点有：施工工序多，对施工技术要求高且需要张拉设备、锚夹具，劳动力费用高等。预应力混凝土构件适用于大跨度结构、水池、油罐、压力容器等对裂缝、变形要求较高的结构。

10.2 预应力混凝土的分类

根据设计、制作和施工的特点不同，预应力混凝土的分类方法不同，一般有下列几种分类方法：

（1）按照预应力钢筋的张拉程序分为先张法预应力混凝土和后张法预应力混凝土。先张法是在制作预应力混凝土构件时，先张拉预应力钢筋而后浇灌混凝土的施加预应力方法。主要施工工序：在台座上张拉钢筋到预定长度，将钢筋固定在台座上，然后浇筑混凝土，当混凝土达到要求的强度后，再从台座上切断预应力钢筋，由于钢筋的弹性回缩，依靠混凝土与预应力钢筋间的粘结力而使构件受到预压应力。后张法是先浇灌混凝土，再张拉预应力钢筋的预加应力方法。主要施工工序：先浇筑混凝土构件，并在构件中预留孔道，待混凝土达到预期强度后，将预应力钢筋穿入预留的孔道，张拉钢筋，张拉完成后利用锚具将预应力钢筋锚固在构件上，通过锚具使构件受到预压应力。

（2）按照预应力钢筋与混凝土之间是否有粘结力分为有粘结预应力混凝土与无粘结预应力混凝土。有粘结预应力混凝土是指沿预应力钢筋全长其周围均与混凝土粘结在一起的预应力混凝土。先张法预应力混凝土及预留孔道穿筋压浆的后张法预应力混凝土为有粘结预应力混凝土。无粘结预应力混凝土是指预应力钢筋不与混凝土粘结的预应力混凝土。这种混凝土的预应力钢筋表面涂有防锈材料，外套防老化的塑料管，以防与混凝土粘结，预应力通过端头的锚具将钢筋的回缩力施加给混凝土。

（3）按照预加应力大小的程度分为全预应力混凝土和部分预应力混凝土。全预应力是指在使用荷载作用下，构件截面混凝土不出现拉应力，即为全截面受压。部分预应力是指在使用荷载作用下，构件截面混凝土允许出现拉应力或开裂，即只有部分截面受压。

10.3 施加预应力的方法

通常采用机械张拉预应力钢筋的方法给混凝土施加预应力。按照施工工艺的不同，可分为先张法和后张法两种。

10.3.1 先张法

在浇灌混凝土之前先张拉预应力钢筋的方法称为先张法，制作工艺见图10-1。先张法可采用台座长线张拉或钢模短线张拉。其基本工序为：

（1）在台座（或钢模）上用张拉机具张拉预应力钢筋至控制应力，并用夹具临时固定；

（2）支模、浇灌混凝土并养护；

（3）养护混凝土（一般为蒸汽养护）至其强度不低于设计值的75%时，切断预应力钢筋。

先张法构件是通过预应力钢筋与混凝土之间的粘结力传递预应力的，此方法适用于在预制厂大批制作中、小型构件，如预应力混凝土楼板、屋面板、梁等。

10.3.2　后张法

在浇灌混凝土并待混凝土结硬之后再张拉预应力钢筋的方法称为后张法，制作工艺见图10-2。其基本工序为：

（1）浇灌混凝土，制作构件并预留孔道；

（2）养护混凝土到规定强度值；

（3）在孔道中穿筋，并在构件上用张拉机具张拉预应力钢筋至控制应力；

（4）在张拉端用锚具锚住预应力钢筋，并在孔道内压力灌浆。

后张法构件是依靠其两端的锚具锚住预应力钢筋并传递预应力的。因此，这样的锚具是构件的一部分，是永久性的，不能重复使用。此方法适用于在施工现场制作大型构件，如预应力屋架、吊车梁、大跨度桥梁等。

对于水管、贮水池等圆形构件，可以用张拉机具将拉紧的钢丝缠绕在管壁的外围，对其施加预压应力，锚固后再在其上喷一层水泥砂浆以保护预应力钢丝。

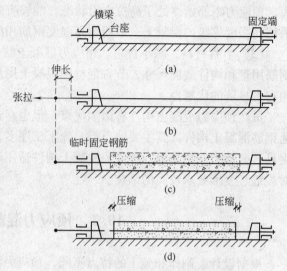

图 10-1　先张法构件的制作

（a）钢筋就位；（b）张拉钢筋；（c）临时固定钢筋，
支模，浇灌混凝土并养护；

（d）放松钢筋，钢筋回缩，混凝土受预压

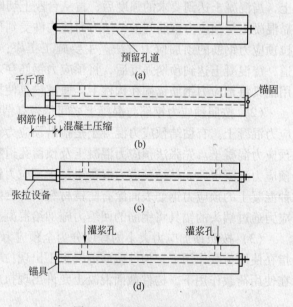

图 10-2　后张法构件的制作

（a）制作构件，预留孔道；（b）穿筋，安装张拉机具，
张拉钢筋；（c）张拉钢筋至预定应力值；

（d）锚住钢筋，拆除张拉机具，孔道压力灌浆

10.4　锚　　具

锚具是锚固预应力钢筋的装置，它对在构件中建立有效预应力起着至关重要的作用。

先张法构件中的锚具可重复使用，也称夹具或工作锚；后张法构件依靠锚具传递预应力，因此锚具也是构件的组成部分，不能重复使用。

对锚具的要求是：安全可靠、使用有效、节约钢材及制作简单。

锚具的种类很多，按其构造形式及锚固原理，大致可分为以下三种基本类型：

（1）锚块锚塞型锚具。这种锚具（图 10-3）由锚块和锚塞两部分组成，其中锚块形式有锚板、锚圈、锚筒等，根据所锚钢筋的根数，锚塞也可分成若干片。锚块内的孔洞以及锚塞做成楔形或锥形，预应力钢筋回缩时受到挤压而被锚住。这种锚具通常用于预应力钢筋的张拉端，但也可用于固定端。锚块置于台座、钢模上（先张法）或构件上（后张法）。用于固定端时，在张拉过程中锚塞即就位挤紧；而用于张拉端时，钢筋张拉完毕才将锚塞挤紧。

图 10-3（a）、（b）的锚具通常用于先张法，用于锚固单根钢丝或钢绞线，分别称为楔形锚具及锥形锚具。图 10-3（c）也是一种锥形锚具，用来锚固后张法构件中的钢丝束（双层）。图 10-3（d）称为 JM12 型锚具，有多种规格，适用于 3~6 根直径为 12mm 热处理钢筋的钢筋束以及 5~6 根 7 股 4mm 钢丝的钢绞线所组成的钢绞线束，通常用于后张法构件。由带锥孔的锚板和夹片所组成的夹片式锚具有 XM、QM、YM、OVM 等，主要用于锚固钢绞线束，能锚固由 1~55 根不等的钢绞线所组成的筋束，称为大吨位钢绞线群锚体系。

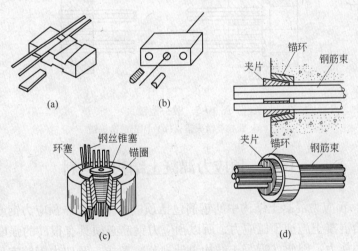

图 10-3 锚块锚塞型锚具

（2）螺杆螺帽型锚具。图 10-4 为两种常用的螺杆螺帽型锚具，图 10-4（a）用于粗钢筋，图 10-4（b）用于钢丝束。前者由螺杆、螺帽和垫板组成，螺杆焊于预应力钢筋的端部。后者由锥形螺杆、套筒、螺帽和垫板组成，通过套筒紧紧地将钢丝束与锥形螺杆挤压成一体。预应力钢筋或钢丝束张拉完毕时，旋紧螺帽使其锚固。有时因螺杆中螺纹长度不够或预应力钢筋伸长过大，则需在螺帽下增放后加垫板，以便能使螺帽旋紧。

螺杆螺帽型锚具通常用于后张法构件的张拉端，对于先张法构件或后张法构件的固定端同样也能应用。

（3）镦头型锚具。图 10-5 为两种镦头型锚具，图 10-5（a）可用于预应力钢筋的张拉端，图 10-5（b）可用于预应力钢筋的固定端，通常为后张法构件的钢丝束所采用。对于

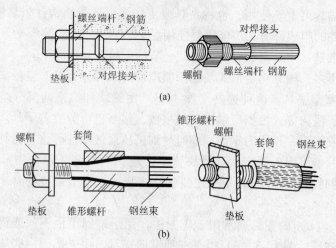

(a)

(b)

图 10-4　螺杆螺帽型锚具

先张法构件的单根预应力钢丝，在固定端有时也可采用，即将钢丝的一端镦粗，将钢丝穿过台座或钢模上的锚孔，在另一端进行张拉。

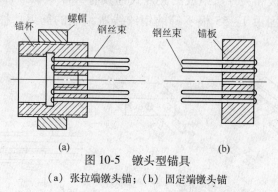

(a)　　　　　　　　　　　　(b)

图 10-5　镦头型锚具

（a）张拉端镦头锚；（b）固定端镦头锚

10.5　预应力混凝土结构的材料

（1）钢筋。预应力混凝土结构中的钢筋包括预应力钢筋和非预应力钢筋。由于采用张拉预应力钢筋给混凝土施加预压应力，所以预应力钢筋必须具有很高的强度，才能有效地提高构件的抗裂能力。因此《混凝土结构设计规范》要求，预应力钢筋宜采用预应力钢绞线、消除应力钢丝及热处理钢筋等。此外，预应力钢筋还应具有一定的塑性和良好的可焊性，用于先张法构件时还应与混凝土具有足够的粘结力。对于非预应力钢筋，其选用原则与钢筋混凝土结构基本相同，即宜采用 HRB400 级和 HRB335 级钢筋，也可采用 RRB400 级钢筋。

（2）混凝土。在预应力混凝土结构中，混凝土强度等级越高，能够承受的预压应力也越大；同时，采用高强度等级的混凝土与高强度钢筋相配合，可以获得较经济的构件截面尺寸；另外，高强度等级的混凝土与钢筋的粘结力也高，这一点对依靠粘结力传递预应力的先张法构件尤为重要。因此《混凝土结构设计规范》规定，预应力混凝土结构的混凝土强度等级不应低于 C30；当采用钢绞线、钢丝、热处理钢筋作为预应力钢筋时，混凝土强度等级不宜低于 C40。

小　　结

（1）在预应力混凝土构件中，通过张拉钢筋给混凝土施加预压应力，使混凝土主要处于受压应力状态，延缓了裂缝的出现，可以更好地发挥钢筋与混凝土各自的优势，改善了混凝土构件的抗裂性能。

（2）在工程结构中，通常是通过张拉预应力钢筋给混凝土施加预压应力。根据施工时张拉预应力钢筋与浇灌构件混凝土两者的先后次序不同，可分为先张法和后张法两种。先张法依靠预应力钢筋与混凝土之间的粘结力传递预应力；后张法依靠锚具传递预应力。

复习思考题

10-1　什么是预应力混凝土，与普通钢筋混凝土构件相比，预应力混凝土构件有何优缺点？

10-2　为什么预应力混凝土构件必须采用高强度钢材，且应尽可能采用高强度等级的混凝土？

10-3　预应力混凝土分为哪几类，各有何特点？

10-4　施加预应力的方法有哪几种，先张法和后张法的区别何在？试简述它们的优缺点及应用范围。

11 混凝土楼盖结构

11.1 概　述

楼（屋）盖是建筑结构的重要组成部分，常用的楼盖为钢筋混凝土楼盖结构。混凝土楼盖直接承受竖向荷载，并将荷载传递给柱、墙等竖向受力构件，对于保证结构的安全性及适用性具有重要作用。楼盖结构的自重约占结构总重量的一半以上，造价占总造价的 1/4~1/3 左右。因此，对楼盖的设计，将直接影响到整个结构的使用和经济技术指标。

按施工方法，钢筋混凝土楼盖可分为装配式楼盖、装配整体式楼盖和现浇整体式楼盖。

装配式钢筋混凝土楼盖的楼板采用钢筋混凝土预制构件（如实心板、空心板、槽形板等），有利于房屋建筑标准化，便于构件生产的工业化和施工的机械化，主要应用于民用多层混合结构房屋中。但是，这种楼面的整体性、防水性及抗震性较差，因此，对于有抗震要求的建筑及在使用上有开洞和防水要求的建筑不宜采用。

装配整体式钢筋混凝土楼盖是在已就位的钢筋混凝土预制构件上再二次浇筑混凝土制成现浇面层和叠合梁形成整体的楼盖。这种楼盖整体性比装配式钢筋混凝土楼盖的整体性好，但需进行混凝土的二次浇筑且增加钢筋的焊接工作量，目前采用较少。

现浇整体式钢筋混凝土楼盖的所有组成构件全部现浇成为一个整体，具有良好的整体性、抗震性和防水性，因此大量应用于多、高层钢筋混凝土结构房屋中。按其结构组成及布置又可分为钢筋混凝土肋梁楼盖、井式楼盖和无梁楼盖。

肋梁楼盖由梁、板组成，楼盖平面中一般纵横两个方向布置有梁。截面尺寸较大，能够承受较大荷载的梁为主梁，截面尺寸较小的梁为次梁，因此肋梁楼盖也称为主、次梁楼盖。肋梁楼盖中板的周边支承在梁或墙上，次梁支承在主梁上，主梁支承在柱或墙上，如图 11-1 所示。

井式楼盖与肋梁楼盖的不同之处在于两个方向的交叉梁没有主梁与次梁之分，两个方向的梁相互协同工作，共同承受板上传来的荷载，如图 11-2 所示。

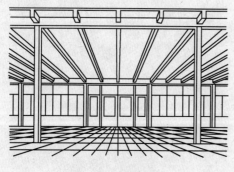

图 11-1　肋梁楼盖

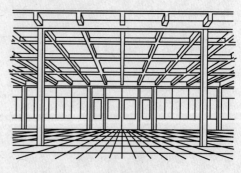

图 11-2　井式楼盖

无梁楼盖由板、柱等构件组成，楼面不设置次梁和主梁，楼板直接支承在柱上，楼面荷载直接由板传给柱及柱下基础，如图 11-3 所示。

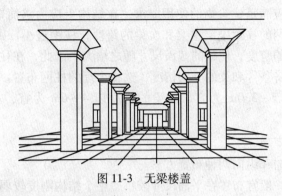

图 11-3　无梁楼盖

本章内容主要为现浇整体式钢筋混凝土肋梁楼盖。

11.2　单向板肋梁楼盖

11.2.1　单向板与双向板

肋梁楼盖由梁、板组成，板被梁划分为许多区格，每一区格的板支承在梁或砖墙上。按楼板的支承及受力条件不同，又可分为单向板肋梁楼盖（图 11-4）和双向板肋梁楼盖（图 11-5）。

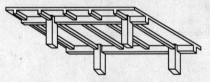
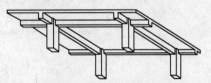

图 11-4　单向板肋梁楼盖　　　　　　图 11-5　双向板肋梁楼盖

单边嵌固的悬臂板和两对边支承的矩形板为单向板。当四边支承矩形板的长边 l_2 与短边 l_1 之比较大时，板上荷载主要沿短边方向传递，这样受力的板也称为单向板，楼盖称为单向板肋梁楼盖。

两邻边支承的板、三边支承的板为双向板。当四边支承矩形板的长边 l_2 与短边 l_1 比较接近时，则板沿短跨和长跨两个方向均受力，这样受力的板也称为双向板，楼盖称为双向板肋梁楼盖。

设计计算时，四边支承的板，当长边与短边的长度之比小于或等于 2.0 时，应按双向板计算；当长边与短边的长度之比大于 2.0，但小于 3.0 时宜按双向板计算，这时如按沿短边方向受力的单向板计算，应沿长边方向布置足够数量的构造钢筋；当长边与短边的长度之比大于或等于 3.0 时，可按沿短边方向受力的单向板计算。

11.2.2　单向板肋梁楼盖结构布置及构件截面尺寸确定

11.2.2.1　结构平面布置

在肋梁楼盖中，结构布置包括柱网、承重墙、梁格等的布置。这是结构设计时首先应确定的问题。

A　柱网与承重墙的布置

柱网的布置首先应满足建筑物的使用要求，在结构上应力求简单、整齐、传力明确、经济适用。同时，柱网的柱距决定主梁和次梁的跨度，柱距过小，则影响建筑物的使用，柱距过大，则增加梁的跨度，使梁的截面尺寸随之增大。因此，在柱网布置时，应根据建筑物的使用要求、经济条件和梁的受力情况，选择合理的柱网布置。根据设计经验，一般情况下板的跨度以 1.7~3.0m 为宜，次梁的跨度以 4~6m 为宜，主梁的跨度以 5~8m 为宜。

B　主梁的布置方向

主梁有沿房屋横向和纵向两种布置方案。

肋梁楼盖的主梁一般宜布置在平面尺寸较小、整个结构刚度较弱的方向，即沿房屋横向布置，以增强房屋的横向抗侧移刚度，如图 11-6（a）所示。另外，由于主梁与外纵墙垂直，不妨碍外纵墙开设窗洞，因此，窗洞高度可较大，有利于室内采光。

当柱的横向间距大于纵向间距时，为了减小主梁的截面高度，也可将主梁沿房屋纵向布置，如图 11-6（b）所示。但是与前一种布置形式相比，此种方案房屋的横向侧移刚度较差。

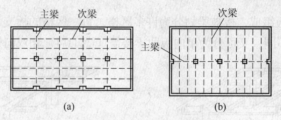

图 11-6　主梁的布置方向

11.2.2.2　板厚及梁截面尺寸的确定

梁、板截面尺寸应满足承载力和刚度的要求。对于单向板肋梁楼盖中的板，厚度 h 应取 $h=(1/40~1/35)l$，其中 l 为板的计算跨度。为了保证楼盖具有足够的刚度，楼板的厚度不应过小，因此《混凝土结构设计规范》规定了楼板的最小厚度，对于简支连续单向板，其最小厚度应满足：屋面板 $h\geqslant60mm$，民用建筑楼板 $h\geqslant70mm$，工业建筑楼板 $h\geqslant80mm$。

在肋梁楼盖中，主梁、次梁通常为多跨连续梁。对连续次梁，截面尺寸取 $h=(1/18~1/12)l,b=(1/3~1/2)h$；对连续主梁，截面尺寸取 $h=(1/14~1/8)l,b=(1/3.5~1/3)h$。其中 l 分别为次梁或主梁的跨度。

11.2.3　单向板肋梁楼盖计算简图

楼盖结构布置完成以后，即可确定结构的计算简图，以便对其进行内力分析。由于整体式肋梁楼盖中的梁、板现浇在一起，是一个复杂的受力体系，所以，为便于工程设计，通常将板、次梁、主梁分解为单独构件分别进行计算。对构件进行分解时，一般将梁、板均视为多跨连续构件，其中次梁为板的支座，主梁为次梁的支座，柱（墙）为主梁的支座。作用在楼面上的荷载传递路线为：荷载→板→次梁→主梁→柱（墙）→基础。

11.2.3.1 板

通常取 1m 宽板带作为计算单元，故板截面宽度 $b = 1000$mm。板为支承在次梁或砖墙上的多跨板。为简化计算，将次梁或砖墙作为板的不动铰支座，因此，多跨板可视为多跨连续梁（梁宽 $b = 1000$mm），如图 11-7 所示。板所承受的荷载即为板带上的均布永久荷载（板自重、其上构造层重）和均布可变荷载（楼、屋面活荷载，屋面雪荷载等），荷载标准值可查阅《建筑结构荷载规范》（GB 50009—2012）。

连续梁、板的计算跨度取值与支座形式、构件的截面尺寸以及内力计算方法有关。连续梁、板在不同支承条件下的计算跨度，可按表 11-1 查用。

对于等跨或跨度差小于 10%且受荷相同的连续梁、板，当实际跨数超过 5 跨时可按 5 跨计算（除每侧两跨外，所有中间跨按第三跨考虑）；不足 5 跨时，按实际跨数计算。

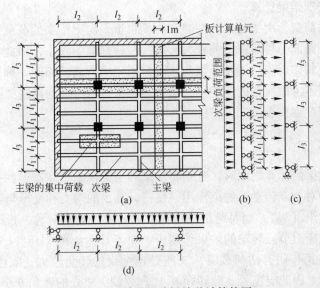

图 11-7 单向板肋梁楼盖计算简图

（a）梁负载范围示意图；（b）板计算简图；（c）主梁计算简图；（d）次梁计算简图

表 11-1 梁、板的计算跨度 l_0

支 承 情 况		计 算 跨 度	
		梁	板
两端与梁（柱）整体连接	按弹性理论计算	支座中心线间距离 l_c	支座中心线间距离 l_c
	按塑性理论计算	净跨长 l_n	净跨长 l_n
两端支承在砖墙上	按弹性理论计算	$1.05l_n \leq l_n + a$	$l_n + h \leq l_n + a$
	按塑性理论计算	$1.05l_n \leq l_n + a$	$l_n + h \leq l_n + a$
一端与梁（柱）整体连接，另一端支承在砖墙上	按弹性理论计算	$1.025l_n + \dfrac{b}{2} \leq l_n + \dfrac{a}{2} + \dfrac{b}{2}$	$l_n + \dfrac{h}{2} + \dfrac{b}{2} \leq l_n + \dfrac{a}{2} + \dfrac{b}{2}$
	按塑性理论计算	$1.025l_n \leq l_n + \dfrac{a}{2}$	$l_n + \dfrac{h}{2} \leq l_n + \dfrac{a}{2}$

注：h 为板的厚度；a 为梁或板在砌体墙上的支承长度，通常板为 120mm，次梁为 240mm，主梁为 370mm；b 为与梁、板整体连接的梁（柱）截面宽度。

11.2.3.2　次梁

次梁也按连续梁分析内力，主梁或砖墙作为次梁的不动铰支座。

作用在次梁上的荷载为次梁自重，次梁左右两侧各半跨板的自重及板上的活荷载，荷载形式为均布荷载，如图 11-7 所示。

次梁的计算跨度按表 11-1 采用。

11.2.3.3　主梁

主梁的计算简图需要根据具体情况而定。当主梁支承在砖墙、砖柱上时，将砖墙、砖柱视为主梁的不动铰支座；当主梁与钢筋混凝土柱整浇时，其支承条件需按梁与柱的线刚度比确定：如果节点两侧梁的线刚度之和与节点上下柱的线刚度之和的比值不小于 3，则主梁可视为铰支于柱上的连续梁，否则不能忽略柱对主梁的转动约束作用，梁柱将形成框架结构，主梁应按框架梁计算。

主梁上作用的荷载为次梁传来的荷载和主梁自重。次梁传来的荷载为集中荷载，主梁自重为均布荷载，而前一种荷载影响较大，后一种荷载影响较小，因此，也将主梁自重作为集中荷载考虑，其作用点位置及个数与次梁传来集中荷载的相同。确定次梁传递给主梁的集中荷载时，可不考虑次梁的连续性，每个集中荷载所考虑的范围如图 11-7 所示。

主梁的计算跨度亦按表 11-1 查用。

11.2.4　折算荷载

在确定板和次梁的计算简图时，分别将次梁和主梁视为板和次梁的铰支座。这种简化忽略了次梁和主梁对节点转动的约束作用，使得计算出的内力和变形与实际情况不符。

例如等跨连续梁（板），当每跨都作用恒载时，由于荷载对称，板或梁在中间支座处转角很小，所以支座对节点转动的约束作用可忽略不计，如图 11-8（c）所示。但是当连续梁（板）中某一跨作用有活荷载时，支座处连续梁的转角较大，支座对梁（板）的转动约束作用也较大，因此支座处实际转角 θ' 比理想铰支座处的转角 θ 小，如图 11-8（b）、（d）所示，其效果相当于减小了跨中弯矩同时加大了支座弯矩。

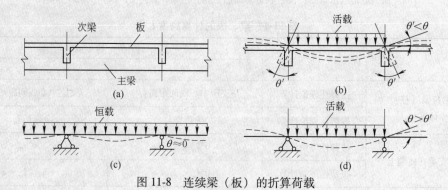

图 11-8　连续梁（板）的折算荷载

为了考虑支座约束对连续梁（板）内力的影响，一般采用增大恒载并相应减小活荷载的方法加以调整，此时的计算荷载称为折算荷载。折算荷载值为

对于板：

$$g' = g + q/2 \tag{11-1}$$

$$q' = q/2 \tag{11-2}$$

对于次梁：

$$g' = g + q/4 \tag{11-3}$$

$$q' = 3q/4 \tag{11-4}$$

式中 g'，q'——分别为折算后的恒载及活载；

      g，q——分别为实际的恒载和活载。

采用折算荷载后，对于作用有活荷载的跨，因为 $g + p = g' + p'$，荷载总值不变；而相邻跨的折算恒载大于实际恒载，相应地也就减小了本跨跨中弯矩，增大了支座弯矩，内力分布规律与考虑支座约束影响相当。

11.2.5 单向板肋梁楼盖内力的弹性理论计算方法

钢筋混凝土连续梁、板的内力计算方法有两种：弹性理论计算方法和塑性理论计算方法。弹性理论计算方法将钢筋混凝土梁、板视为理想弹性体，根据前述方法选取计算简图，然后按结构力学方法（如力矩分配法）计算内力。为方便计算，对常用荷载作用下的等跨或跨度差不超过 10% 的连续梁、板，已编制有计算表格以供直接查用。计算表格详见本书附录 3。

11.2.5.1 活荷载的不利布置

结构上恒载的大小和位置通常是不变的，而活荷载的布置则是随机的，活荷载对内力的影响也随着荷载的位置而发生改变。因此，在设计时为了确定某一截面的最不利内力，不仅应考虑作用在结构上的恒载，还应考虑活荷载的位置对计算截面内力的影响，即如何通过对活荷载进行不利布置，找到计算截面的最不利内力。

为求连续梁上各截面的最不利内力，活荷载的最不利布置原则为：

（1）求某跨跨中最大正弯矩时，应在该跨布置活荷载，然后每隔一跨布置活荷载；

（2）求某跨跨中最大负弯矩（即最小弯矩）时，该跨不布置活荷载，而在左、右两相邻跨布置活荷载，然后再隔跨布置；

（3）求某支座最大负弯矩时，应在该支座左、右两跨布置活荷载，然后再隔跨布置；

（4）求某支座左、右截面最大剪力时，其活载布置与求该支座最大负弯矩时的布置相同。在确定端支座最大剪力时，应在端跨布置活荷载，然后每隔一跨布置活荷载。

例如对于图 11-9 所示的五跨连续梁，当求 1，3，5 跨跨中最大正弯矩或 2，4 跨跨中最大负弯矩时，应将活荷载布置在 1，3，5 跨；而求 B 支座截面最大负弯矩时，应将活荷载布置在 1，2，4 跨等，依此类推。

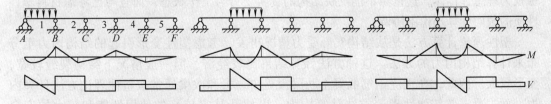

图 11-9 活荷载在不同跨间时的弯矩和剪力图

11.2.5.2 内力包络图

荷载的大小及位置确定后即可采用结构力学方法或查用内力系数（附录 3）进行计

算。将恒载在各截面引起的内力分别与各
种活荷载最不利布置情况下的内力叠加，
就得到各截面可能出现的最不利内力。把
各种不利组合下的内力图（弯矩图和剪力
图）绘制在同一张图上，形成内力叠合图，
其外包络线形成的图形称为内力包络图，
如图 11-10 所示。内力包络图反映出各截面
可能出现的最大内力，是设计时选择截面
和布置钢筋的依据。

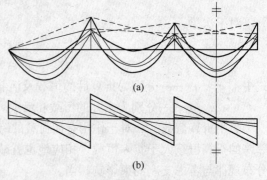

图 11-10　连续梁内力叠合图和内力包络图

11.2.5.3　控制截面及支座处内力

控制截面是指对受力钢筋的计算起控制作用的截面。对连续梁而言，分别为包络图
中正弯矩最大和负弯矩最大处截面。由于弹性内力分析时，连续梁负弯矩最大值出现在
支座中心线处，此处的截面高度由于其整体连接的梁、柱的存在而明显增大，通常并非
最危险截面。因此，支座处采用支座边缘截面的内力进行配筋计算更为合理，如图 11-
11 所示。

支座边缘处的弯矩值 M 可近似按下式计算：

$$M = M_c - V_0 \frac{b}{2} \tag{11-5}$$

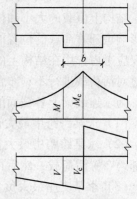

式中　M_c——支座中心处的弯矩；

V_0——按单跨简支梁计算的支座剪力；

b——支座宽度。

支座边缘处的剪力值 V 可近似按下式计算：

当为均布荷载时　$V = V_c - (g + q) \dfrac{b}{2} \tag{11-6}$

当为集中荷载时　$V = V_c \tag{11-7}$

式中　V_c——支座中心处的剪力；

图 11-11　支座边缘的内力

$g，q$——分别为作用在梁上的均布恒载和活荷载。

11.2.6　单向板肋梁楼盖内力的塑性理论计算方法

如前所述，弹性理论计算方法不考虑结构构件的裂缝与塑性变形，将钢筋混凝土梁、
板视为理想弹性体，这显然不能反映结构的真实受力与工作状态，而且与已考虑材料塑性
性质的截面计算理论不协调。

塑性理论计算方法是从结构实际受力情况出发，考虑塑性变形引起的结构内力重分
布来计算结构内力的方法。这种方法计算结果比较经济，但一般情况下结构裂缝较宽，
变形较大。因此，在现浇钢筋混凝土肋梁楼盖中，板和次梁通常按塑性理论方法计算内
力，而主梁通常按弹性理论方法计算内力，以使其具有较好的使用性能和较大的安全
储备。

11.2.6.1　塑性铰与塑性内力重分布

混凝土超静定结构按塑性理论计算结构内力，是基于结构的塑性内力重分布，而明显

的内力重分布主要是由塑性铰转动引起的。

对配筋适量的受弯构件，当受拉纵筋在某个弯矩较大的截面达到屈服后，随着荷载的少许增加，钢筋将产生较大的塑性变形，裂缝迅速开展，屈服截面形成一个塑性变形集中的区域，使截面两侧产生较大的相对转角。由于构件中这一区域表现的犹如一个能够转动的"铰"，因此称之为塑性铰（图 11-12）。塑性铰不是一种具体的铰，与理想铰相比，塑性铰能承受一定的弯矩，且只能沿弯矩方向发生一定限度的转动，而理想铰不能承受弯矩，但能自由转动。

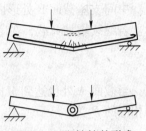

图 11-12 塑性铰的形成

对于静定结构，当任一截面出现塑性铰，结构就成为几何可变体系而丧失承载能力。但对于超静定结构，由于存在多余约束，在某一截面出现塑性铰并不会立即导致结构破坏，而是相应地减少结构的超静定次数，直到出现足够多的塑性铰使结构整体或局部形成机构才宣告结构破坏。在形成破坏机构的过程中，结构的内力分布与塑性铰出现之前的弹性内力分布规律是不同的，即在各截面间产生了塑性内力重分布。下面以一两跨连续梁弯矩变化过程为例说明这一问题。

【例题 11-1】 某一矩形等截面两跨钢筋混凝土连续梁，跨度均为 l，每跨跨中作用有集中荷载 P，如图 11-13 所示。假定中间支座截面 B 和荷载作用点 A 截面的受弯承载力均为 M_y，试分析 A 和 B 截面处弯矩随荷载变化的情况。

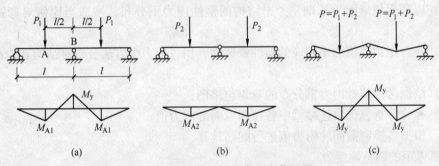

图 11-13 两跨连续梁弯矩变化过程

【解】 （1）塑性铰形成前

用结构力学方法可得如图 11-13（a）所示的两跨连续梁的弯矩图，中间支座截面 B 处的弯矩值最大。假定在外荷载达到 P_1 时支座截面 B 首先达到 M_y 而形成塑性铰，则 P_1 可由下式确定：

$$M_y = \frac{3}{16} P_1 l$$

即

$$P_1 = \frac{16 M_y}{3 l}$$

此时，可求出荷载作用点 A 截面的弯矩为

$$M_{A1} = \frac{5}{32} P_1 l = \frac{5}{6} M_y$$

梁在这时并未丧失承载能力，截面 A 的受弯承载力还有 $M_y - M_{A1} = M_y/6$ 的余量。

（2）塑性铰形成后

中间支座截面 B 处形成塑性铰后，两跨连续梁变成了两个简支梁，如图1-13（b）所示。若继续增加荷载，在增量荷载 P_2 的作用下，截面 A 处引起的增量弯矩为

$$M_{A2} = \frac{1}{4}P_2 l$$

当截面 A 处也达到 M_y，整个结构形成几何可变体系而破坏。令 $M_{A1} + M_{A2} = M_y$，可求得相应的 P_2 为

$$P_2 = \frac{2M_y}{3l}$$

该连续梁所能承受的跨中集中荷载为 $P_1 + P_2 = 6M_y/l$。

因此，在超静定结构，特别是超静定次数较高的结构中，塑性铰陆续出现直至形成机构而破坏，如果设计得当，内力重分布可以充分发展。对于超静定结构而言，按塑性内力重分布方法设计可以充分利用结构的强度储备，提高结构的极限荷载。

11.2.6.2 弯矩调幅法

目前，工程中常用的考虑塑性内力重分布的计算方法是弯矩调幅法，即在弹性理论计算的弯矩包络图基础上，考虑塑性内力重分布，将选定的某些出现塑性铰截面的弯矩值加以调整。具体计算步骤是：

（1）按弹性理论方法分析内力；

（2）以弯矩包络图为基础，考虑结构的塑性内力重分布，按适当比例对弯矩值进行调幅；

（3）将弯矩调整值加于相应的塑性铰截面，用一般力学方法分析对结构其他截面内力的影响；

（4）绘制考虑塑性内力重分布的弯矩包络图；

（5）综合分析，选取连续梁中各控制截面的内力值；

（6）根据各控制截面的内力值进行配筋计算。

截面弯矩的调整幅度为

$$\beta = 1 - M_a/M_e \tag{11-8}$$

式中 β ——弯矩调幅系数；

   M_a ——调整后的弯矩设计值；

   M_e ——按弹性方法计算所得的弯矩设计值。

按弯矩调幅法进行设计计算时，应遵循下列原则：

（1）受力钢筋宜采用 HPB300、HRB335、HRBF335、HRB400、HRBF400、HRB500 及 HRBF500 级热轧钢筋，混凝土强度等级宜在 C20~C45 范围内选用；

（2）弯矩调整后截面相对受压区高度 $\xi = x/h_0$ 不应超过 0.35，也不宜小于 0.10；

（3）钢筋混凝土梁支座或节点边缘截面的弯矩调幅系数 β 一般不宜超过 0.25，钢筋混凝土板的弯矩调幅系数 β 不宜大于 0.20；

（4）调整后的结构内力必须满足静力平衡条件，即连续梁、板各跨两支座弯矩 M_A，M_B 的平均值与跨中弯矩值 M_l 之和不得小于简支梁弯矩值 M_0 的 1.02 倍，即

$$(M_A + M_B)/2 + M_l \geqslant 1.02M_0 \tag{11-9}$$

（5）为防止在内力重分布过程中发生剪切破坏，应按《混凝土结构设计规范》斜截面受剪承载力计算所需的箍筋数量增大 20%。另外，为了减少发生斜拉破坏的可能性，受剪箍筋配筋率下限值应满足

$$\rho_{sv} = \frac{A_{sv}}{bs} \geqslant 0.36 \frac{f_t}{f_{yv}} \tag{11-10}$$

（6）按弯矩调幅法设计的结构，必须满足正常使用阶段变形及裂缝宽度的要求，在使用阶段不出现塑性铰。

按弯矩调幅法进行分析时，对于承受均布荷载和间距相同、大小相等的集中荷载的等跨连续梁、板，为设计方便，控制截面的内力可直接按下列公式计算：

（1）等跨连续梁各跨跨中及支座截面的弯矩设计值：

承受均布荷载时

$$M = \alpha_{mb}(g + q)l_0^2 \tag{11-11}$$

承受间距相同、大小相等的集中荷载时

$$M = \eta\alpha_{mb}(G + Q)l_0 \tag{11-12}$$

式中　g——沿梁单位长度上的永久荷载设计值；

　　　q——沿梁单位长度上的可变荷载设计值；

　　　G——一个集中永久荷载设计值；

　　　Q——一个集中可变荷载设计值；

　　　α_{mb}——连续梁考虑塑性内力重分布的弯矩系数，按表 11-2 采用；

　　　η——集中荷载修正系数，根据一跨内集中荷载的不同情况按表 11-3 采用；

　　　l_0——计算跨度，根据支承条件按表 11-1 采用。

表 11-2　连续梁考虑塑性内力重分布的弯矩系数 α_{mb}

端支座 支承情况	截面					
	端支座	边跨跨中	离端第二支座	离端第二跨跨中	中间支座	中间跨跨中
	A	I	B	II	C	III
搁置在砖墙上	0	$\dfrac{1}{11}$	$-\dfrac{1}{10}$	$\dfrac{1}{16}$	$-\dfrac{1}{14}$	$\dfrac{1}{16}$
与梁整体连接	$-\dfrac{1}{24}$	$\dfrac{1}{14}$	（用于两跨连续梁） $-\dfrac{1}{11}$			
与柱整体连接	$-\dfrac{1}{16}$	$\dfrac{1}{14}$	（用于多跨连续梁）			

注：表中 A、B、C 和 I、II、III 分别为从两端支座截面和边跨跨中截面算起的截面代号。

表 11-3　集中荷载修正系数 η

荷载情况	截面					
	A	I	B	II	C	III
跨间中点作用一个集中荷载	1.5	2.2	1.5	2.7	1.6	2.7
跨间三分点作用两个集中荷载	2.7	3.0	2.7	3.0	2.9	3.0
跨间四分点作用三个集中荷载	3.8	4.1	3.8	4.5	4.0	4.8

（2）等跨连续梁的剪力设计值：

承受均布荷载时

$$V = \alpha_{vb}(g + q)l_n \tag{11-13}$$

承受间距相同、大小相等的集中荷载时

$$V = \alpha_{vb} n (G + Q) \tag{11-14}$$

式中　l_n——各跨的净跨；

　　　n——一跨内集中荷载的个数；

　　　α_{vb}——考虑塑性内力重分布的剪力系数，按表 11-4 采用。

表 11-4　连续梁考虑塑性内力重分布的剪力系数 α_{vb}

荷载情况	端支座支承情况	截　面				
		A 支座内侧	B 支座外侧	B 支座内侧	C 支座外侧	C 支座内侧
		A_{in}	B_{ex}	B_{in}	C_{ex}	C_{in}
均布荷载	搁置在砖墙上	0.45	0.60	0.55	0.55	0.55
	梁与梁或梁与柱整体连接	0.50	0.55			
集中荷载	搁置在砖墙上	0.42	0.65	0.60	0.55	0.55
	梁与梁或梁与柱整体连接	0.50	0.60			

注：表中 A_{in}、B_{ex}、B_{in}、C_{ex}、C_{in} 分别为支座内、外侧截面的代号。

（3）承受均布荷载的等跨连续单向板，各跨跨中及支座截面的弯矩设计值：

$$M = \alpha_{mp}(g + q) l_0^2 \tag{11-15}$$

式中　g——沿板跨单位长度上的永久荷载设计值；

　　　q——沿板跨单位长度上的可变荷载设计值；

　　　α_{mp}——连续单向板考虑塑性内力重分布的弯矩系数，按表 11-5 采用；

　　　l_0——计算跨度，根据支承条件按表 11-1 采用。

表 11-5　连续板考虑塑性内力重分布的弯矩系数 α_{mp}

端支座支承情况	截　面					
	端支座	边跨跨中	离端第二支座	离端第二跨中	中间支座	中间跨跨中
	A	I	B	II	C	III
搁置在砖墙上	0	$\dfrac{1}{11}$	$-\dfrac{1}{10}$ （用于两跨连续板）	$\dfrac{1}{16}$	$-\dfrac{1}{14}$	$\dfrac{1}{16}$
与梁整体连接	$-\dfrac{1}{16}$	$\dfrac{1}{14}$	$-\dfrac{1}{11}$ （用于多跨连续板）			

11.2.7　单向板肋梁楼盖的配筋计算与构造要求

求出梁、板的内力后，即可按受弯构件进行截面承载力和配筋计算。若构件截面尺寸符合规定要求，一般可不进行挠度和裂缝宽度的验算。

11.2.7.1　单向板的配筋计算及构造要求

A　板的配筋计算

对四周与梁整体连接的板，在负弯矩作用下支座截面在上部开裂，在正弯矩作用下跨中截面在下部开裂，板中未开裂部分形如拱状，如图 11-14 所示，由于周边梁在水平方向对板的约束而在板内形成拱作用，板中弯矩值也因此降低。

为了考虑板内拱作用的有利影响，规范规定四周与梁整体连接的板，计算所得的弯矩可相应予以折减。对于单向板肋梁楼盖，中间跨的跨中及中间支座截面弯矩可减少 20%，其他截面不予折减。

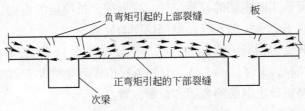

图 11-14　连续板的拱作用

B　板内受力钢筋

板受力钢筋的直径通常采用 6~12mm。对支座负弯矩钢筋，为便于施工架立，宜采用较大直径的钢筋。板中受力钢筋的间距，一般不小于 70mm；当板厚 $h \leqslant 150$mm 时，不宜大于 200mm，当板厚大于 150mm 时，不宜大于 1.5h，且不宜大于 250mm。

板受力钢筋的配筋形式可分为弯起式或分离式，如图 11-15 所示。弯起式配筋先按跨中正弯矩确定钢筋直径和间距，然后在支座附近将部分跨中钢筋向上弯起，用以承担支座

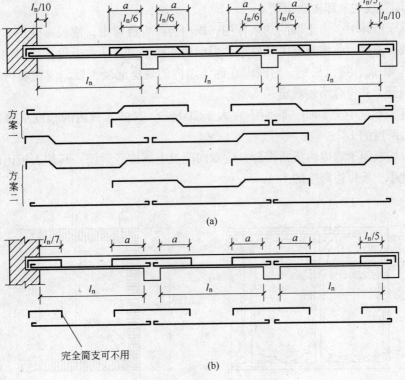

(a)

(b)

图 11-15　连续板受力钢筋配筋形式
(a) 弯起式配筋；(b) 分离式配筋

负弯矩，如数量不足，可另加直钢筋。分离式配筋则将全部跨中正弯矩钢筋伸入支座，另外设置支座负弯矩钢筋。相比弯起式配筋，分离式配筋锚固稍差，钢筋用量也略大，但设计和施工简单方便，是目前工程中主要采用的配筋方式。

为保证锚固可靠，板内下部受力钢筋伸入支座的锚固长度不应小于 $5d$，且宜伸过支座中心线。当连续板内温度、收缩应力较大时，伸入支座的锚固长度宜适当增加。对于支座负弯矩钢筋，为保证施工时钢筋的设计位置，宜做成直抵模板的直钩。支座负弯矩钢筋向跨中的延伸长度应覆盖负弯矩图并满足钢筋锚固的要求。

对于等跨连续板受力钢筋的弯起和截断，一般可按图 11-15 的要求处理。图中当 q/g ≤3 时，$a=l_n/4$；当 $q/g>3$ 时，$a=l_n/3$。但是当板相邻跨度差大于 20% 或各跨荷载相差较大时，应按弯矩包络图确定钢筋的弯起和截断位置。

C　板内构造钢筋

a　分布钢筋

分布钢筋是与受力钢筋垂直放置的构造钢筋，其作用是与受力钢筋组成钢筋网，固定受力钢筋的位置，抵抗由于收缩、徐变以及温度变化产生的内部应力，并承担板上局部荷载产生的内力。分布钢筋应布置在受力钢筋的内侧，单位宽度上分布钢筋的截面面积不宜小于单位宽度上受力钢筋截面面积的 15%，且配筋率不宜小于 0.15%；分布钢筋直径不宜小于 6mm，间距不宜大于 250mm，当集中荷载较大时，分布钢筋的配筋面积尚应增加，且间距不宜大于 200mm。

b　沿墙处板的上部构造钢筋

板支承于墙体时，由于墙的约束作用，板内会产生负弯矩，使板面受拉开裂。在板角部分，荷载、温度、收缩及施工条件均会引起角部拉应力，导致板角发生斜向裂缝，如图 11-16 所示。因此，规范规定，对嵌固在砌体墙内的现浇混凝土板，应在板内沿墙体设置上部构造钢筋，并符合下述规定：

钢筋直径不宜小于 8mm，间距不宜大于 200mm，其伸入板内的长度从墙边算起不宜小于板短边跨度的 1/7；

对两边均嵌固于墙内的板角部分，应双向配置上部构造钢筋，其伸入板内的长度从墙边算起不宜小于板短边跨度的 1/4；

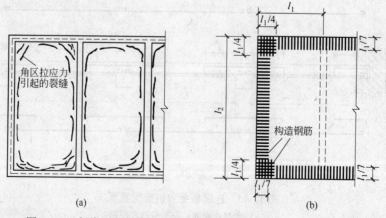

图 11-16　板嵌固于砌体承重墙时的板面裂缝分布及上部构造钢筋

沿板的受力方向配置的板上部构造钢筋的截面面积不宜小于该方向跨中受力钢筋截面积的 1/3，沿非受力方向配置的上部构造钢筋，可根据经验适当减少。

c 主梁处板的上部构造钢筋

现浇肋梁楼盖的单向板实际上是四边支承板，在靠近主梁附近，部分板面荷载直接传递给主梁，也会产生一定的负弯矩。因此，应沿主梁长度方向配置间距不大于 200mm 且与主梁垂直的上部构造钢筋，其直径不宜小于 8mm，且单位长度内的总截面面积不宜小于板中单位宽度内受力钢筋截面面积的 1/3。该构造钢筋伸入板内的长度从主梁边算起每边不宜小于板计算跨度 l_0 的 1/4，如图 11-17 所示。

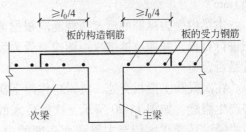

图 11-17 单向板中与主梁垂直的构造钢筋

d 防裂构造钢筋

在温度、收缩应力较大的现浇板区域，应在板的表面双向配置防裂构造钢筋。配筋率均不宜小于 0.1%，间距不宜大于 200 mm。防裂构造钢筋可利用原有钢筋贯通布置，也可另行设置构造钢筋并与原有钢筋按受拉钢筋的要求搭接或在周边构件中锚固。

11.2.7.2 次梁的配筋计算及构造要求

整体现浇肋梁楼盖中，板与次梁现浇为整体，板与次梁共同工作。在正弯矩作用下的跨中截面，板位于受压区，次梁应按 T 形截面计算受力钢筋；在支座附近的负弯矩区域，板位于受拉区，次梁应按矩形截面计算受力钢筋。

次梁中受力纵筋的截断，原则上应按弯矩包络图确定。对于相邻跨度差不超过 20%、承受均布荷载、活载与恒载之比 $q/g \leqslant 3$ 的次梁，可参照已有设计经验布置钢筋，如图 11-18 所示。图中 l_n 为净跨；l_1 为纵筋的搭接长度，当与架立筋搭接时，为 150~200mm，当与受力钢筋搭接时，取 $1.2l_a$（l_a 为受拉钢筋锚固长度）；l_{as} 为纵筋在支座内的锚固长度；d 为纵筋直径；h 为梁高。

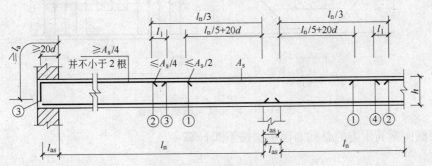

图 11-18 次梁配筋方式

11.2.7.3 主梁的配筋计算及构造要求

计算主梁纵向受力纵筋时，跨中正弯矩截面按 T 形截面计算，当跨中出现负弯矩时，跨中负弯矩截面按矩形截面计算；支座负弯矩截面按矩形截面计算。

在主梁的支座截面处，由于板、次梁和主梁的负弯矩钢筋相互交错，板和次梁的钢筋在上，主梁的钢筋在下，降低了主梁在支座截面处的有效高度。因此计算主梁支座受力钢筋时，其截面有效高度（图 11-19）为：

主梁的负弯矩钢筋单排布置时，$h_0 = h - (60 \sim 65)\text{mm}$；

主梁的负弯矩钢筋双排布置时，$h_0 = h - (80 \sim 85)\text{mm}$。

主梁内受力纵筋的弯起与截断应根据弯矩包络图进行布置，并通过抵抗弯矩图检查受力纵筋的布置是否合适。

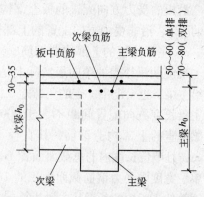

图 11-19　主梁支座处截面的有效高度

在次梁和主梁相交处，负弯矩作用下次梁顶部将产生裂缝，如图 11-20 所示，次梁传来的集中荷载将通过其受压区传至主梁截面高度的中、下部，有可能导致主梁下部混凝土产生斜裂缝。为了防止这种斜裂缝引起的局部破坏，应在集中荷载影响范围内配置附加横向钢筋。附加横向钢筋的形式有箍筋和吊筋，一般优先采用附加箍筋，箍筋应布置在长度为 $s(s = 2h_1 + 3b)$ 的范围内。当采用吊筋时，其弯起段应伸至梁上边缘，末端水平段长度不应小于锚固长度，即在受拉区不应小于 $20d$，在受压区不应小于 $10d$。在设计中，不允许用布置在集中荷载影响区内的受剪箍筋代替附加横向钢筋。

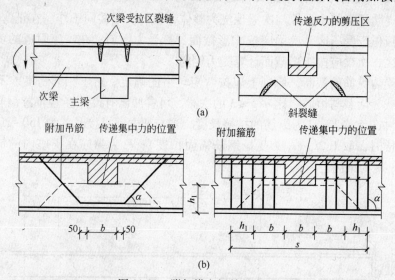

图 11-20　附加横向钢筋的布置

附加横向钢筋所需的总截面面积应按下式计算：

$$A_{sv} \geqslant \frac{F}{f_{yv}\sin\alpha} \tag{11-16}$$

式中　A_{sv}——承受集中荷载所需的附加横向钢筋总截面面积，当采用附加吊筋时，应为左、右弯起段截面面积之和；

F——作用在梁的下部或梁截面高度范围内的集中荷载设计值；

α——附加横向钢筋与梁轴线之间的夹角。

主、次梁配筋的一般构造要求可参见第 4 章。

11.3 双向板肋梁楼盖

11.3.1 双向板肋梁楼盖结构布置及构件截面尺寸确定

肋梁楼盖中，当板区格四边支承且平面的长边与短边尺寸之比小于等于 2 时，应按双向板设计，在两个方向配置受力钢筋。

当建筑物柱网接近正方形，且柱网尺寸及楼面荷载不大时，可仅在柱网的纵横轴线上布置主梁，而不必设置次梁（图 11-21（a））；当柱网尺寸较大，若不设次梁则板厚较大时，可增加次梁。

当柱网纵横向尺寸相差较大时，梁系的布置为：一个方向为主梁，另一个方向为次梁，这种布置方式的楼盖称为普通双向板楼盖（图 11-21（b）），主要应用于一般民用房屋。

当柱网两个向尺寸较大且接近正方形时，梁系的布置为在柱网纵横轴线两个方向上均布置主梁，在柱网之间两个方向布置次梁，这种布置方式的楼盖称为井式楼盖（图 11-21（c）），主要应用于公共建筑，如大型商场、办公楼的大厅等。

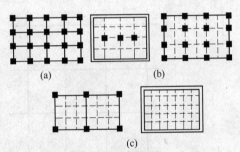

图 11-21 双向板肋梁楼盖结构布置形式

主梁截面高度可取 $h=(1/15\sim1/12)l$，次梁截面高度可取 $h=(1/20\sim1/15)l$，梁的截面宽度可取 $b=(1/3\sim1/2)h$，其中，l 分别为主梁或次梁的跨度。

双向板肋梁楼盖的内力计算方法也分为弹性理论计算方法和塑性理论计算方法。

11.3.2 双向板肋梁楼盖内力的弹性理论计算方法

11.3.2.1 单区格双向板

单区格双向板按弹性方法计算属于弹性理论小挠度薄板的弯曲问题，由于其内力分析很复杂，在实际计算中通常直接应用根据弹性理论分析结果编制的计算用表进行计算。在本书的附录 4 中，给出了在六种边界条件下，承受均布荷载的单区格双向板的跨内弯矩系数（当泊松比 $\nu=0$）、支座弯矩系数和挠度系数。应用时根据具体边界条件从相应表中查得系数，代入表头公式即可算出待求弯矩或挠度。

考虑到泊松比的影响，跨内正弯矩应按下式计算：

$$\left.\begin{array}{l} m_x^\gamma = m_x + \nu m_y \\ m_y^\gamma = \nu m_x + m_x \end{array}\right\} \tag{11-17}$$

11.3.2.2 多跨连续双向板

精确地计算连续双向板内力相当复杂，为满足使用要求，可通过对双向板上可变荷载的最不利布置以及支承情况的简化，将多区格连续板转化为单区格板并查用内力系数表进行计算。该方法假定支承梁的抗弯刚度很大，不计其竖向变形，而抗扭刚度很小，板支座可以转动。当同一方向的最小跨度与最大跨度之比不小于 0.75 时，一般可按下述方法计算：

（1）板跨中最大正弯矩。求某区格板跨中最大正弯矩时，应在该区格及其左右前后分别隔跨布置活荷载，形成棋盘式的荷载布置，如图 11-22 所示。为了能利用单区格双向板的内力计算表，通常将棋盘式荷载分为两种情况：一种情况为各区格均作用相同的荷载 $g+q/2$；另一种情况在各相邻区格分别作用反向荷载 $q/2$。两种荷载作用下板的内力相加，即为连续双向板的最终跨中最大正弯矩。

查表计算时，第一种荷载情况下的中间区格板按四边固定查表，对于边区格和角区格，其内部支承视为固定，外边支承情况根据具体情况确定。第二种荷载情况下的中间区格板按四边简支板查表，边区格和角区格，其内部支承视为简支，外边支承情况按实际情况确定。

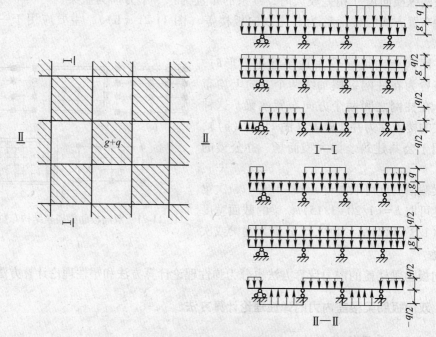

图 11-22　棋盘式荷载布置

（2）支座最大负弯矩。求支座最大负弯矩时活荷载不利布置较复杂，为简化计算，近似将恒载及活载作用在所有区格上（荷载值为 $g+q$）。查表计算时，中间支座均视为固定支座，边区格和角区格按实际情况确定。

11.3.2.3　双向板支承梁内力计算

如前所述，双向板上的荷载向两个方向传递到格板四周的支承梁。传递至梁上的荷载可采用近似方法计算：从板区格的四角作 45° 分角线，如图 11-23 所示，将每一个区格分成四个板块，将

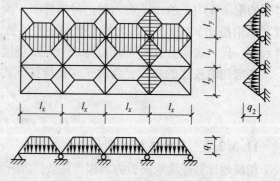

图 11-23　连续板支承梁计算简图

作用在每板块上的荷载传递给支承该板块的梁上。因此，传递到长边梁上的荷载呈梯形分布，传递到短边梁上的荷载呈三角形分布。

承受梯形或三角形分布荷载的连续梁的内力计算，可利用力法、位移法计算，也可以利用固端弯矩相等的条件将荷载等效为均布荷载计算。

11.3.3 双向板肋梁楼盖内力的塑性理论计算方法

当楼面承受较大均布荷载后，四边支承的双向板首先在板底出现平行于长边的裂缝，随着荷载的增加，裂缝逐渐延伸，与板边大致呈 45°，向四角发展，当短跨跨中截面受力钢筋屈服后，裂缝宽度明显增大，形成塑性铰，这些截面所承受的弯矩不再增加。荷载继续增加，板内产生内力重分布，其他裂缝处截面的钢筋达到屈服，板底主裂缝线明显地将整块板划分为四个板块，如图 11-24 所示。对于四周与梁浇注的双向板，由于四周约束的存在而产生负弯矩，在板顶出现沿支承边的裂缝，随着荷载的增加，沿支承边的板截面也陆续出现塑性铰。

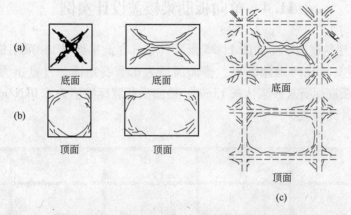

图 11-24 双向板破坏时的裂缝分布

将板上连续出现的塑性铰连在一起而形成的连线称为塑性铰线，也称为屈服线。正弯矩引起正塑性铰线，负弯矩引起负塑性铰线。塑性铰线的基本性能与塑性铰相同。板内塑性铰线的分布与板的形状、边界条件、荷载形式以及板内配筋等因素有关。

当板内出现足够多的塑性铰线后，板成为几何可变体系而破坏，此时板所能承受的荷载为板的极限荷载。

对结构的极限承载能力进行分析时，需要满足三个条件：

（1）极限条件，即当结构达到极限状态时，结构任一截面的内力都不能超过该截面的承载能力；

（2）机动条件，即在极限荷载作用下结构丧失承载能力时的运动形式，此时整个结构应是几何可变体系；

（3）平衡条件，即外力和内力处于平衡状态。

如果这三个条件都能满足，结构分析得到的解就是结构的真实极限荷载。但对于复杂结构，一般很难同时满足这三个条件，通常采用近似的求解方法，使其至少满足两个条件。满足机动条件和平衡条件的解称为上限解，上限解求得的荷载值大于真实解，使用的方法通常为机动法和极限平衡法；满足极限条件和平衡条件的解称为下限解，下限解求得的荷载值小于真实解，使用的方法通常为板条法。

11.3.4　双向板肋梁楼盖的构造要求

双向板的最小厚度不小于 80mm，一般为 80~160mm。同时，为了保证板具有足够的刚度，当板为简支时板厚不小于板短跨的 1/45，当板有约束时板厚不小于板短跨的 1/50。

双向板受力钢筋沿板区格平面纵横两个方向配置。配筋方式有弯起式和分离式，与单向板中配筋方式相同。

当按弹性理论方法计算时，在板靠近支座处的板带部分，弯矩较小，配筋可适当减少。

当按塑性理论方法分析时，则按分析中所取的配筋方式配筋，钢筋通常均匀布置。

沿板边、板角区需要配置构造钢筋，配置的方法和数量与单向板相同。

11.4　单向板肋梁楼盖设计实例

某多层工业建筑楼盖平面如图 11-25 所示（楼梯在此平面外），采用钢筋混凝土现浇整体楼盖，四周支承在砖砌体墙上。楼面面层为水磨石地面，自重重力荷载标准值为 0.65kN/m²，楼板底面石灰砂浆抹灰 15mm。楼面活荷载标准值为 6.0kN/m²，组合值系数为 0.7。要求设计此楼盖。

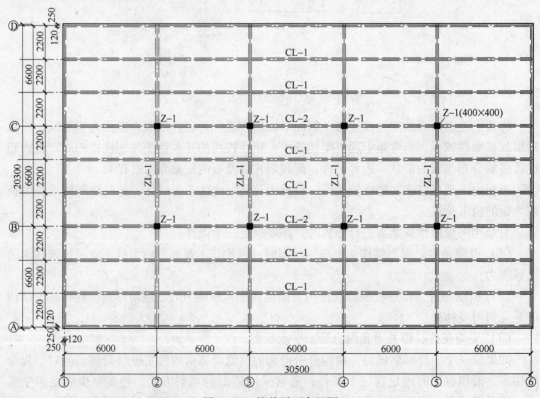

图 11-25　楼盖平面布置图

材料选用：混凝土强度等级 C20（$f_c = 9.6\text{N/mm}^2$，$f_t = 1.1\text{N/mm}^2$），梁中纵向受力钢筋采用 HRB400 级（$f_y = 360\text{N/mm}^2$），其他钢筋选用 HPB300 级（$f_y = 270\text{N/mm}^2$）。

1. 板的设计

由图 11-25 可见，板区格长边与短边之比 6000/2200 = 2.72 > 2.0 但 < 3.0，按规范规定，宜按双向板计算，当按沿短边方向受力的单向板计算时，应沿长边方向布置足够数量的构造钢筋。本例题按单向板计算，并采取必要的构造措施。

板厚应大于 $l/40 = 2200/40 = 55\text{mm}$，且工业建筑楼板最小厚度 80mm，故取板厚为 80mm。取 1m 宽板带为计算单元，按考虑塑性内力重分布的方法进行计算。

（1）荷载计算

水磨石地面	0.65kN/m^2
板自重	$25 \times 0.08 = 2.00\text{kN/m}^2$
板底抹灰	$17 \times 0.015 = 0.26\text{kN/m}^2$
恒载	2.91kN/m^2
活载	6.0kN/m^2

总荷载设计值：

由可变荷载效应控制的组合：$q = (1.2 \times 2.91 + 1.3 \times 6.0) \times 1.0 = 11.29\text{kN/m}$

由永久荷载效应控制的组合：$q = (1.35 \times 2.91 + 0.7 \times 1.3 \times 6.0) \times 1.0 = 9.39\text{kN/m}$

可见，由可变荷载效应控制的组合所得的荷载设计值较大，故取总荷载设计值 $q = 11.29\text{kN/m}$。

（2）计算简图

次梁截面高度 $h = (1/18 \sim 1/12) \times 6000 = 333 \sim 500\text{mm}$，取 $h = 450\text{mm}$，截面宽度 $b = (1/3 \sim 1/2) \times 450 = 150 \sim 225\text{mm}$，取 $b = 200\text{mm}$。

板的计算跨度为：

中间跨　$l_0 = l_n = 2200 - 200 = 2000\text{mm}$

边跨　$l_0 = l_n + h/2 = (2200 - 100 - 120) + 80/2 = 2020\text{mm}$

　　　$< l_n + a/2 = (2200 - 100 - 120) + 120/2 = 2040\text{mm}$，取 $l_0 = 2020\text{mm}$

边跨与中间跨度差 $(2020 - 2000)/2000 = 1\% < 10\%$，故可按等跨连续板计算内力。板的计算简图如图 11-26（b）所示。

（3）弯矩设计值计算

$$M_1 = \frac{1}{11}ql_0^2 = \frac{1}{11} \times 11.29 \times 2.02^2 = 4.19\text{kN} \cdot \text{m}$$

$$M_2 = M_3 = \frac{1}{16}ql_0^2 = \frac{1}{16} \times 11.29 \times 2.0^2 = 2.82\text{kN} \cdot \text{m}$$

$$M_B = -\frac{1}{11}ql_0^2 = -\frac{1}{11} \times 11.29 \times 2.02^2 = -4.19\text{kN} \cdot \text{m}$$

$$M_C = -\frac{1}{14}ql_0^2 = -\frac{1}{14} \times 11.29 \times 2.0^2 = -3.23\text{kN} \cdot \text{m}$$

（4）截面配筋计算

板截面有效高度 $h_0 = 80 - 20 = 60\text{mm}$。计算过程见表 11-6，板的平面配筋图见图 11-27。

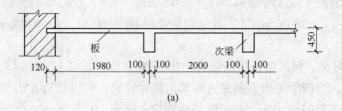

(a)

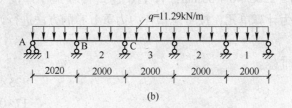

(b)

图 11-26   板的支承情况及计算简图

表 11-6   板的配筋计算

截 面	1	B	2, 3	C
$M/\text{kN} \cdot \text{m}$	4.19	−4.19	2.82	−3.23
$\alpha_s = \dfrac{M}{\alpha_1 f_c b h_0^2}$	0.121	0.121	0.082	0.093
$\xi = 1 - \sqrt{1 - 2\alpha_s}$	0.129	0.129	0.086	0.098<0.1，取 0.1
$A_s = \alpha_1 f_c b h_0 \xi / f_y /\ \text{mm}^2$	275	275	183	213
实际配筋/mm^2	φ8@180 ($A_s = 279$)	φ8@180 ($A_s = 279$)	φ8@200 ($A_s = 251$)	φ8@200 ($A_s = 251$)

（5）截面受剪承载力验算

板的最大剪力设计值发生在内支座，其值为

$$V = 0.55ql_n = 0.55 \times 11.29 \times 2.0 = 12.42\text{kN}$$

对于不配箍筋和弯起钢筋的一般板类受弯构件，其斜截面受剪承载力应满足

$V \leqslant V_u = 0.7\beta_h f_t b h_0$，本例中 $h_0 = 60\text{mm} < 800\text{mm}$，故 $\beta_h = 1.0$，则

$V = 12.42 \times 10^3\text{N} \leqslant V_u = 0.7\beta_h f_t b h_0 = 0.7 \times 1.0 \times 1.1 \times 1000 \times 60 = 46.2 \times 10^3\text{N}$

故板的斜截面受剪承载力满足要求。

2. 次梁的设计

主梁截面高度 $h = (1/14 \sim 1/8) \times 6600 = 471 \sim 825\text{mm}$，取 $h = 650\text{mm}$，截面宽度 $b = (1/3 \sim 1/2) \times 650 = 217 \sim 325\text{mm}$，取 $b = 300\text{mm}$。次梁的几何尺寸及支承情况见图 11-28（a）。

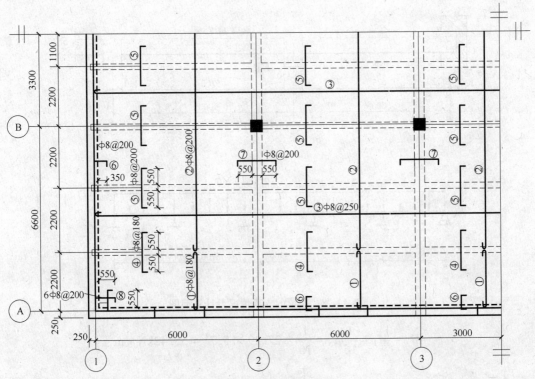

图 11-27　板的平面配筋图

（1）荷载计算

板传来恒载	$2.91×2.2=6.40kN/m$
次梁自重	$25×0.2×（0.45-0.08）=1.85kN/m$
次梁粉刷	$17×0.015×（0.45-0.08）×2=0.19kN/m$
恒载	$8.44kN/m$
活载	$6.0×2.2=13.20kN/m$

总荷载设计值：

由可变荷载效应控制的组合：$q=1.2×8.44+1.3×13.20=27.29kN/m$

由永久荷载效应控制的组合：$q=1.35×8.44+0.7×1.3×13.20=23.41kN/m$

故取总荷载设计值为 $q=27.29kN/m$。

（2）计算简图

次梁按考虑塑性内力重分布方法计算，计算跨度为：

中间跨　$l_0=l_n=6000-300=5700mm$

边跨　　$l_0=1.025l_n=1.025×（6000-120-150）=5873mm>l_n+a/2$

　　　　$=（6000-120-150）+240/2=5850mm$，取 $l_0=5850mm$

边跨与中间跨跨度差（5850-5700）/5700=2.6%<10%，故可按等跨连续梁计算内力。

次梁的计算简图如图 11-28（b）所示。

（3）内力计算

弯矩设计值：

$$M_1=\frac{1}{11}ql_0^2=\frac{1}{11}×27.29×5.85^2=84.90kN\cdot m$$

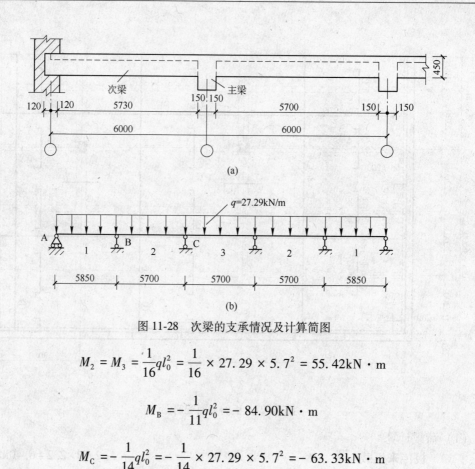

图 11-28   次梁的支承情况及计算简图

$$M_2 = M_3 = \frac{1}{16}ql_0^2 = \frac{1}{16} \times 27.29 \times 5.7^2 = 55.42 \text{kN} \cdot \text{m}$$

$$M_B = -\frac{1}{11}ql_0^2 = -84.90 \text{kN} \cdot \text{m}$$

$$M_C = -\frac{1}{14}ql_0^2 = -\frac{1}{14} \times 27.29 \times 5.7^2 = -63.33 \text{kN} \cdot \text{m}$$

剪力设计值：

$$V_{Ain} = 0.45ql_n = 0.45 \times 27.29 \times 5.73 = 70.37 \text{kN}$$

$$V_{Bex} = 0.6ql_n = 0.60 \times 27.29 \times 5.73 = 93.82 \text{kN}$$

$$V_{Bin} = V_{Cex} = V_{Cin} = 0.55ql_n = 0.55 \times 27.29 \times 5.7 = 85.55 \text{kN}$$

（4）截面配筋计算

次梁支座处按矩形截面进行正截面受弯承载力计算，跨中按 T 形截面进行计算。查表 4-5，可得翼缘宽度按下列两者中的较小值采用：

$$b_f' = l_0/3 = 5700/3 = 1900 \text{mm}$$
$$b_f' = b + s_0 = 200 + 2000 = 2200 \text{mm}$$

故取 $b_f' = 1900 \text{mm}$。

跨中及支座截面均按一排钢筋考虑，故取 $h_0 = 410 \text{mm}$，翼缘厚度为 80mm。计算可得
$$\alpha_1 f_c b_f' h_f'(h_0 - h_f'/2) = 1.0 \times 9.6 \times 1900 \times 80 \times (410 - 80/2) = 539.90 \text{kN} \cdot \text{m}$$

大于跨中弯矩设计值 M_1，M_2，M_3，因此各跨跨中截面均为第一类 T 形截面。次梁正截面受弯承载力计算见表 11-7。

次梁斜截面受剪承载力计算见表 11-8。考虑塑性内力重分布时，箍筋数量应增大 20%，且配箍率 $\rho_{sv} \geq 0.36 f_t/f_{yv} = 0.15\%$。

表 11-7　次梁正截面受弯承载力计算

截　面	1	B	2, 3	C
$M/\mathrm{kN}\cdot\mathrm{m}$	84.90	−84.90	55.42	−63.33
b 或 b_f'	1900	200	1900	200
$\alpha_\mathrm{s}=\dfrac{M}{\alpha_1 f_\mathrm{c} b h_0^2}$	0.028	0.263	0.018	0.196
$\xi=1-\sqrt{1-2\alpha_\mathrm{s}}$	0.028	0.312	0.018	0.220
$A_\mathrm{s}=\alpha_1 f_\mathrm{c} b h_0 \xi/f_\mathrm{y}/\mathrm{mm}^2$	582	682	374	481
实际配筋$/\mathrm{mm}^2$	2Φ20 ($A_\mathrm{s}=628$)	2Φ18 1Φ16 ($A_\mathrm{s}=710$)	2Φ16 ($A_\mathrm{s}=402$)	2Φ18 ($A_\mathrm{s}=509$)

表 11-8　次梁斜截面受剪承载力计算

截　面	A_{in}	B_{ex}	B_{in}, C_{ex}, C_{in}
V/kN	70.37	93.82	85.55
$0.25\beta_\mathrm{c} f_\mathrm{c} b h_0/\mathrm{kN}$	196.8>V	196.8>V	196.8>V
$0.7 f_\mathrm{t} b h_0/\mathrm{kN}$	63.14<V	63.14<V	63.14<V
$\dfrac{A_{\mathrm{sv}}}{s}=1.2\left(\dfrac{V-0.7 f_\mathrm{t} b h_0}{f_{\mathrm{yv}} h_0}\right)$	0.078	0.333	0.243
实配箍筋 $\left(\dfrac{A_{\mathrm{sv}}}{s}\right)$	双肢Φ8@200 (0.505)	双肢Φ8@200 (0.505)	双肢Φ8@200 (0.505)
配箍率 $\rho_{\mathrm{sv}}=\dfrac{A_{\mathrm{sv}}}{bs}$	0.25%>0.15%	0.25%>0.15%	0.25%>0.15%

次梁的 $q/g=13.20/8.44=1.56<3$，且跨度相差小于 20%，可按构造要求确定纵向受力钢筋的截断。次梁配筋图见图 11-29。

3. 主梁的设计

主梁按弹性理论分析方法计算。设柱截面尺寸为 400mm×400mm，主梁几何尺寸和支承情况见图 11-30（a）。

（1）荷载计算

为简化计算，主梁自重按集中荷载考虑。

次梁传来荷载	8.44×6.0＝50.64kN
主梁自重	25×0.3×（0.65−0.08）×2.2＝9.41kN
主梁粉刷	17×0.015×（0.65−0.08）×2×2.2＝0.64kN
恒载	60.69kN
活载	13.20×6.0＝79.20kN

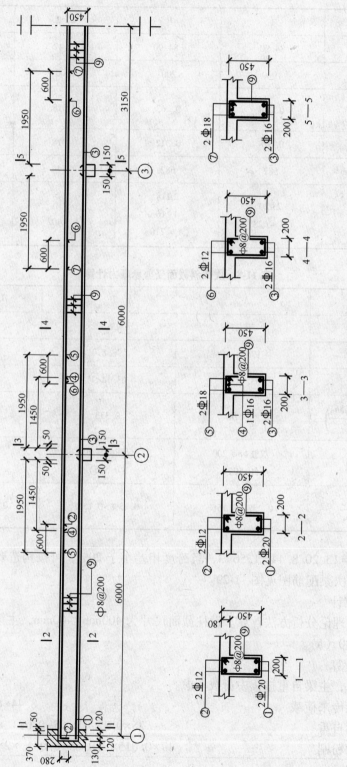

图 11-29 次梁配筋图

总荷载设计值：

由可变荷载效应控制的组合：$G=1.2\times60.69=72.83kN$，$Q=1.3\times79.20=102.96kN$

由永久荷载效应控制的组合：$G=1.35\times60.69=81.93kN$，$Q=0.7\times1.3\times79.20=72.07kN$

（2）计算简图

主梁的计算跨度为：

中间跨　$l_0=l_c=6600mm$

边跨　　$l_0=1.025l_n+b/2=1.025\times(6600-120-400/2)+400/2=6637mm$

　　　　$l_0=l_n+a/2+b/2=(6600-120-400/2)+370/2+400/2=6665mm$，取 $l_0=6637mm$

边跨与中间跨的平均跨度为 $l_0=(6600+6637)/2=6619mm$

边跨与中间跨的计算跨度相差 $(6637-6600)/6600=0.56\%<10\%$，可按等跨连续梁计算。主梁计算简图如图11-30（b）所示。

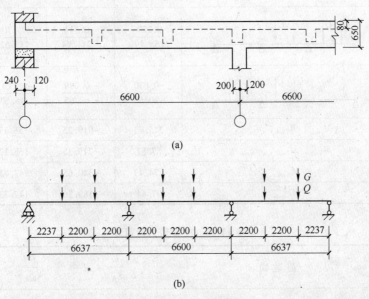

图 11-30　主梁计算简图

（3）内力计算

查用内力系数计算各控制截面内力，即

弯矩：
$$M=k_1Gl_0+k_2Ql_0$$

剪力：
$$V=k_3G+k_4Q$$

式中，k_1、k_2、k_3、k_4见附录3。

1）由可变荷载效应控制的组合内力计算：

边跨：$Gl_0=72.83\times6.637=483.37kN\cdot m$，$Ql_0=102.96\times6.637=683.35kN\cdot m$

中间跨：$Gl_0=72.83\times6.60=480.68kN\cdot m$，$Ql_0=102.96\times6.60=679.54kN\cdot m$

B 支座：$Gl_0=72.83\times6.619=482.06kN\cdot m$，$Ql_0=102.96\times6.619=681.49kN\cdot m$

主梁弯矩计算见表11-9，剪力计算见表11-10。

将各控制截面的组合弯矩和组合剪力绘于同一坐标轴上，即得到内力叠合图，其外包线即为内力包络图。图11-31（a）和图11-31（b）分别为主梁的弯矩包络图和剪力包络图。

表 11-9　主梁弯矩计算表

项次	荷载简图	$\dfrac{k}{M_1}$	$\dfrac{k}{M_B}$	$\dfrac{k}{M_2}$	$\dfrac{k}{M_C}$
1	G G G G G G	$\dfrac{0.244}{117.94}$	$\dfrac{-0.267}{-128.71}$	$\dfrac{0.067}{32.21}$	$\dfrac{-0.267}{-128.71}$
2	Q Q　Q Q	$\dfrac{0.289}{197.49}$	$\dfrac{-0.133}{-90.64}$	$\dfrac{-0.133}{-90.38}$	$\dfrac{-0.133}{-90.64}$
3	Q Q	$\dfrac{-0.044}{-30.07}$	$\dfrac{-0.133}{-90.64}$	$\dfrac{0.200}{135.91}$	$\dfrac{-0.133}{-90.64}$
4	Q Q Q Q	$\dfrac{0.229}{156.49}$	$\dfrac{-0.311}{-211.94}$	$\dfrac{0.170}{115.52}$	$\dfrac{-0.089}{-60.65}$
5	Q Q　Q Q	$\dfrac{-0.030}{-20.50}$	$\dfrac{-0.089}{-60.65}$	$\dfrac{0.170}{115.52}$	$\dfrac{-0.311}{-211.94}$
①+②	M_{1max}，M_{2min}，M_{3max}	315.43	−219.35	−58.17	−219.35
①+③	M_{1min}，M_{2max}，M_{3min}	87.87	−219.35	168.12	−219.35
①+④	$M_{B\,max}$	274.43	−340.65	147.73	−189.36
①+⑤	$M_{C\,max}$	97.44	−189.36	147.73	−340.65

表 11-10　主梁剪力计算表

项次	荷载简图	$\dfrac{k}{V_A}$	$\dfrac{k}{V_{B左}}$	$\dfrac{k}{V_{B右}}$
1	G G　G G G	$\dfrac{0.733}{53.38}$	$\dfrac{-1.267}{-92.28}$	$\dfrac{1.000}{72.83}$
2	Q Q　Q Q	$\dfrac{0.866}{89.16}$	$\dfrac{-1.134}{-116.76}$	$\dfrac{0}{0}$
4	Q Q Q Q	$\dfrac{0.689}{70.94}$	$\dfrac{-1.311}{-134.98}$	$\dfrac{1.222}{125.82}$
5	Q Q　Q Q	$\dfrac{-0.089}{-9.16}$	$\dfrac{-0.089}{-9.16}$	$\dfrac{0.778}{80.10}$
①+②	$V_{A\,max}$，$V_{D\,max}$	142.54	−209.04	72.83
①+④	$V_{B\,max}$	124.32	−227.26	198.65
①+⑤	$V_{C\,max}$	44.22	−101.44	152.93

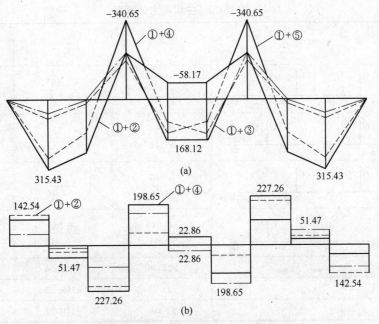

图 11-31 主梁弯矩包络图和剪力包络图

2）由永久荷载效应控制的组合内力计算：

边跨：$Gl_0 = 81.93 \times 6.637 = 543.77$kN·m，$Ql_0 = 72.07 \times 6.637 = 478.33$kN·m

中间跨：$Gl_0 = 81.93 \times 6.60 = 540.74$ kN·m，$Ql_0 = 72.07 \times 6.60 = 475.66$kN·m

B 支座：$Gl_0 = 81.93 \times 6.619 = 542.29$ kN·m，$Ql_0 = 72.07 \times 6.619 = 477.03$kN·m

主梁弯矩计算见表 11-11，剪力计算见表 11-12。

表 11-11 主梁弯矩计算表

项次	荷载简图	$\dfrac{k}{M_1}$	$\dfrac{k}{M_B}$	$\dfrac{k}{M_2}$	$\dfrac{k}{M_C}$
1	$G\ G\quad G\quad G\ G$	$\dfrac{0.244}{132.68}$	$\dfrac{-0.267}{-144.79}$	$\dfrac{0.067}{36.23}$	$\dfrac{-0.267}{-144.79}$
2	$Q\ Q\qquad Q\ Q$	$\dfrac{0.289}{138.24}$	$\dfrac{-0.133}{-63.44}$	$\dfrac{-0.133}{-63.26}$	$\dfrac{-0.133}{-63.44}$
3	$Q\ Q$	$\dfrac{-0.044}{-21.05}$	$\dfrac{-0.133}{-63.44}$	$\dfrac{0.200}{95.13}$	$\dfrac{-0.133}{-63.44}$
4	$Q\ Q\ \ Q\ Q$	$\dfrac{0.229}{109.54}$	$\dfrac{-0.311}{-148.36}$	$\dfrac{0.170}{80.86}$	$\dfrac{-0.089}{-42.46}$
5	$Q\ Q\ \ Q\ Q$	$\dfrac{-0.030}{-14.35}$	$\dfrac{-0.089}{-42.46}$	$\dfrac{0.170}{80.86}$	$\dfrac{-0.311}{-148.36}$
①+②	M_{1max}，M_{2min}，M_{3max}	270.92	−208.23	−27.03	−208.23
①+③	M_{1min}，M_{2max}，M_{3min}	111.63	−208.23	131.36	−208.23
①+④	$M_{B\ max}$	242.22	−293.15	117.09	−187.25
①+⑤	$M_{C\ max}$	118.33	−187.25	117.09	−293.15

表 11-12　主梁剪力计算表

项次	荷载简图	$\dfrac{k}{V_A}$	$\dfrac{k}{V_{B左}}$	$\dfrac{k}{V_{B右}}$
1	$G\ G\quad G\ G\ G$	$\dfrac{0.733}{60.05}$	$\dfrac{-1.267}{-103.81}$	$\dfrac{1.000}{81.93}$
2	$Q\ Q\qquad Q\ Q$	$\dfrac{0.866}{62.41}$	$\dfrac{-1.134}{-81.73}$	$\dfrac{0}{0}$
4	$Q\ Q\quad Q\ Q$	$\dfrac{0.689}{49.66}$	$\dfrac{-1.311}{-94.48}$	$\dfrac{1.222}{88.07}$
5	$Q\ Q\quad Q\ Q$	$\dfrac{-0.089}{-6.41}$	$\dfrac{-0.089}{-6.41}$	$\dfrac{0.778}{56.07}$
①+②	$V_{A\ max}$，$V_{D\ max}$	122.46	-185.54	81.93
①+④	$V_{B\ max}$	109.71	-198.29	170.00
①+⑤	$V_{C\ max}$	53.64	-110.22	138.00

　　将各控制截面的组合弯矩和组合剪力绘于同一坐标轴上，即得到内力叠合图，其外包线即为内力包络图。图 11-32（a）和图 11-32（b）分别为主梁的弯矩包络图和剪力包络图。

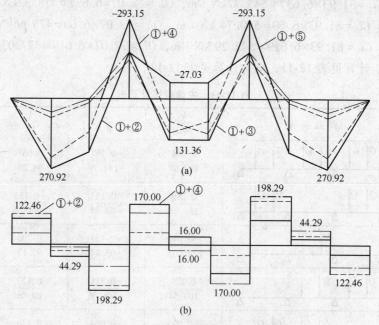

图 11-32　主梁弯矩包络图和剪力包络图

　　（4）配筋计算

　　主梁跨中在正弯矩作用下按 T 形截面进行计算。边跨及中跨的翼缘宽度按下列两者中的较小值采用：

$$b_f' = l_0/3 = 6600/3 = 2200\text{mm}$$

$$b'_f = b + s_0 = 300 + 5700 = 6000mm$$

故取 $b'_f = 2200mm$，并取 $h_0 = 650-40 = 610mm$，翼缘厚度为80mm。计算可得

$$\alpha_1 f_c b'_f h'_f (h_0 - h'_f/2) = 1.0 \times 9.6 \times 2200 \times 80 \times (610 - 80/2) = 963.07kN \cdot m$$

大于跨中弯矩设计值 M_1，M_2，因此为第一类 T 形截面。

主梁支座截面及负弯矩作用下的跨中截面按矩形截面进行计算，取 $h_0 = 650-80 = 570mm$。支座 B 边缘截面弯矩 $M_B = 340.65-(72.83+102.96)\times0.4/2 = 305.49kN \cdot m$。

主梁正截面及斜截面承载力计算见表 11-13 和表 11-14。

表 11-13 主梁正截面受弯承载力计算

截 面	边跨跨中	支座 B	中跨跨中	
$M/kN \cdot m$	315.43	-305.49	168.12	-58.17
b 或 b'_f	2200	300	2200	300
$\alpha_s = \dfrac{M}{\alpha_1 f_c b h_0^2}$	0.040	0.326	0.021	0.062
$\xi = 1 - \sqrt{1 - 2\alpha_s}$	0.041	0.410	0.021	0.064
$A_s = \dfrac{\alpha_1 f_c b h_0 \xi}{f_y}$ /mm²	1467	1870	752	292
实际配筋/mm²	2⏀22（直） 2⏀22（弯） （$A_s = 1520$）	3⏀20（直） 2⏀22+1⏀20（弯） （$A_s = 2015$）	2⏀20（直） 1⏀20（弯） （$A_s = 942$）	2⏀20 （$A_s = 760$）

表 11-14 主梁斜截面受剪承载力计算

截 面	A 支座	B 支座（左）	B 支座（右）
V/kN	142.54	227.26	198.65
$0.25\beta_c f_c b h_0/kN$	439.20>V	410.40>V	410.40>V
$0.7 f_t b h_0/kN$	140.91<V	131.67<V	131.67<V
箍筋选用	双肢⏀8@200	双肢⏀8@200	双肢⏀8@200
$V_{cs} = 0.7 f_t b h_0 + f_{yv} h_0 \dfrac{n A_{sv1}}{s}$	224.08	209.39	209.39
$A_{sb} = \dfrac{V - V_{cs}}{0.8 f_y \sin\alpha_s}$	—	117.00	—
实配钢筋	—	鸭筋 2⏀16（$A_s = 402$） 双排 1⏀22（$A_s = 380$）	鸭筋 2⏀16（$A_s = 402$） 单排 1⏀20（$A_s = 380$）

主梁抵抗弯矩图及配筋图如图 11-33 所示。

（5）附加横向钢筋计算

由次梁传递给主梁的全部集中荷载设计值：

$$F = 1.2\times50.64+1.3\times79.20 = 163.73kN$$

主梁内支承次梁处附加横向钢筋面积：

$$A_{sv} = \frac{F}{2 f_y \sin\alpha_s} = \frac{163.73 \times 10^3}{2 \times 360 \times \sin45°} = 322mm^2$$

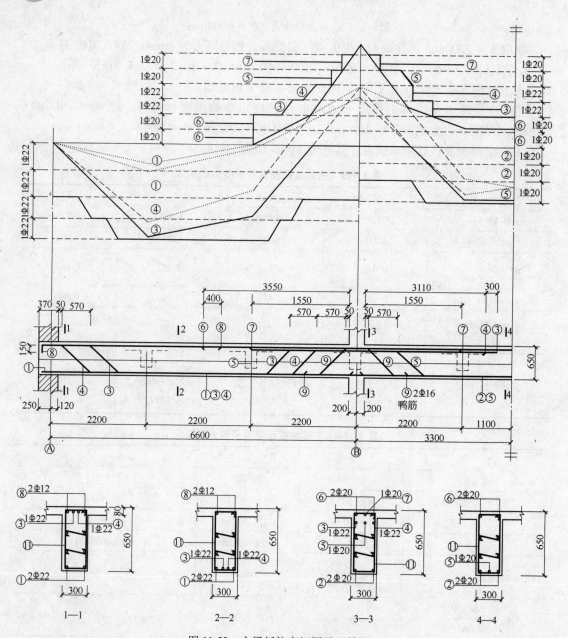

图 11-33　主梁抵抗弯矩图及配筋图

选用 2Φ16 作为吊筋（$A_{sv} = 402\text{mm}^2$），配置见图 11-34。

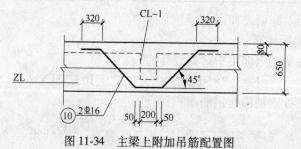

图 11-34　主梁上附加吊筋配置图

（6）主梁纵筋的弯起及截断

按相同比例将弯矩包络图和抵抗弯矩图绘制在同一坐标图上，绘制抵抗弯矩图时，弯起钢筋的位置为：弯起点距抗弯承载力充分利用点的距离不小于 $h_0/2$，弯起钢筋之间的距离不超过箍筋的最大间距 s_{max}。同时，在 B 支座处设置抗剪鸭筋，其上弯点距支座边缘的距离为 50mm，从边跨跨中分两次弯起两根钢筋，以承受剪力并满足构造要求。

确定钢筋的截断，首先根据每根钢筋的抗弯承载力与弯矩包络图的交点，确定钢筋的充分利用点和理论截断点；钢筋的实际截断点距钢筋的理论截断点的距离应不小于 h_0，且不小于 $20d$，且应满足延伸长度（钢筋的实际截断点至充分利用点的距离）的要求，当 $V>0.7f_tbh_0$ 时，$l_d=1.2l_a+h_0$。

11.5 楼 梯

楼梯是多、高层房屋的竖向通道，是房屋的重要组成部分。钢筋混凝土楼梯由于经久耐用，防火性能好，因而被广泛采用。从施工方法来看，钢筋混凝土楼梯可以分为现浇整体式楼梯和预制装配式楼梯。按结构形式和受力特点来看，又可分为梁式楼梯（图 11-35（a））、板式楼梯（图 11-35（b））、折板悬挑式楼梯（图 11-35（c））以及螺旋式楼梯（图 11-35（d））等。本节主要介绍梁式楼梯和板式楼梯的设计。

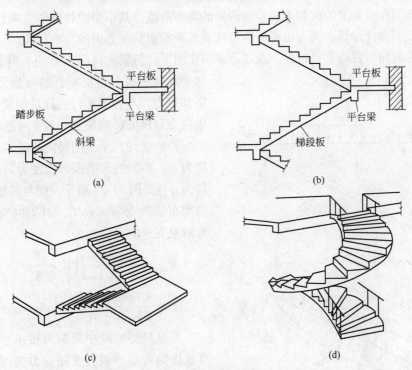

图 11-35 楼梯类型

11.5.1 梁式楼梯

梁式楼梯由踏步板、斜梁、平台板和平台梁等组成。踏步板支承在斜梁上，斜梁支承在平台梁上。荷载传递途径为：踏步板→斜梁→平台梁。梁式楼梯传力路径明确，可承受较大荷载，跨度较大，因而广泛应用于办公楼、教学楼等建筑。但这种楼梯施工复杂，外观也比较笨重。

11.5.1.1　踏步板的计算

梁式楼梯的踏步板可视为两端支承在斜梁上的单向板。由于每个踏步的受力情况是相同的，计算时取一个踏步作为计算单元，其截面为梯形，如图 11-36 所示。为简化计算，将其高度转化为矩形，折算高度为：$h = c/2 + d/\cos\alpha$，其中 c 为踏步高度，d 为楼梯板厚。这样踏步板可按截面宽度为 b，高度为 h 的矩形板进行内力与配筋计算。

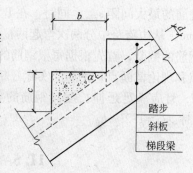

梁式楼梯踏步板厚度一般取 $d = 30 \sim 40\text{mm}$，踏步板的受力钢筋要求每一级踏步不小于 $2\Phi 8$，并沿梯段方向布置 $\Phi 8 @ 250$ 的分布钢筋。

11.5.1.2　斜梁的计算

斜梁的两端支承在平台梁上，一般按简支

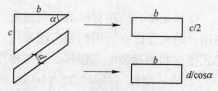

图 11-36　踏步板截面换算

梁计算。作用在斜梁上的荷载为踏步板传来的均布荷载，其中恒载按倾斜方向计算，活荷载按水平投影方向计算。通常也将恒载换算成水平投影长度方向的均布荷载。

斜梁是斜向搁置的受弯构件。在外荷载的作用下，斜梁上将产生弯矩、剪力和轴力，其中竖向荷载与斜梁垂直的分量使梁产生弯矩和剪力，与斜梁平行的分量使梁产生轴力。轴向力对梁的影响较小，通常可忽略不计。

若传递到斜梁上的竖向荷载为 q，斜梁长度为 l_1，斜梁的水平投影长度为 l，斜梁的倾角为 α，如图 11-37 所示，则与斜梁垂直作用的均布荷载为 $ql\cos\alpha/l_1$，斜梁的跨中最大正弯矩及支座剪力分别为

$$M_{max} = \frac{1}{8}\left(\frac{ql\cos\alpha}{l_1}\right)l_1^2 = \frac{1}{8}ql^2 \qquad (11\text{-}18)$$

$$V = \frac{1}{2}\left(\frac{ql\cos\alpha}{l_1}\right)l_1 = \frac{1}{2}ql\cos\alpha \qquad (11\text{-}19)$$

可见斜梁的跨中弯矩为按水平简支梁计算所得的弯矩，但其支座剪力为按水平简支梁计算所得的剪力乘以 $\cos\alpha$。

11.5.1.3　平台板和平台梁的计算

平台板一般为支承在平台梁及外墙上或钢筋混凝土过梁上，承受均布荷载的单向板，

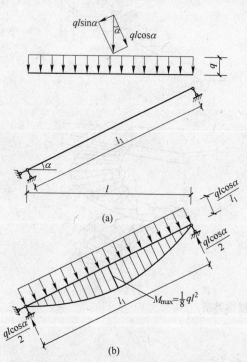

图 11-37　斜梁的弯矩和剪力

其跨中计算弯矩可近似取 $ql^2/8$ 或 $ql^2/10$，其中 l 为板的计算跨度。

平台梁承受平台板传来的均布荷载以及上、下楼梯斜梁传来的集中荷载，一般按简支梁计算内力，按受弯构件计算配筋。

11.5.2 板式楼梯

板式楼梯由一块斜放的板和平台梁组成。板端支承在平台梁上，荷载传递途径为：踏步板→平台梁。板式楼梯的优点是下表面平整，外观轻巧，施工简便。缺点是斜板较厚。当承受荷载较小，或跨度较小时选用板式楼梯较为合适，一般应用于住宅等建筑。

11.5.2.1 踏步板的计算

梯段斜板计算时，一般取 1m 宽斜向板带作为计算单元。梯段板的受力性能与梁式楼梯的斜梁相似，因此二者计算方法相同。考虑到平台梁对梯段板两端的嵌固作用，跨中弯矩可近似取 $ql^2/10$。

板式楼梯踏步板厚度一般取 1/30~1/25 板跨，通常为 100~120mm。每级踏步范围内需配置一根 Φ8 钢筋作为分布钢筋。考虑到支座连结处的整体性，为防止板面出现裂缝，应在斜板上部布置适量的钢筋。

11.5.2.2 平台梁的计算

板式楼梯中的平台梁按承受均布荷载的简支梁计算内力。配筋计算按倒 L 形截面计算，截面翼缘仅考虑平台板，不考虑梯段斜板。

小 结

（1）钢筋混凝土楼盖按施工方法可分为：装配式楼盖、装配整体式楼盖和现浇整体式楼盖。现浇整体式楼盖具有良好的整体性、抗震性和防水性，因此大量应用于多、高层钢筋混凝土结构房屋中。按其结构组成及布置又可分为：钢筋混凝土肋梁楼盖、井式楼盖和无梁楼盖。

（2）混凝土楼盖结构设计的一般步骤是：1）结构布置和构件选型；2）结构计算（包括确定计算简图、荷载计算、内力分析、内力组合以及截面配筋等）；3）绘制结构施工图。

（3）肋梁楼盖平面中按楼板的支承及受力条件的不同，可分为单向板肋梁楼盖和双向板肋梁楼盖。设计中按板的边界条件和板两个方向的跨度比来区分单向板和双向板。

（4）单向板肋梁楼盖有两种内力分析方法：按弹性理论和塑性理论的分析方法。塑性内力重分布的分析方法能更好地反映结构的实际受力状态，并能取得一定的经济效益。塑性铰、塑性内力重分布是本章的重要概念。如果采用塑性理论的分析方法，为保证塑性铰具有足够的转动能力，应采用塑性较好的混凝土和钢筋，保证截面受压区高度 $\xi = x/h_0$ 不超过 0.35，同时满足斜截面受剪能力的要求。为满足正常使用阶段变形及裂缝宽度的要求，设计时应控制弯矩调整幅度 β 不超过 0.25。

（5）双向板肋梁楼盖的内力分析也有按弹性理论和塑性理论两种方法。按塑性理论计算时应满足极限条件、平衡条件和机动条件。按塑性理论计算时常用的近似方法为机动法、极限平衡法和板带法，其中机动法和极限平衡法为上限解，满足平衡条件和机动条件；板带法为下限解，满足平衡条件和极限条件。

（6）现浇楼梯可分为梁式楼梯、板式楼梯、折板悬挑式楼梯以及螺旋式楼梯等。其中梁式楼梯和板式楼梯的主要区别在于：楼梯梯段是采用斜梁承重还是斜板承重。梁式楼梯受力较为合理，可承受较大荷载，但施工复杂，外观也比较笨重。板式楼梯与其反之。设计时应按照具体要求合理选型。

复习思考题

11-1 常见的楼盖形式有哪些？

11-2 什么是单向板和双向板，它们的受力特点有何不同，如何区分单向板和双向板？

11-3 现浇单向板肋梁楼盖设计时，如何确定板、次梁和主梁的计算简图？

11-4 为什么要考虑活荷载的不利布置？说明确定连续梁活荷载不利布置的原则。

11-5 按弹性理论计算肋梁楼盖中板与次梁的内力时，为什么要采用折算荷载，如何折算？

11-6 现浇单向板肋梁楼盖中，板内应配置哪些构造钢筋？

11-7 什么是钢筋混凝土受弯构件的塑性铰，它与理想铰有何不同，影响塑性铰转动能力的因素有哪些？

11-8 什么叫弯矩调幅法，使用弯矩调幅法时，应注意哪些问题？

11-9 简述钢筋混凝土连续双向板按弹性方法计算跨中最大正弯矩时活荷载的布置方式及计算步骤。

11-10 双向板达到承载力极限状态的标志是什么？

11-11 板式楼梯和梁式楼梯的受力特点有何不同？

12 单层厂房结构

12.1 概 述

工业厂房有多种结构形式，而工业厂房的设计首先要满足生产工艺要求，可以建成单层厂房或多层厂房。冶金或机械制造的冶炼、铸造、锻压、金工、装配等车间，由于工艺的要求，需要较大的生产空间且可能使用多台大吨位的吊车，以及由于生产造成较大的噪声、振动等特点，为避免楼层之间的相互影响，一般多采用单层厂房结构。

采用单层工业厂房便于设计标准化，提高构配件生产工业化和施工机械化的程度，缩短设计和施工周期，保证施工质量。

根据主要承重结构的组成材料，单层厂房可以分为混合结构、钢筋混凝土结构和钢结构。对于无吊车或吊车起重量不超过 5t，跨度小于 15m，柱顶标高不超过 8m，无特殊工艺要求的小型厂房，多采用由砖柱、钢筋混凝土屋架或轻钢屋架组成的混合结构。对厂房内设有重型吊车（吊车起重量超过 250t），跨度大于 36m，或有特殊工艺要求的大型厂房，可选用全钢结构或者由钢屋架和钢筋混凝土柱组成的结构。除上述情况以外，大部分单层厂房均采用钢筋混凝土结构。除特殊情况外，一般均选用装配式钢筋混凝土结构。

钢筋混凝土单层厂房的常用结构形式有排架结构和刚架结构。排架结构主要由屋架（或屋面梁）、柱和基础组成。排架柱在柱顶与屋架（或屋面梁）铰接，在柱底与基础固接。根据厂房的生产工艺和使用要求，排架结构可以设计成单跨或多跨，多跨排架又可以做成等高排架或不等高排架等多种形式，如图 12-1 所示。排架结构是目前单层厂房中广泛使用的基本结构形式。

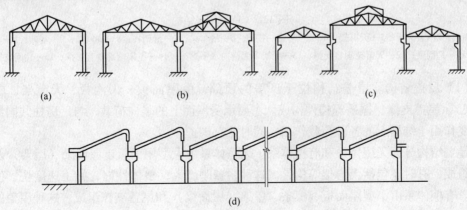

图 12-1 排架结构

(a) 单跨排架；(b) 双跨等高排架；(c) 三跨不等高排架；(d) 锯齿形排架

刚架结构通常由横梁、柱和基础组成。柱与横梁刚接为一个构件，柱与基础一般为铰接。门式刚架的顶点做成铰接的称为三铰门式刚架，顶点做成刚接时构成二铰门式刚架，如图 12-2 所示。门式刚架构件种类少，制作简单，但缺点在于刚度小，易发生跨度变化，施工就位麻烦。一般仅适用于屋盖较轻，无吊车或吊车起重量不超过 10t，跨度不超过 18m，檐口高度不大于 10m 的中、小型厂房或仓库等建筑。

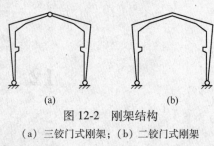

图 12-2　刚架结构

（a）三铰门式刚架；（b）二铰门式刚架

12.2　单层厂房结构的组成和布置

12.2.1　结构组成

单层装配式钢筋混凝土排架结构厂房通常是由屋盖结构、柱以及围护结构组成的一个空间受力体系，如图 12-3 所示。

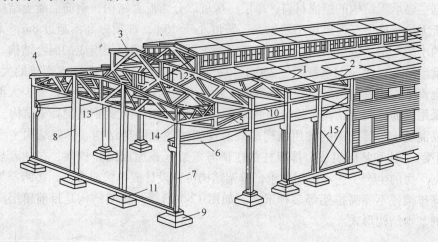

图 12-3　单层厂房结构

1—屋面板；2—天沟板；3—天窗架；4—屋架；5—托架；6—吊车梁；7—排架柱；8—抗风柱；9—基础；10—连系梁；
11—基础梁；12—天窗架垂直支撑；13—屋架下弦横向水平支撑；14—屋架端部垂直支撑；15—柱间支撑

（1）屋盖结构。屋盖结构位于厂房的顶部，由屋面板、天沟板、天窗架、屋面梁（屋架）、屋盖支撑、檩条等构件构成。主要承受屋面上的竖向荷载，与厂房柱共同组成排架承受作用于结构上的各种荷载作用，同时兼有围护作用。

屋盖结构分为无檩体系和有檩体系。无檩体系由大型屋面板、屋面梁（屋架）及屋盖支撑组成，有时还包括天窗架等构件。这种屋盖刚度大，整体性好，施工速度快，使用范围广。有檩体系由小型屋面板、檩条、屋架（屋面梁）和屋盖支撑组成。这种屋盖的整体性和空间刚度较差，目前使用较少。

（2）柱。钢筋混凝土柱承受屋架（屋面梁）、吊车梁、支撑、外墙传来的荷载，并将荷载传递给基础，是厂房的主要受力构件。

（3）吊车梁。由于生产工艺的要求，单层工业厂房中多设有吊车，吊车梁的作用是承受吊车荷载，并将其传递给柱子。

（4）支撑。为了加强厂房的整体性，提高厂房的总体刚度，保证结构构件的安装和使用时的稳定与安全，同时起到传递荷载的作用，在柱列之间及屋盖结构中设置支撑。

（5）围护结构。围护结构由外纵墙、山墙、连系梁、基础梁、过梁、圈梁、抗风柱组成。围护结构承受的荷载主要是自身自重以及作用在墙面上的风荷载。

（6）基础。承受柱子和基础梁等传来的上部结构所有荷载，并将其传给地基。

12.2.2 结构布置

12.2.2.1 结构平面布置

结构平面布置即结构构件在平面上的排列方式，包括柱网布置和变形缝的设置。

A 柱网布置

厂房的横向定位轴线（柱距）和纵向定位轴线（跨度）构成柱网。柱网尺寸确定后，承重柱的位置、屋面板、屋架、吊车梁和基础梁等构件的跨度和位置也随之确定。因此，柱网的布置将直接影响到设计的合理性、厂房的使用性能和经济性。

柱网布置的原则首先应满足厂房生产工艺及使用要求，其次，还应遵守国家有关厂房建筑统一模数的规定，同时还应兼顾施工条件和生产发展、技术革新的需要。当厂房跨度不大于 18m 时，一般以 3m 为模数；厂房跨度大于 18m 时，应以 6m 为模数。但是当工艺布置和技术经济有明显优势时也可采用 21m、27m、33m 等。厂房柱距一般采用 6m，对工艺有特殊要求时，也可采用 9m 及 12m 柱距。

B 变形缝设置

变形缝包括伸缩缝、沉降缝和防震缝。

（1）伸缩缝。受气温的影响，厂房的地下部分与地上部分由于热胀冷缩而造成的变形不一致，使结构产生温度应力，引起墙体和屋面等构件产生裂缝，影响结构的正常使用。为了减小温度影响，通常设置伸缩缝，将厂房沿纵向或横向分成若干温度区段。其做法是从基础顶面开始，将相邻温度区段的上部结构完全分开，并留有一定的宽度，使结构能够自由变形，不致产生过大的温度应力以致开裂。温度区段的长度与结构类型、施工方法和结构所处环境有关。《混凝土结构设计规范》（GB50010—2010）规定，装配式钢筋混凝土排架结构在室内或土中时，伸缩缝最大间距为 100m，在露天时为 70m。

（2）沉降缝。单层厂房排架结构对地基不均匀沉降有较好的适应能力，一般只在一些特殊情况下考虑设置沉降缝。如厂房相邻两部分高度差异很大（大于 10m），相邻两跨间吊车起重量相差悬殊，地基承载力相差较大以及地基土压缩性有显著差异时应设置沉降缝。沉降缝的做法是将缝两侧的结构从基础到屋顶全部断开，使两侧的结构自由沉降而互不影响。

（3）防震缝。防震缝是为了减轻结构震害而采取的措施之一。当厂房的平、立面布置复杂，相邻结构高度或刚度相差较大时，应设置防震缝，将结构分成平、立面简单，刚度和质量分布均匀的若干独立单元。防震缝从基础顶面开始沿厂房全高设置，并且应有足够的宽度，其值由抗震设防烈度和防震缝两侧中较低一侧的厂房高度确定。

12.2.2.2 结构剖面布置

厂房的剖面设计就是根据生产工艺要求，确定沿厂房高度方向排架柱的尺寸。主要是确定吊车的轨顶标高、屋架下弦底面标高、上柱高度和下柱高度，如图 12-4 所示。

对于有吊车厂房，首先根据工作需要的净空确定吊车的轨顶标高，然后由吊车轨顶到小车顶面的尺寸和屋架下弦底面与吊车小车顶面间预留安全行车空隙，确定屋架下弦底面标高。

同时厂房的高度还应遵守建筑模数的规定，一般厂房由室内地面至柱顶的高度应为 300mm 的倍数。

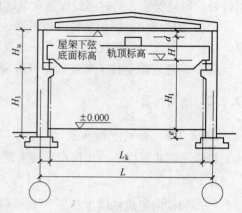

图 12-4   结构剖面布置

12.2.2.3 支撑布置

单层厂房支撑分为屋盖支撑和柱间支撑两类，其主要作用是联系屋架、柱等主要构件，保证施工以及正常使用阶段厂房结构的稳定性和整体性，增强厂房结构的刚度，并将某些水平荷载（如风荷载、吊车水平荷载、纵向地震作用等）传递给主要受力构件。

A 屋盖支撑

屋盖支撑包括横向水平支撑、纵向水平支撑、垂直支撑和水平系杆、天窗架支撑等。

a 屋盖横向水平支撑

屋盖横向水平支撑包括上弦横向水平支撑和下弦横向水平支撑。设置在屋面梁（屋架）上弦的称为上弦横向水平支撑，设置在屋面梁（屋架）下弦的称为下弦横向水平支撑。横向水平支撑由十字交叉角钢制成，如图 12-5、图 12-6 所示。

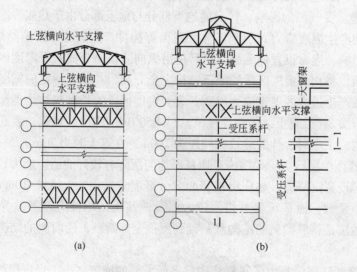

图 12-5   上弦横向水平支撑布置

上弦横向水平支撑的作用是保证屋架的侧向稳定性，提高屋盖的整体刚度，可以将山墙传来的风荷载和其他纵向水平荷载传给两侧柱列，一般布置在温度区段的两端和有柱间支撑的开间。

下弦横向水平支撑的作用是将山墙传来的风荷载和其他纵向水平荷载传给两侧柱列，防止屋架下弦由于吊车运行造成的侧向振动，设置在厂房两端及温度区段两端的第一或第二柱间，并最好与上弦水平支撑设置在同一柱间，以形成空间桁架体系。

b 纵向水平支撑

纵向水平支撑是由交叉角钢和屋架下弦组成的水平桁架，沿厂房纵向布置。纵向水平支撑一般设置在屋架下弦端部的节间内，当屋架为拱形或折线形时也可设置在屋架上弦，如图 12-7 所示。其主要作用是加强屋盖在横向水平面内的刚度，保证横向水平荷载的纵向分布，加强厂房的空间工作，并保证托架上弦的侧向稳定。

c 垂直支撑与水平系杆

由角钢构件与屋架中的直腹杆或天窗架立柱组成的竖向桁架称为屋盖垂直支撑，其形式为十字交叉形或 W 形，如图 12-8 所示。垂直支撑和下弦水平系杆的主要作用是保证屋架的整体稳定性，防止吊车工作或其他振动影响时屋架下弦的侧向振动。上弦水平系杆用于防止屋架上弦或屋面梁受压翼缘局部失稳，保证其侧向稳定。一般应在厂房温度区段两端的第一或第二柱间设置垂直支撑，在与垂直支撑相应位置的下弦节点沿厂房纵向设置通长水平系杆。当温度区段长度较长时，应在温度区段中部设有柱间支撑的柱间内增设一道垂直支撑。

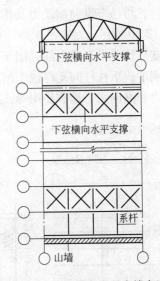

图 12-6 下弦横向水平支撑布置

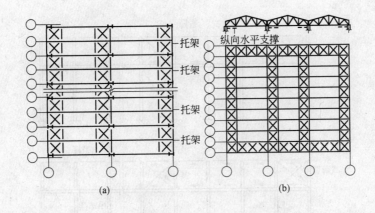

图 12-7 纵向水平支撑布置

d 天窗架支撑

天窗架支撑包括上弦横向水平支撑和天窗架间的垂直支撑，一般应设置在天窗的两端及具有柱间支撑的柱间，如图 12-9 所示。天窗架支撑的作用是保证天窗架上弦的侧向稳定和将天窗架端壁上的风荷载传给屋架。

B 柱间支撑

柱间支撑是纵向平面排架中最主要的抗侧力构件，其作用是提高厂房的纵向刚度和稳定性，将吊车纵向制动力及作用在山墙、天窗架的风荷载和纵向地震作用传递给基础，如图 12-10 所示。对有吊车的厂房，按其位置可分为上柱柱间支撑和下柱柱间支撑。上柱柱间支撑位于吊车梁上部，用于承受作用在山墙及天窗端壁的风荷载，并保证厂房上部的纵向刚度；下柱柱间支撑位于吊车梁下部，用于承受上柱柱间支撑传来的荷载、吊车纵向制动力和纵向水平地震作用等，并将其传递给基础。

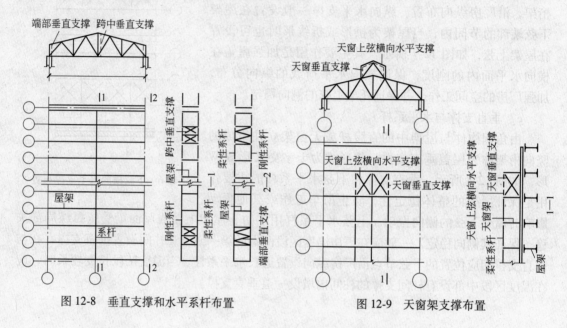

图 12-8   垂直支撑和水平系杆布置   图 12-9   天窗架支撑布置

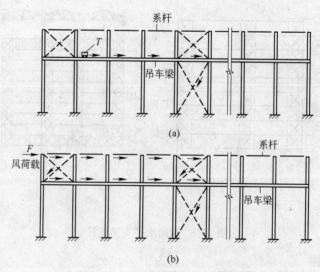

图 12-10   柱间支撑作用示意图

柱间支撑应设置在伸缩缝区段中央柱间或临近中央的柱间。上柱柱间支撑一般设置在温度区段两端与屋盖横向水平支撑相对应的柱间，以及温度区段中央柱间或临近中央的柱间；下柱柱间支撑设置在温度区段中央并与上柱柱间支撑相应的位置。

柱间支撑的形式一般采用交叉钢斜杆，交叉倾角一般在35°~55°之间，取45°为宜。

12.3 构件选型及截面尺寸确定

单层钢筋混凝土排架结构厂房中的结构构件有柱、屋面板、屋面梁（屋架）、天窗架、托架、吊车梁、基础梁、基础等。考虑到单层工业厂房设计及施工的标准化，除柱、基础外，其他构件均可从工业厂房构件标准图集中选用合适的标准构件，不必另行计算。对柱、基础进行设计计算之前，首先应确定其形式及截面尺寸。

12.3.1 柱

钢筋混凝土排架柱一般由三部分组成：上柱、牛腿、下柱。牛腿面以上的部分为上柱，牛腿面以下的部分为下柱。上柱一般为矩形截面，下柱截面有矩形截面、工字形截面、双肢柱等多种形式，如图12-11所示。

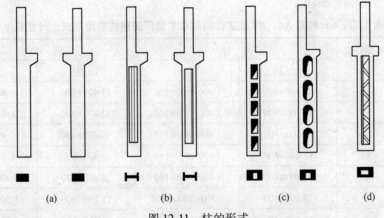

图 12-11 柱的形式

矩形截面柱构造简单，施工方便，但自重大，适用于轴心受压或截面较小的偏心受压柱，见图12-11（a）。

工字形截面柱省去了受力较小的部分腹部混凝土，减轻了柱自重，形状合理，施工方便，是目前被广泛采用的一种柱型，见图12-11（b）。

双肢柱由两根肢杆及腹杆组成，适用于吊车吨位较大的厂房，其截面高度较大，吊车竖向荷载一般通过肢杆轴线，可省去牛腿，简化构造，但其整体刚度不如工字形截面柱，见图12-11（c）、（d）。

当厂房跨度、高度和吊车起重量不大，柱的截面尺寸较小时，多采用矩形或工字形截面柱，而当跨度、高度、起重量较大，柱的截面尺寸也较大时，宜采用平腹杆或斜腹杆双肢柱。

柱截面的几何尺寸不仅应满足结构强度的要求，而且还应使柱具有足够的刚度，以保证厂房在正常使用过程中不致出现过大的变形，因此，柱截面几何尺寸不应太小。表12-1给出了柱距为6m的单跨和多跨厂房最小柱截面几何尺寸的限值。

柱的截面尺寸应考虑吊车起重量、柱截面类型、厂房的跨度、高度等因素。表12-2

给出了根据设计经验确定的柱距为 6m，一般桥式软钩吊车，起重量为 50~1000kN 时，单层厂房柱常用的截面形式及尺寸，可供设计时参考。

表 12-1 6m 柱距单层厂房矩形、工字形截面柱截面尺寸限值

柱的类型	b	h		
		$Q \leqslant 100$kN	100kN $< Q < 300$kN	300kN $\leqslant Q \leqslant 500$kN
有吊车厂房下柱	$\geqslant H_1/22$	$\geqslant H_1/14$	$\geqslant H_1/12$	$\geqslant H_1/12$
露天吊车柱	$\geqslant H_1/25$	$\geqslant H_1/10$	$\geqslant H_1/8$	$\geqslant H_1/7$
单跨无吊车厂房柱	$\geqslant H/30$	$\geqslant 1.5H/25$（或 $0.06H$）		
多跨无吊车厂房柱	$\geqslant H/30$	$\geqslant H/20$		
仅承受风载与自重的山墙抗风柱	$\geqslant H_b/40$	$\geqslant H_1/25$		
同时承受由连系梁传来山墙重的山墙抗风柱	$\geqslant H_b/30$	$\geqslant H_1/25$		

注：H_1 为下柱高度（算至基础顶面）；H 为柱全高（算至基础顶面）；H_b 为山墙抗风柱从基础顶面至柱平面外（宽度）方向支撑点的高度。

表 12-2 6m 柱距 A4、A5 级工作制吊车单层厂房房柱截面形式、尺寸参考

吊车起重量/kN	轨顶标高/m	边 柱		中 柱	
		上 柱	下 柱	上 柱	下 柱
≤50	6~8	口 400×400	I 400×600×100	口 400×400	I 400×600×100
100	8	口 400×400	I 400×700×100	口 400×600	I 400×800×150
	10	口 400×400	I 400×800×150	口 400×600	I 400×800×150
150~200	8	口 400×400	I 400×800×150	口 400×600	I 400×800×150
	10	口 400×400	I 400×900×150	口 400×600	I 400×1000×150
	12	口 500×400	I 500×1000×200	口 500×600	I 500×1200×200
300	8	口 400×400	I 400×1000×150	口 400×600	I 400×1000×150
	10	口 400×500	I 400×1000×150	口 500×600	I 500×1200×200
	12	口 500×500	I 500×1000×200	口 500×600	I 500×1200×200
	14	口 600×500	I 600×1200×200	口 600×600	I 600×200×200
500	10	口 500×500	I 500×1200×200	口 500×700	双 500×1600×300
	12	口 500×600	I 500×1400×200	口 500×600	双 500×1600×300
	14	口 600×600	I 600×1400×200	口 600×700	双 600×1800×300

注：口表示矩形截面 $b×h$；I 表示工字形截面 $b×h×h_f$；双表示双肢柱 $b×h×h_c$。

12.3.2 屋面板

无檩体系屋盖通常采用预应力混凝土大型屋面板（图 12-12），适用于保温或不保温卷材防水屋面，屋面坡度不应大于 1/5。目前，国内经常采用的是规格为 6000mm×1500mm×240mm 的双肋槽形板，每肋两端底部预埋钢板与屋架上弦预埋钢板三点焊接形成水平刚度较大的屋面结构。

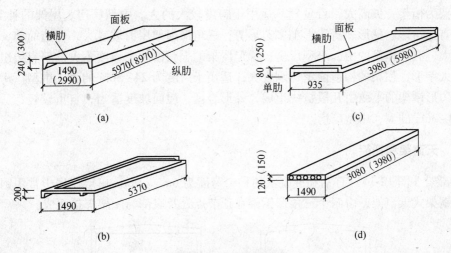

图 12-12 屋面板类型

（a）预应力混凝土大型屋面板；（b）预应力混凝土 F 形板；（c）预应力混凝土单肋板；（d）预应力混凝土空心板

12.3.3 屋面梁和屋架

屋面梁（图 12-13）为梁式结构，高度小，重心低，侧向刚度好，便于制作和安装，但自重较大。一般用于跨度不大于 18m 的中、小型厂房。常用的为跨度 12m，15m，18m 的工字形变截面预应力混凝土薄腹梁。

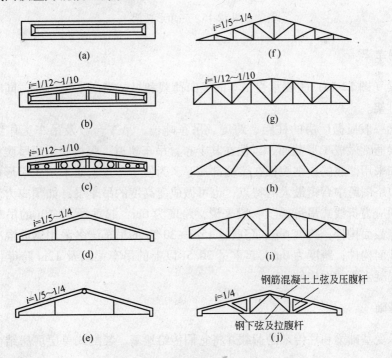

图 12-13 屋面梁和屋架的类型

（a）单坡屋面梁；（b）双坡屋面梁；（c）空腹屋面梁；（d）两铰拱屋架；（e）三铰拱屋架；
（f）三角形屋架；（g）梯形屋架；（h）拱形屋架；（i）折线形屋架；（j）组合屋架

屋架为桁架，矢高大，自重轻，适用于跨度较大的大、中型厂房。屋架的种类较多，常用的有三角形、梯形、折线形和多边形等。三角形屋架屋面坡度大，构造简单，适用于跨度不大，有檩体系的中、小型厂房；梯形屋架的上弦由两个坡度不大的斜直线组成，斜腹杆为人字形，屋架的构造简单，刚度大，适用于跨度为 24~36m 的大、中型厂房；折线形和多边形屋架的上弦由几段折线组成，外形合理，屋面坡度适当，自重较轻，适用于跨度为 18~36m 的大、中型厂房。

12.3.4　天窗架和托架

天窗架（图 12-14）有钢和混凝土两种，跨度为 6m 或 9m。单层厂房中常用钢筋混凝土三铰钢架式天窗架，由两个三角形钢架在顶节点处及底部与屋架焊接而成。

图 12-14　天窗架类型

当柱距大于屋架间距时，设置托架（图 12-15）支撑屋架。托架一般为跨度 12m 的预应力混凝土三角形或折线形构件。

图 12-15　三角形托架

12.3.5　吊车梁

吊车梁（图 12-16）主要承受吊车的竖向荷载和纵、横向水平荷载，同时与纵向柱列形成纵向排架。

吊车梁一般根据厂房的柱距、跨度、吊车吨位、吊车台数及吊车工作级别等因素选用。吊车梁通常做成 T 形截面，以便在其上布置吊车轨道。腹板如采用厚腹的，可做成等截面梁，如采用薄腹的，则腹板在梁端部加厚，为便于布置钢筋采用工字形截面。根据吊车梁弯矩包络图跨中弯矩最大的特点，也可做成变高度的吊车梁，如预应力混凝土鱼腹式吊车梁和预应力折线式吊车梁。一般来说，跨度为 6m，起重量 5~10t 的吊车梁多采用钢筋混凝土等截面构件；跨度 6m，起重量 15/3~30/5t 的吊车梁多采用钢筋混凝土或预应力混凝土等截面构件；跨度为 6m，起重量 30/5t 以上的吊车梁以及 12m 跨度吊车梁一般采用预应力混凝土等截面构件。

12.3.6　基础

基础承受基础梁和柱传来的荷载并将它们传给地基。装配式单层厂房结构一般采用柱下独立基础。

柱下独立基础，按施工方法可分为预制柱下独立基础和现浇柱下独立基础。现浇柱下独立基础通常用于多层现浇框架结构，预制柱下基础则用于装配式单层厂房结构。

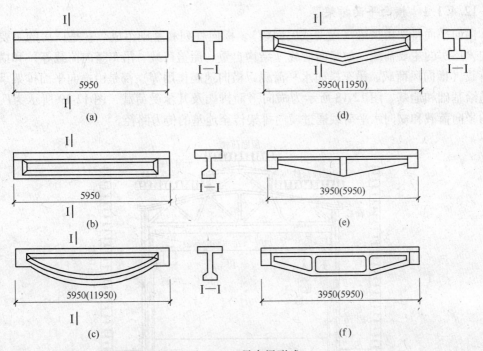

图 12-16 吊车梁形式

（a）厚腹吊车梁；（b）薄腹吊车梁；（c）鱼腹式吊车梁；（d）折线式吊车梁；（e），（f）桁架式吊车梁

单层厂房柱下独立基础有阶形和锥形两种（图 12-17）。由于它们与预制柱的连接部分做成杯口，故也称为杯形基础。当柱下基础与设备基础或地坑冲突，以及地质条件差等原因，需要预埋时，为不使预制柱过长，且能与其他柱长度一致，可做成高杯口基础。

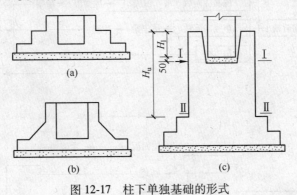

图 12-17 柱下单独基础的形式

12.4 排架内力分析

12.4.1 排架的主要荷载及传力路径

单层厂房是空间结构，为了便于计算，对结构进行内力分析时，可取两个主轴方向的平面排架（即横向平面排架和纵向平面排架）分别计算。

12.4.1.1　横向平面排架

横向平面排架由横梁（屋架或屋面梁）、横向柱列和基础组成。它是厂房的主要承重结构，厂房的主要荷载，如竖向荷载（结构自重、屋盖荷载、吊车竖向荷载等）和横向水平荷载（横向风荷载、吊车横向水平荷载、横向地震作用等）都是由横向平面排架承受并传递给基础和地基。图 12-18 所示为横向平面排架及其承受荷载，图 12-19 所示为厂房承受的竖向荷载和横向水平荷载通过横向排架传至地基的传力路径。

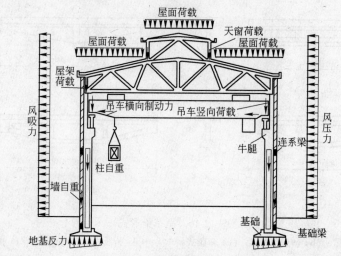

图 12-18　横向平面排架及其荷载

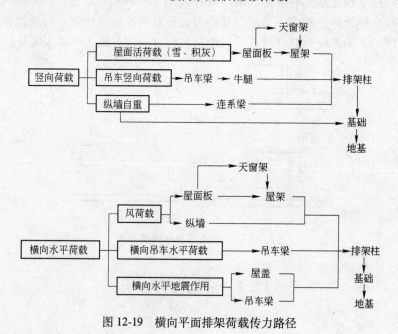

图 12-19　横向平面排架荷载传力路径

12.4.1.2　纵向平面排架

纵向平面排架由纵向柱列、纵向连系梁、吊车梁、柱间支撑和基础等组成。其作用是与横向平面排架连成整体，形成厂房空间受力体系，保证厂房结构的纵向稳定性和刚度，承受沿厂房纵向的水平荷载（山墙传来的纵向风荷载、吊车水平荷载、纵向地震作用等）。图 12-20 所示为纵向平面排架及所受荷载，图 12-21 所示为厂房承受的纵向荷载通过纵向排架传至地基的传力路径。

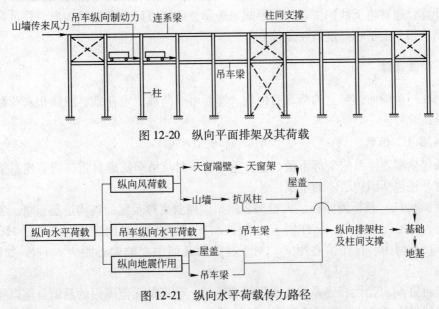

图 12-20 纵向平面排架及其荷载

图 12-21 纵向水平荷载传力路径

12.4.2 计算简图

横向平面排架主要承担竖向荷载及横向水平荷载，是厂房的主要承重结构，且柱子少，跨度大，必须进行横向平面排架的内力分析与计算。纵向平面排架主要承受纵向水平荷载，风荷载又较小，所以当不需要进行抗震设计时，一般可不对其进行计算。

12.4.2.1 计算单元

由于厂房的屋面荷载和风荷载以及刚度基本上都是均匀分布的，一般柱距相等时，可以从任意相邻两柱距的中心线截取一个典型的区段，称为计算单元，如图 12-22 所示。除吊车荷载外，其他荷载均可按该计算单元范围计算。

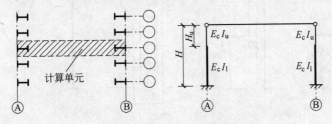

图 12-22 计算单元和计算简图

12.4.2.2 基本假定

根据单层厂房结构的实际工程构造，为了简化计算，作如下假定：

（1）排架柱上端与排架横梁（屋架或屋面梁）铰接，下端固接于基础顶端；

（2）排架横梁轴向变形忽略不计，即横梁为刚性连杆。

12.4.2.3   计算简图

根据上述基本假定，可得横向排架的计算简图，如图 12-22 所示。在计算简图中，排架的跨度按计算轴线考虑，计算轴线取上、下柱截面的形心线。当柱为变截面时为折线，为简化计算，通常将折线用变截面的形式来表示，跨度以厂房的轴线为准。柱的高度为基础顶面到柱顶，上下柱高度按牛腿面划分。

12.4.3   荷载计算

作用在厂房横向排架上的荷载有恒载、屋面可变荷载、雪荷载、屋面积灰荷载、吊车荷载和风荷载等。

12.4.3.1   恒载

恒载包括屋盖体系的全部重量、柱自重、吊车梁及吊车轨道自重，当有连系梁支承的围护墙时，还包括围护墙体的重量。

屋盖恒载 G_1：包括屋面板、天窗架、屋架、屋盖支撑及屋面各构造层重量。各构件重量可由有关标准图集查得。G_1 作用于上柱柱顶，一般在厂房纵向定位轴线内侧 150mm 处，对上柱截面几何中心存在偏心距 e_1，对下柱截面几何中心的偏心距为 e_1+e_0，如图 12-23 所示。

悬墙自重 G_2：当设有连系梁支承围护墙体时，计算单元范围内的悬墙自重以竖向集中力的形式通过连系梁传给支承连系梁的牛腿顶面，其作用点通过连系梁或墙体截面的形心轴，距下柱截面几何中心距离为 e_2。

吊车梁、吊车轨道及连接件自重 G_3：吊车梁、轨道及连接件自重可从有关标准图集查得。G_3 的作用点一般距纵向定位轴线 750mm，对下柱截面几何中心的偏心距为 e_3。

上柱及下柱自重 G_4、G_5：上、下柱自重分别作用于各自截面的几何中心线上。

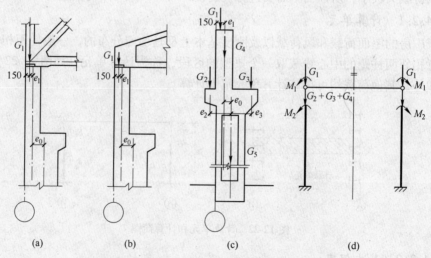

图 12-23   恒载作用位置及相应的排架计算简图

12.4.3.2   屋面可变荷载

屋面可变荷载分为屋面均布活荷载、屋面雪荷载、屋面积灰荷载，其标准值可由《建筑结构荷载规范》（GB 50009—2012）查得。屋面均布活荷载不与屋面雪荷载同时考虑，取两者中较大值进行计算；当有屋面积灰荷载时，积灰荷载应与雪荷载或不上人屋面均布活荷载两者中的较大值同时考虑。屋面可变荷载 Q_1 的计算范围、作用形式和位置同屋盖恒载 G_1。

12.4.3.3 吊车荷载

单层工业厂房中常用的吊车为桥式吊车，按吊车在使用期内要求的总工作循环次数分成 10 个利用等级，按其达到额定值的频繁程度分为 4 个载荷状态（轻、中、重、特重）。根据要求的利用等级和载荷状态，确定 8 个工作级别（A1 ~ A8），作为吊车设计的依据。吊车荷载中作用在横向排架结构上的荷载有吊车竖向荷载、吊车横向水平荷载，作用在纵向排架结构上的荷载为吊车纵向水平荷载。

A 吊车竖向荷载 D_{max} 与 D_{min}

吊车竖向荷载是指吊车在满载运行时，可能作用在厂房横向排架柱上的最大压力。

当小车吊有额定最大起重量运行至大车一侧极限位置时，该侧大车的每个轮压达到最大轮压 P_{max}，另一侧大车的每个轮压为最小轮压 P_{min}。P_{max} 和 P_{min} 可由吊车产品样本中查得。

由 P_{max} 和 P_{min} 在厂房横向排架柱上产生的吊车最大竖向荷载标准值 D_{max} 和最小竖向荷载标准值 D_{min}，可根据吊车的最不利位置和吊车梁的支座反力影响线计算确定，如图 12-24 所示。

单跨厂房中设有两台吊车时，D_{max} 与 D_{min} 可按下式计算：

$$D_{max} = \sum P_{imax} y_i \qquad (12\text{-}1)$$

$$D_{min} = \sum P_{imin} y_i \qquad (12\text{-}2)$$

式中　P_{imax}，P_{imin}——分别为第 i 台吊车的最大轮压和最小轮压；

　　　y_i——与吊车轮压相对应的支座反力影响线的竖向坐标值。

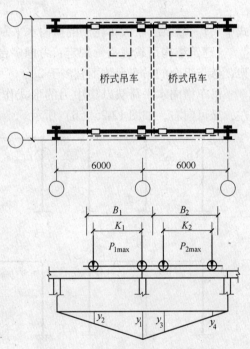

图 12-24　吊车竖向荷载计算简图

当厂房设有多台吊车时，《建筑结构荷载规范》规定：计算排架考虑多台吊车竖向荷载时，对单跨厂房的每个排架，参与组合的吊车台数不宜多于 2 台；对多跨厂房的每个排架，不宜多于 4 台。

吊车竖向荷载 D_{max} 与 D_{min} 沿吊车梁的中心线作用在牛腿顶面，对下柱截面形心的偏心距为 e_3 和 e'_3。

B 吊车横向水平荷载 T_{max}

吊车横向水平荷载是指载有额定最大起重量的小车，在启动或制动时，由于惯性而引起的作用在厂房排架柱上的力。它通过小车制动轮与桥架轨道之间的摩擦力传给大车，由大车轮通过吊车梁轨道传递给吊车梁，再由吊车梁传递给排架柱。

按《建筑结构荷载规范》规定，对一般的四轮吊车，大车每一车轮引起的横向水平制动力为

$$T = \frac{1}{4}\alpha(Q + Q_1)g \qquad (12\text{-}3)$$

式中　Q_1，Q——分别为小车重量与吊车额定起重量；

　　　　g——重力加速度；

　　　　α——横向水平荷载系数，或称作小车制动力系数，可按下列规定取值：软钩吊车，Q 不大于 10t 时取 0.12，Q 为 16~50t 时取 0.10，Q 不小于 75t 时取 0.08；硬钩吊车，取 0.20。

作用在排架柱上的吊车横向水平荷载 T_{max} 是每个大车轮子的横向水平制动力 T 通过吊车梁传递给柱的可能的最大横向反力。和计算 D_{max} 的方法类似，可得

$$T_{max} = \sum T_i y_i \qquad (12\text{-}4)$$

式中　T_i——第 i 个大车轮子的横向水平制动力。

《建筑结构荷载规范》规定：考虑多台吊车水平荷载时，对单跨或多跨厂房的每个排架，参与组合的吊车台数不宜多于 2 台。

吊车横向水平荷载以集中力的形式作用在吊车梁顶面标高处，且其作用方向既可向左，又可向右，如图 12-25（b）所示。

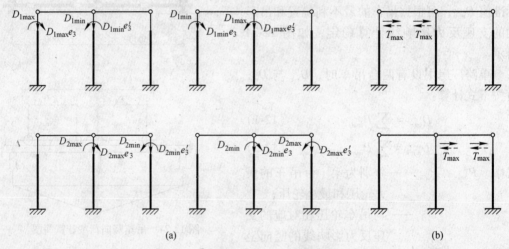

图 12-25　吊车荷载作用下排架计算简图

C　吊车纵向水平荷载 T_e

吊车纵向水平荷载是指吊车沿厂房纵向启动或制动时，由于吊车及吊重的惯性而产生的作用在纵向排架柱上的水平制动力。通过吊车制动轮与吊车轨道之间的摩擦，由吊车梁传递给纵向柱列及柱间支撑。荷载标准值按作用在一边轨道上所有刹车轮的最大轮压之和的 10% 采用；荷载的作用点位于刹车轮与轨道的接触点，方向与轨道方向一致。

12.4.3.4　风荷载

建筑物受到的风荷载与建筑的形式、高度、结构自振周期、地理环境等有关。《建筑结构荷载规范》规定，计算主要承重结构时，垂直于建筑物表面的风荷载标准值 w_k 按下

式计算：

$$w_k = \beta_z \mu_s \mu_z w_0 \qquad (12\text{-}5)$$

式中　β_z——高度 z 处的风振系数；

　　　μ_s——风荷载体型系数；

　　　μ_z——风压高度变化系数；

　　　w_0——基本风压值，其具体取值可参见《建筑结构荷载规范》。

单层厂房横向排架承担的风荷载按计算单元考虑。为了简化计算，将沿厂房高度变化的风荷载分为以下两部分作用于排架，如图 12-26 所示。

（1）柱顶以下的风荷载标准值沿高度取为均匀分布，其值分别为 q_1 和 q_2。此时 μ_z 按柱顶标高确定；

（2）柱顶以上的风荷载标准值取其水平分力之和，并以集中力 F_w 的形式作用于排架柱顶。此时对有天窗的可按天窗檐口标高确定，对无天窗的可按屋盖的平均标高或檐口标高确定。

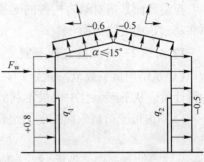

图 12-26　排架风荷载体型系数和风荷载

由于风向是变化的，故在排架内力分析时，要考虑左吹风和右吹风两种情况。

12.4.4　内力分析

排架在各种单独作用荷载下的内力可用结构力学方法进行计算。在计算时，有不考虑厂房的整体空间作用和考虑厂房的整体空间作用两种方法。当两侧无山墙，或山墙的距离较远，忽略山墙对于排架横向变形的影响时，可按不考虑厂房的整体空间作用计算，否则应按考虑厂房的整体空间作用计算。

计算时，对于不考虑厂房整体空间作用的等高排架（即各柱的柱顶标高相同，或柱顶标高不同但柱顶有斜横梁相连，荷载作用下各柱柱顶水平位移相等的排架）见图 12-27，内力分析一般采用剪力分配法，而对于不等高排架（各柱的柱顶标高不相同，荷载作用下各柱柱顶水平位移不相等的排架），见图 12-28，一般采用力法。

考虑厂房整体空间作用时，通过引入空间作用分配系数进行计算。

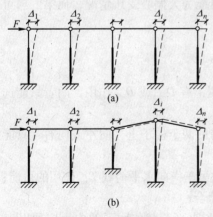

图 12-27　等高排架

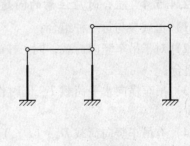

图 12-28　不等高排架

12.4.5　内力组合

通过排架结构的内力分析，可以求得所有可能荷载单独作用于排架时排架柱的内力。对结构进行设计时，需要按照荷载同时出现的可能性对这些内力进行组合，以获得排架柱控制截面的最不利内力，作为结构设计的依据。

12.4.5.1　柱的控制截面

控制截面是指对结构构件的配筋起控制作用的截面。上柱取上柱底面，下柱取牛腿顶面和基础顶面处柱截面。

12.4.5.2　荷载效应组合规定

《建筑结构荷载规范》规定：对于承载能力极限状态，一般排架结构，荷载效应组合的设计值应从下列组合中取最不利值确定：

（1）由可变荷载效应控制的组合：

$$S_d = \sum_{j=1}^{m} \gamma_{Gj} S_{Gjk} + \gamma_{Q1} \gamma_{L1} S_{Q1k} + \sum_{i=2}^{n} \gamma_{Qi} \gamma_{Li} \psi_{ci} S_{Qik} \tag{12-6}$$

（2）由永久荷载效应控制的组合：

$$S_d = \sum_{j=1}^{m} \gamma_{Gj} S_{Gjk} + \sum_{i=1}^{n} \gamma_{Qi} \gamma_{Li} \psi_{ci} S_{Qik} \tag{12-7}$$

式中符号意义参见第 3 章。

12.4.5.3　柱的不利内力组合

单层工业厂房柱是偏心受压构件，截面内力有 $\pm M$、N、$\pm V$，一般应考虑四种内力组合：

（1）$+M_{max}$ 及相应的 N、V；

（2）$-M_{max}$ 及相应的 N、V；

（3）N_{max} 及相应的 M、V；

（4）N_{min} 及相应的 M、V。

上述四项不利内力组合中，前两项和第四项可能为大偏心受压情况，而第三项可能发生小偏心受压情况。

12.4.5.4　组合时应注意的问题

（1）恒载参与每一种组合；

（2）对于吊车竖向荷载，同一柱的同一侧牛腿上有 D_{max} 或 D_{min} 作用，两者只能选一种参与组合；

（3）吊车横向水平荷载 T_{max} 同时作用在同一跨的两个柱子上，向左或向右，只能选一个方向；

（4）有吊车竖向荷载 D_{max}（D_{min}）应同时考虑吊车横向水平荷载 T_{max} 作用的可能；

（5）风荷载向左或向右只能选其中一种参与组合；

（6）当多台吊车参与组合时，吊车竖向荷载和水平荷载作用下的内力应乘以表 12-3 规定的折减系数。

表 12-3　多台吊车的荷载折减系数

参与组合的吊车台数	吊车工作级别	
	A1~A5	A6~A8
2	0.9	0.95
3	0.85	0.90
4	0.8	0.85

12.5　单层厂房柱、基础设计

12.5.1　柱设计

12.5.1.1　截面配筋设计

单层厂房排架柱各控制截面的不利内力组合值（M，N，V）是柱配筋计算的依据。由于截面上同时作用有弯矩和轴力，且弯矩有正、负两种情况，故排架柱一般按照对称配筋偏心受压截面进行弯矩作用平面内的受压承载力计算，还应按轴心受压截面进行平面外受压承载力计算。对柱进行偏压承载力计算时，需要考虑偏心距增大系数 η，η 与柱的计算长度 l_0 有关。对单层厂房排架柱，根据弹性分析和工程经验，l_0 可按规范的有关规定取值。

一般情况下，矩形截面和工字形截面柱可直接按照构造要求配置箍筋，不进行受剪承载力计算。柱内箍筋形式可参照图 12-29。

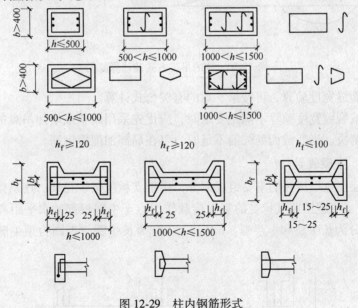

图 12-29　柱内钢筋形式

12.5.1.2　吊装验算

排架柱在施工吊装过程中的受力状态与使用阶段不同，而且此时混凝土的强度可能还未达到设计强度，因此还应根据柱在吊装阶段的受力特点和材料实际强度，对柱进行承载力和裂缝宽度验算。

柱的吊装有平吊和翻身吊两种方式。平吊比翻身吊施工简单，故在满足承载力和裂缝宽度要求的条件下，宜优先采用平吊。根据平吊和翻身吊的吊点位置，其计算简图见图12-30。计算时一般取上柱柱底、牛腿根部和下柱跨中三个控制截面。

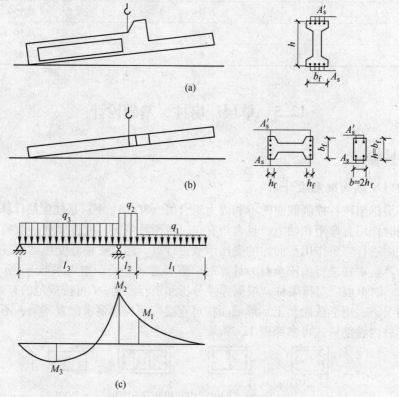

图 12-30 柱的吊装方式及计算简图

吊装时的裂缝宽度验算，可按第 9 章的有关公式计算。

当承载力或裂缝宽度验算不满足要求时，应优先采用调整或增加吊点的方法，以及临时加固措施来解决。当变截面处配筋不足时，可在局部加配短钢筋。

12.5.1.3 牛腿设计

牛腿是单层工业厂房柱的重要组成部分，用于支承屋架、托架、连系梁、吊车梁等构件，见图 12-31。牛腿按照其承受的竖向荷载作用点至牛腿根部的水平距离 a 与牛腿有效高度 h_0 之比，分为长牛腿和短牛腿。$a/h_0 > 1.0$ 时为长牛腿，否则为短牛腿。长牛腿可按悬臂梁进行设计。

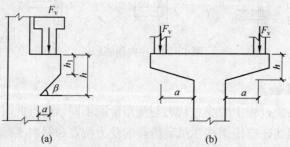

图 12-31 牛腿形式

A 截面尺寸确定

牛腿的截面尺寸如图 12-32 所示，一般以不出现斜裂缝为控制条件，即应符合下式要求：

$$F_{vk} \le \beta \left(1 - 0.5 \frac{F_{hk}}{F_{vk}}\right) \frac{f_{tk}bh_0}{0.5 + a/h_0} \qquad (12-8)$$

式中 F_{vk}——作用于牛腿顶部按荷载效应标准组合计算的竖向力值；

F_{hk}——作用于牛腿顶部按荷载效应标准组合计算的水平拉力值；

β——裂缝控制系数；

a——竖向力的作用点至下柱边缘的水平距离；

b——牛腿宽度，一般与柱宽相同；

h_0——牛腿与下柱交接处竖直截面的有效高度。

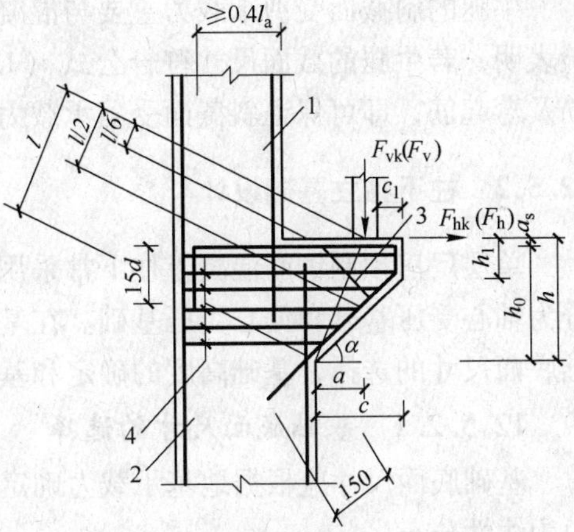

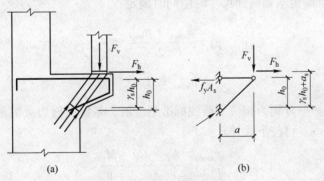

图 12-32　牛腿的截面尺寸和钢筋配置
1—上柱；2—下柱；
3—弯起钢筋；4—水平箍筋

为了防止牛腿发生局部受压破坏，在牛腿顶部的局部受压面上，由竖向力 F_{vk} 引起的局部压应力不应超过 $0.75 f_c$。

B 承载力计算

根据牛腿的应力状态和破坏形态，牛腿的工作状态相当于图 12-33 所示的三角形桁架，顶部纵向受力钢筋为其水平拉杆，竖向力作用点与牛腿根部之间的受压混凝土为其斜向压杆。

图 12-33　牛腿的计算简图

牛腿的纵向受力钢筋总截面面积 A_s，由承受竖向力所需的受拉钢筋截面面积和承受水平拉力所需的锚筋截面面积组成，其计算公式为

$$A_s \ge \frac{F_v a}{0.85 f_y h_0} + 1.2 \frac{F_h}{f_y} \qquad (12-9)$$

式中 F_v——作用于牛腿顶部的竖向力设计值；

F_h——作用于牛腿顶部的水平拉力设计值；

a——意义同前，当 $a < 0.3 h_0$ 时，取 $a = 0.3 h_0$；

f_y——纵向受拉钢筋强度设计值。

牛腿的斜截面受剪承载力主要与混凝土强度等级和水平箍筋有关。试验研究与设计经验表明，若牛腿的截面尺寸符合公式（12-8）及构造要求，同时按构造要求配置水平箍筋及弯起筋，即可保证斜截面受剪承载力要求，不必再进行计算。

12.5.2 柱下独立基础设计

单层厂房预制钢筋混凝土柱下常采用单独的杯形基础。柱下独立基础根据受力性能可分为轴心受压基础和偏心受压基础。在基础的形式和埋深确定后，其主要设计内容包括基础底面尺寸的选择、基础高度的确定和基础配筋计算。

12.5.2.1 基础底面尺寸的选择

基础底面尺寸应根据地基承载力确定。由于独立基础刚度较大，可假定基础底面的压力为线性分布。

轴心受压基础确定基础底面尺寸时应满足：

$$p_k = \frac{N_k + G_k}{A} \leq f_a \qquad (12-10)$$

式中 p_k——相应于荷载标准组合时，基础底面处的平均压力值；

         N_k——相应于荷载标准组合时，上部结构传至基础顶面的竖向力值；

         G_k——基础自重和基础上的土重；

         A ——基础底面面积；

         f_a——经过深度和宽度修正后的地基承载力特征值。

偏心受压基础确定基础底面尺寸时应同时满足：

$$p_k = \frac{p_{kmax} + p_{kmin}}{2} \leq f_a \qquad (12-11)$$

$$p_{kmax} \leq 1.2 f_a \qquad (12-12)$$

式中 p_{kmax}，p_{kmin}——分别为相应于荷载标准组合时，基础底面边缘的最大和最小压力值，可按下式计算：

$$\frac{p_{kmax}}{p_{kmin}} = \frac{N_k + G_k}{A} \pm \frac{M_k}{W} \qquad (12-13)$$

         M_k ——相应于荷载标准组合时，作用于基础底面的力矩值；

         W ——基础底面的抵抗矩。

12.5.2.2 基础高度的确定

试验研究表明，当柱与基础交接处或基础变阶处高度不足时，柱传来的荷载会使基础发生冲切破坏，即沿柱周边或变阶处周边大致成 45° 方向的截面被拉开而形成图 12-34（b）所示的角锥体破坏。为避免发生冲切破坏，《建筑地基基础设计规范》规定，对矩形截面柱的矩形基础，柱与基础交接处以及基础变阶处的高度应满足抗冲切承载力的要求。

在设计中一般根据经验和构造要求拟定基础高度，再根据柱与基础交接处以及基础变阶处的受冲切承载力的要求进行验算，直至满足要求。

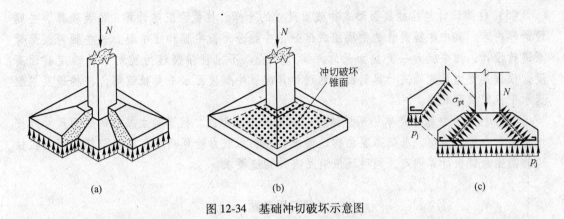

图 12-34　基础冲切破坏示意图

12.5.2.3　基础配筋计算

基础底板的配筋按正截面受弯承载力计算。为简化计算，将基础底面分为四块，各块视为固定在柱子周边的倒置悬臂板，分别按基底净反力在柱与基础交接处以及基础变阶处所产生的弯矩，进行配筋计算。图 12-35 所示为基础内配置的主要钢筋及构造要求。

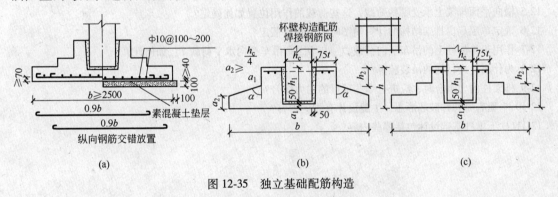

图 12-35　独立基础配筋构造

小　结

（1）钢筋混凝土单层厂房有排架结构和刚架结构两种形式。排架结构主要由屋面板、屋架（屋面梁）、支撑、吊车梁、柱和基础等构件组成。其中尤其要重视屋盖支撑及柱间支撑的布置。支撑虽然不是主要承重构件，但它对保证厂房的稳定性和整体性、增强厂房结构的刚度、传递水平荷载起着重要的作用。

（2）单层厂房是一个空间受力体系，结构分析时一般将其简化为横向平面排架和纵向平面排架分别计算。横向平面排架是厂房的主要承重结构，承受所有的竖向荷载和横向水平荷载。纵向平面排架承受纵向水平荷载，同时还保证整个结构的纵向稳定性。当不需要进行抗震设计时，一般可不对纵向平面排架进行计算。

（3）构件选型以国家标准图为基础，对屋面板、檩条、屋面梁或屋架、天窗架、托架、吊车梁、连系梁、基础梁等进行选用。柱和基础需要根据计算分析及构造要求设计。

（4）横向平面排架结构分析是为了设计排架柱和基础，其主要内容包括：确定排架计算简图、计算作用在排架上的各种荷载、排架内力分析和柱控制截面最不利内力组合等。

（5）柱的设计包括柱截面形式和截面尺寸的选择、柱截面配筋计算、吊装验算、牛腿设计等内容。其中牛腿是柱的重要组成部分，牛腿分为长牛腿和短牛腿。长牛腿可按悬臂梁进行设计；短牛腿为一变截面悬臂深梁，一般以不出现斜裂缝为控制条件确定截面高度，根据其受力性能确定计算简图，通过计算配置牛腿顶面水平受拉钢筋，按构造要求配置水平箍筋及弯起筋。

（6）柱下独立基础是单层厂房结构中常用的基础形式。柱下独立基础的底面尺寸可按地基承载力计算确定，基础高度由构造要求和冲切承载力验算确定，底板配筋按固定在柱边的倒置悬臂板计算确定，同时还应满足有关构造要求。

复习思考题

12-1 钢筋混凝土排架结构和刚架结构的组成特点是什么？

12-2 装配式钢筋混凝土排架结构单层厂房由哪几部分组成，各自的作用是什么？

12-3 简述单层厂房结构横向平面排架承受的竖向荷载和水平荷载的传递路线。

12-4 单层厂房中有哪些支撑？简述这些支撑的作用和设置原则。

12-5 横向平面排架上承受哪些荷载，这些荷载的作用位置如何确定？

12-6 确定单层厂房排架结构的计算简图时做了哪些假定？

12-7 作用于排架柱上的吊车竖向荷载 D_{max} 与 D_{min} 和吊车横向水平荷载 T_{max} 如何计算？

12-8 为什么要进行柱的吊装验算？

12-9 排架柱内力组合时，应进行哪些项目的内力组合？

12-10 牛腿有哪几种破坏形态，牛腿设计有哪些内容？

12-11 柱下单独基础设计包括哪些内容？

13　多、高层建筑结构设计

13.1　概　述

多、高层建筑广泛应用于民用与工业建筑中。我国《高层建筑混凝土结构技术规程》（JGJ 3—2010）将 10 层及 10 层以上或房屋高度超过 28m 的房屋规定为高层建筑。

由于多、高层结构能够极大限度地利用空间，因此，自 1886 年世界上第一栋高层建筑——家庭保险公司大厦（10 层）在美国芝加哥建成以来，世界各地的高层建筑有了很大的发展，美国 1972 年在纽约建造了 110 层、402m 高的世界贸易中心大厦（钢结构，2001 年遭受恐怖袭击倒塌），1974 年建成了当时世界上最高的建筑——芝加哥西尔斯大厦（110 层、443m 高、钢结构）；目前已建成的最高建筑为哈利法塔（Burj Khalifa Tower）（162 层，总高 828m，钢-混凝土组合结构，原名迪拜塔，又称迪拜大厦或比斯迪拜塔），其位于阿拉伯联合酋长国迪拜。

我国高层建筑的发展也异常迅速，1974 年建成的北京饭店东楼，19 层，高 87.15m，是当时北京最高的建筑；台北 101 大楼是中国目前第一高楼，地上 101 层，地下 5 层，建筑高度 508m；上海环球金融中心是中国目前第二高楼，世界最高的平顶式大楼，楼高 492m，地上 101 层。随着我国经济实力的加强，新的设计、计算方法的发展，先进的施工设备、施工技术的使用，我国高层建筑在世界高层建筑中将会占有更重要的地位。

13.2　结　构　体　系

多、高层建筑结构所承受的荷载包括竖向荷载（结构自重、设备重、人群重量等）和水平荷载（风荷载及地震作用），高层建筑与多层建筑在受力方面的主要区别为水平荷载的影响尤为突出，常将其结构体系也称为抗侧力结构体系，基本的抗侧力单元有：框架、剪力墙、简体等，这些抗侧力单元同时承担着竖向荷载和水平荷载。抗侧力单元的不同组合与布置形成多种结构体系。正确地选择结构体系、合理地进行结构布置，在整个结构设计过程中占有相当重要的地位。

13.2.1　框架结构体系

由梁、柱构件通过节点连接构成框架结构，这些框架既作为建筑的竖向承重结构，又同时承担水平荷载，称为框架结构体系。

框架结构可分为现浇式、装配式和装配整体式三种。在地震区，多采用梁、柱、板全现浇或梁、柱现浇而板预制方案，在非地震区有时可采用装配式或装配整体式方案。

框架结构体系的优点是建筑平面布置灵活，能够提供较大的室内空间，也可按需要做成小房间，建筑立面容易处理，结构自重较轻，计算理论较成熟，一定高度范围内造价较低。因而，广泛应用于多、高层商场、办公楼、医院及多层工业厂房等建筑。

在水平荷载作用下，框架的各构件将产生内力和变形，受力变形特点如图13-1所示，其侧移由两部分组成：第一部分为由剪力引起的，使梁、柱产生本身的弯曲变形，形成框架的整体剪切变形；第二部分为由整个框架的悬臂作用在柱中产生轴向变形引起的框架整体弯曲变形。当框架的层数不多时，侧移主要为整体剪切变形，随着高度增大，整体弯曲变形所占比例增大。

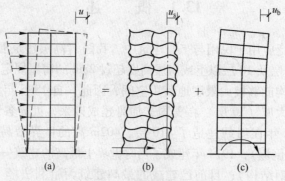

图13-1　框架的侧移

由于框架柱的截面较小，所以，框架的侧向刚度小，水平荷载下的侧移较大，这是框架结构的主要缺点。因此，采用框架结构时应限制结构的高度。

《高层建筑混凝土结构技术规程》中规定在非抗震区，框架结构的最大适用高度为70m，在抗震区，抗震设防烈度为6度、7度、8度及9度时，框架结构的最大适用高度分别为60m、55m、45m及25m。

13.2.2　剪力墙结构体系

满足一定刚度及承载力要求，承担竖向及水平方向荷载的钢筋混凝土墙体称为剪力墙；利用钢筋混凝土剪力墙形成建筑的竖向承重体系，同时利用其抵抗水平方向荷载作用的结构体系称为剪力墙结构体系。

当高层建筑中的剪力墙高宽比较大时，相当于一个以受弯为主的悬臂构件，侧移曲线以弯曲变形为主，延性较好。

由于剪力墙结构体系抗侧移刚度较大，延性较好，所以其抗震性能较好，《高层建筑混凝土结构技术规程》中规定，对于全部落地剪力墙结构体系，A级高度钢筋混凝土高层建筑的最大适用高度，在非抗震区为150m；在抗震区，抗震设防烈度为6度、7度、8度及9度时，剪力墙结构体系的最大适用高度分别为140m、120m、100m及60m。B级高度钢筋混凝土高层建筑的最大适用高度，在非抗震区为180m；在抗震区，抗震设防烈度为6度、7度、8度时，剪力墙结构体系的最大适用高度分别为170m、150m、130m。

剪力墙结构的主要缺点为剪力墙间距不能过大，平面布置不灵活，难以获得较大的建筑空间，结构的自重较大，因此，不适宜有较大房间要求的建筑，较适用于住宅、宾馆等建筑。

为了扩大剪力墙结构体系的应用范围，可将剪力墙结构房屋的底层或底部几层的一部分做成框架形成框支剪力墙，而且必须应有一定数量的剪力墙落地，这样的结构体系称为部分框支剪力墙结构。在框支层可以形成较大的建筑空间，用作商场、酒店等，而上部可用作住宅、宾馆等。但由于这种结构沿高度采用了不同的结构形式，刚度有突变，在地震作用下易遭受破坏，所以其最大实用高度的限制较全部落地剪力墙结构严格，《高层建筑混凝土结构技术规程》中规定，对于部分框支剪力墙结构体系，A 级高度钢筋混凝土高层建筑的最大适用高度，在非抗震区为 130m；在抗震区，抗震设防烈度为 6 度、7 度、8 度，剪力墙结构体系的最大适用高度分别为 120m、100m、80m，抗震设防烈度为 9 度时，不应采用。B 级高度钢筋混凝土高层建筑的最大适用高度，在非抗震区为 150m；在抗震区，抗震设防烈度为 6度、7 度、8 度时，剪力墙结构体系的最大适用高度分别为 140m、120m、100m。

13.2.3 框架-剪力墙结构体系

框架结构侧向刚度低，抵抗水平荷载的能力差，但具有空间大，平面布置灵活，立面处理丰富等优点，而剪力墙结构的侧向刚度大，抵抗水平荷载的能力强，但平面布置不灵活。为了充分发挥这两种结构体系的特点，可采用框架和剪力墙共同工作的结构体系，即以框架体系为主，在框架结构中设置一定数量的剪力墙，组成框架-剪力墙结构体系。

在水平荷载作用下，纯框架的侧移曲线为剪切型，层间侧移由下向上逐层减小；纯剪力墙的侧移曲线一般属于弯曲型，层间侧移由下向上逐层增大。当框架和剪力墙通过楼盖形成框架-剪力墙结构时，由于各层楼板的水平刚度很大，使得框架与剪力墙的变形协调一致，变形曲线介于剪切型与弯曲型之间，一般属于弯剪型，各层的层间侧移与层间剪力趋于均匀。

框架-剪力墙结构的优点为使用灵活、刚度较大、抗侧移能力较强、抗震性能较好，因而得到了广泛应用，尤其在高层公共建筑中应用较多，多应用于 10~20 层具有较大房屋空间要求的办公楼、科研楼、教学楼、医院、宾馆等建筑中。《高层建筑混凝土结构技术规程》中规定对于框架剪力墙结构体系，A 级高度钢筋混凝土高层建筑的最大适用高度，在非抗震区为 140m；在抗震区，抗震设防烈度为 6 度、7 度、8 度及 9 度时，分别为130m、120m、100m 及 50m。B 级高度钢筋混凝土高层建筑的最大适用高度，在非抗震区为 170m，在抗震区，抗震设防烈度为 6 度、7 度、8 度时，分别为 160m、140m、120m。

13.2.4 筒体结构体系

由封闭的剪力墙或密柱深梁形成的空间结构称为筒体结构。其基本形式有实腹筒和框筒两种。用封闭的钢筋混凝土剪力墙围成的筒体称为实腹筒，由布置在房屋四周的密排柱与高跨比很大的梁形成的密柱深梁框架围成的筒体称为框筒。由一个或多个筒体作为竖向结构的高层建筑结构体系称为筒体结构体系。

根据筒体的形式、布置与数量的不同，筒体结构体系又可细分为框架-筒体、筒中筒和多筒三种类型。

筒体的受力特点可以视为底端固定于基础的封闭箱形悬臂构件，具有很大的抗弯刚度和抗扭刚度，因而具有很大的抗侧移能力和水平承载能力，被广泛应用于高层及超高层建筑中。

13.2.4.1 框架-筒体结构

在框架结构中利用电梯间等的特点，将电梯间做成封闭筒体的，称为框架核心筒结构。其中筒体主要承担水平作用，框架主要承担竖向荷载。这种结构兼有框架和筒体两者的优点，既具有建筑平面布置灵活的优点，又具有较大的侧向刚度和水平承载能力，因而得到广泛应用，其最大适用高度为：A 级高度钢筋混凝土高层建筑，在非抗震区为 160m，在抗震区，抗震设防烈度为 6 度、7 度、8 度及 9 度时，分别为 150m、130m、100m 及 70m；B 级高度钢筋混凝土高层建筑，在非抗震区为 220m，在抗震区，抗震设防烈度为 6 度、7 度、8 度时，分别为 210m、180m、140m。

在建筑的外圈布置由密柱深梁形成的空腹筒（即框筒）抵抗水平作用，为了减小楼板和梁的跨度，在中间布置框架梁、柱，使其承受竖向荷载，不考虑布置在中部的柱抵抗水平作用。

13.2.4.2　筒中筒

一般采用框筒作为外筒，在外框筒范围以内利用电梯间或楼梯间再设置一个实腹筒或框筒的内筒，形成筒中筒结构。内筒与外筒之间一般不设柱，用水平刚度很大的楼板连接，同时保证内筒和外筒的协同工作。内筒与外筒共同承受结构的水平和竖向荷载。由于筒中筒结构的侧向刚度增大，层间侧移减小，具有很强的承载能力和抵抗水平侧移的能力，成为 50 层以上高层建筑的主要结构体系。

《高层建筑混凝土结构技术规程》中规定，对于筒中筒结构体系，A 级高度钢筋混凝土高层建筑的最大适用高度，在非抗震区为 200m；在抗震区，抗震设防烈度为 6 度、7 度、8 度及 9 度时，分别为 180m、150m、120m 及 80m。B 级高度钢筋混凝土高层建筑的最大适用高度，在非抗震区为 300m，在抗震区，抗震设防烈度为 6 度、7 度、8 度时，分别为 280m、230m、170m。

13.2.4.3　多筒

由多个单筒集成一体，形成空间刚度极大的抗侧力结构，成为多筒结构，也称为成组筒或筒束结构。多筒结构较筒中筒结构有更大的抗侧刚度。

多筒的相邻筒体之间拥有共用的筒壁，每个单筒又可单独形成完整的筒体，因此为了减少地震作用及风荷载的作用，可以随高度的增加逐渐减少筒的数目，使结构的抗侧移刚度和水平承载力沿高度逐渐变化，也使其变形和受力更趋于合理，同时丰富建筑结构的立面变化。典型的应用实例为美国的西尔斯大厦。

除了上述常用的结构体系外，还有刚臂芯筒体系、巨型框架结构体系、板柱-剪力墙体系、悬挂结构体系等多种形式的结构体系。

13.3　结 构 布 置

13.3.1　结构布置的原则

高层建筑承受的竖向荷载大，同时承受的水平荷载及地震作用也大，结构的总高度较高，因此造成结构的高宽比大，变形及位移特别是侧向位移大，可产生较大的次应力。在结构的总体布置时应充分考虑其变形及受力特点。

结构布置是否合理，直接影响到结构的受力及变形，同时也会影响到结构的经济与施工合理性。结构的布置是结构设计中最重要的一个环节。

进行结构布置，一般应考虑以下原则：

（1）应使建筑结构的平面尽可能规则整齐、均匀对称，平面形状力求简单规则，立面体型应均匀变化，避免沿高度方向的刚度突变。

（2）提高结构的总体刚度，减小侧移。高层、超高层结构的主要矛盾是控制侧移，应从选择合理的结构体系，选择平面体型及立面变化等方面进行考虑减小结构的侧移。

（3）考虑地基沉降、温度收缩及结构体型变化复杂等因素对结构的不利影响，合理地布置变形缝。

13.3.2 结构的总体布置

13.3.2.1 控制结构的高宽比

房屋的高宽比影响结构的侧移和内力，高宽比越大，水平荷载作用下所产生的侧移越大，$P-\Delta$ 效应越显著，引起的倾覆作用越严重。因此，应控制房屋的高宽比。《高层建筑混凝土结构技术规程》中规定 A 级钢筋混凝土高层建筑结构的高宽比不宜超过表 13-1 的数值，B 级钢筋混凝土高层建筑结构的高宽比不宜超过表 13-2 的数值。

表 13-1　A 级高度钢筋混凝土高层建筑结构适用的最大高宽比

结 构 体 系	非抗震设计	抗震设防烈度		
		6 度、7 度	8 度	9 度
框架、板柱-剪力墙	5	4	3	2
框架-剪力墙	5	5	4	3
剪力墙	6	6	5	4
筒中筒、框架-核心筒	6	6	5	4

表 13-2　B 级高度钢筋混凝土高层建筑结构适用的最大高宽比

非 抗 震 设 计	抗震设防烈度	
	6 度、7 度	8 度
8	7	6

13.3.2.2 结构的平面布置

为尽量避免或减少结构的复杂受力和扭转受力的影响，宜使结构的平面形状简单、规则、对称，刚度和承载力分布均匀。不应采用严重不规则的平面布置。高层建筑宜选用风作用效应较小的平面形状。

有抗震设防要求的钢筋混凝土高层建筑，平面布置宜简单、规则、对称、减少偏心，平面形状为圆形、方形和矩形时最好；平面长度不宜过长，当建筑平面有局部突出或凹进时，突出部分长度不宜过大，形状如图 13-2 时，相关尺寸应符合表 13-3 的要求。

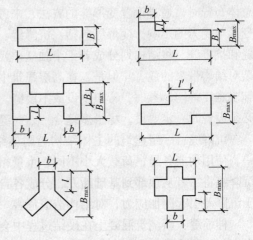

图 13-2　平面形状规定

表 13-3   平面尺寸 *L*、*l* 的限值

设防烈度	L/B	l/B_{max}	l/b
6度、7度	≤6.0	≤0.35	≤2.0
8度、9度	≤5.0	≤0.30	≤1.5

13.3.2.3   结构的竖向布置

建筑结构的竖向体形宜规则、均匀、避免有过大的外挑和内收，结构的侧向刚度宜下大上小，逐渐均匀变化，不应采用竖向布置严重不规则的结构。高层及超高层建筑结构中最常用的立面有矩形、梯形、塔形等沿高度均匀变化的体型。因为立面形状的突变将导致质量和刚度沿高度的突变，在发生地震时容易造成突变处的变形集中而引起破坏。

确实需要竖向收进或外挑的，应满足一定的要求。抗震设计时，当结构上部楼层收进部位到室外地面的高度 H_1，与房屋高度 H 之比大于 0.2 时，上部楼层收进后的水平尺寸 B_1 不宜小于下部楼层水平尺寸 B 的 0.75 倍；当上部结构楼层相对于下部楼层外挑时，下部楼层的水平尺寸 B 不宜小于上部楼层水平尺寸 B_1 的 0.9 倍，且水平外挑尺寸不宜大于4m，如图 13-3 所示。

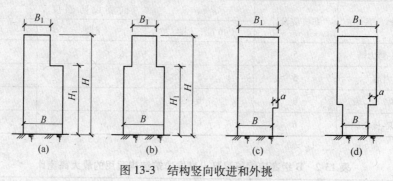

图 13-3   结构竖向收进和外挑

13.3.2.4   变形缝的设置

在结构的分析与设计时，需要考虑基础沉降、温度变化和结构体型复杂对结构变形与受力的影响，而这些影响往往难以用精确的计算模型表达清楚。因此，通常在进行结构的总体布置时，通过设置变形缝的方法，来考虑基础沉降、温度变化和结构体型复杂对结构变形与受力的影响。变形缝包括：沉降缝、伸缩缝和防震缝。通过设置沉降缝、温度伸缩缝和抗震缝，将结构划分成若干个独立单元，从而消除基础沉降、温度变化和结构体型复杂对结构带来的危害。但是，在高层建筑中，从建筑使用要求、立面效果、防水处理以及施工难度等问题考虑，希望少设或不设缝。因此，设缝的原则为"能不设缝则尽量不设，必须设置时一定要设，尽量多缝合一，一缝多用"。

沉降缝：一组建筑的主体结构与附体结构或主体结构与周围的裙房之间往往高度不一，使用功能各异，荷载大小不同，重量相差悬殊，造成较大的沉降量差。这时可以使用沉降缝将二者从顶部到基础断开，分成各自独立的结构单元，使各部分自由沉降，避免由于沉降差引起附加应力，对结构造成危害。

伸缩缝：新浇筑混凝土在硬结过程中会产生收缩，已建成的结构由于外界温度的变化会产生热胀冷缩，这都会在结构内部产生温度应力，导致裂缝的出现，影响正常使用。温

度应力的影响在高层建筑的底部数层和顶部数层尤为明显。

为了消除温度和收缩对结构造成的影响，《高层建筑混凝土结构技术规程》规定了钢筋混凝土结构中温度区段的最大长度，亦即伸缩缝的最大间距。当建筑物的长度超过规定的长度时，就应设置伸缩缝，将上部结构从顶部到基础顶面断开，分成独立的温度区段，减小温度和收缩的影响。

防震缝：当建筑物平面复杂、不对称或房屋各部分刚度、高度和重量相差悬殊时，在地震作用下，将会造成扭转及复杂的振动，产生较大的应力，对结构造成较大的震害，特别在连接薄弱部位。为了避免和降低产生较大震害，保证建筑的安全，需要设置防震缝，以消除由于建筑物平面复杂，建筑物刚度和荷载悬殊而造成的不利影响。

设置防震缝时应保证防震缝应有足够的宽度，防止由于缝宽度不足而造成相邻建筑物碰撞，造成震害。

13.3.3 结构布置的一般要求

13.3.3.1 框架结构的布置

框架结构体系是由若干平面框架连接形成的空间体系。在这种体系中，平面框架是基本的承重结构，它可以横向承重，也可以纵向承重。因此框架结构的布置主要为确定框架中柱网的布置。

工业与民用建筑的柱网布置主要根据生产工艺和建筑的使用要求确定。按布置方式可分为内廊式、等跨式等。按柱距的大小又可分为小柱网和大柱网两种。内廊式工业建筑多采用边跨为6~8m，中间跨为2~4m；等跨式多采用6~12m。层高多为3.6~5.4m。民用建筑常用柱距为3.3m、3.6m、4.0m、6.0m、6.6m、7.2m等；常用跨度为4.8m、5.4m、6.0m、6.6m、7.2m、7.8m等；层高一般为3.0m、3.3m、3.6m、4.2m、4.5m。

13.3.3.2 剪力墙结构的布置

A 剪力墙结构墙体承重方案

小开间剪力墙结构横墙承重方案：每开间设置一道钢筋混凝土承重横墙，开间为2.7~3.6m，采用短向横墙承重。施工时可以一次完成所有墙体，构造简单，房屋的整体性和刚度好。但横墙数量较多，不能充分利用剪力墙的承载能力，结构自重和刚度较大，所承受的水平地震作用较大，且建筑的平面布置不灵活。

大开间剪力墙结构横墙承重方案：每两开间设置一道钢筋混凝土承重横墙，开间为6~8m，采用长向横墙承重。可以减轻结构自重，获得较大使用空间，建筑平面布置灵活。

大开间纵、横墙共同承重方案：每两开间设置一道钢筋混凝土承重横墙，楼板支承在进深梁和横向剪力墙上，进深梁支承在纵墙上，形成纵、横墙共同承重体系。

小开间纵、横墙共同承重方案：这种方案多使用在一些塔式楼中，由于体型及房间使用要求，房间布置不规则，楼梯布置比较灵活。

从使用功能、技术经济指标、结构受力性能等方面看，大开间方案优于小开间方案。

B 剪力墙的布置

剪力墙宜沿主轴方向或其他方向双向布置，抗震设计的剪力墙结构，应避免仅单向有墙的结构布置形式。剪力墙墙肢截面宜简单规则。剪力墙结构的侧向刚度不宜过大。

剪力墙的门窗洞口宜上下对齐，成列布置，形成明确的墙肢和连梁。宜避免使墙肢刚度相差悬殊的洞口设置。

剪力墙宜自下到上连续布置，避免刚度突变。

对于底部大空间剪力墙，底部部分剪力墙做成框支墙，底层应设落地剪力墙或落地筒体。落地剪力墙和筒体的洞口宜布置在墙体中部。框支剪力墙结构中框支梁上的一层墙体内不宜设边门洞，不得在中柱上方设门洞。

13.3.3.3　框架-剪力墙结构的布置

框架剪力墙结构可采用的形式：框架与剪力墙分开布置；在框架结构的若干跨内嵌入剪力墙；在单片抗侧力结构内布置框架和剪力墙；或上述两种或三种形式的混合。

非抗震设计时，框架-剪力墙结构中剪力墙的数目和布置，应使结构满足承载力和位移要求。

抗震设计时，如果按框架-剪力墙结构进行设计，剪力墙的数量需要满足一定的要求。

框架-剪力墙结构应设计成双向抗侧力体系。抗震设计时，结构两轴主方向均应布置剪力墙。

框架-剪力墙结构中剪力墙的布置宜符合下述要求：

剪力墙宜均匀布置在建筑物的周边附近、楼梯间、电梯间、平面形状变化及恒载较大的部位，剪力墙间距不宜过大。

板柱-剪力墙结构的布置应符合下列要求：

应布置成双向抗侧力体系，两主轴方向均应设置剪力墙；

抗震设计时，房屋的周边应设置框架梁，房屋的顶层及地下一层顶板宜采用梁板结构；

有楼、电梯间等较大开洞时，洞口周围宜设置框架梁或边梁；

无梁板可根据承载力和变形要求采用无柱帽或有柱帽板。

对于长矩形或平面有一部分较长的建筑，在保证楼盖本身有足够水平刚度的同时，横向剪力墙沿长方向的间距宜满足表 13-4 的要求。

表 13-4　剪力墙间距　　　　　　　　　　　　　　　　　　　（m）

楼盖形式	非抗震设计（取较小值）	抗震设防烈度		
		6度、7度（取较小值）	8度（取较小值）	9度（取较小值）
现　浇	$5.0B$，60	$4.0B$，50	$3.0B$，40	$2.0B$，30
装配整体	$3.5B$，50	$3.0B$，40	$2.5B$，30	—

注：1. B 为楼面宽度，单位为 m；

　　2. 现浇层厚度大于 60mm 的叠合楼板可作为现浇板考虑。

13.3.3.4　筒体结构的布置

（1）核心筒应具有良好的整体性，并且墙肢宜均匀、对称布置；

（2）核心筒宜贯通建筑物全高。核心筒的宽度不宜小于筒体总高的 1/12，当筒体结构设置角筒、剪力墙或增强整体刚度的构件时，核心筒的宽度可适当减小；

（3）框架-核心筒结构的周边柱间必须设置框架梁；

（4）筒中筒结构的平面外形宜选用圆形、正多边形、椭圆形或矩形等，内筒宜居中；

（5）矩形平面的长宽比不宜大于 2；

（6）为保证内筒有足够的侧向刚度，并能与外筒协调，共同抵抗水平作用，内筒的边长可为高度的 1/12~1/15，如有另外的角筒或剪力墙时，内筒平面尺寸还可适当减小。内筒宜贯通建筑物全高，竖向刚度宜均匀变化。

13.4 结构设计计算的特点及要求

13.4.1 结构设计计算的特点

13.4.1.1 水平荷载成为设计的主要因素

在高层建筑结构的设计计算中，通常将结构假定为一底端固定上端自由的悬臂构件，在风荷载或地震作用下，结构底部的倾覆力矩和顶点位移随高度的增加，增长迅速。尽管竖向荷载仍对结构的内力与位移产生重要影响，但水平荷载却起着决定性的作用。随着建筑物高度的增加，水平荷载成为结构设计的控制因素。

风荷载还是一种动荷载，高层建筑结构是一种高柔结构，侧向刚度较小，自振周期较长，在风的作用下，会产生振动，加大结构的响应，使结构产生较大内力，对结构产生不利影响。

13.4.1.2 侧移成为控制指标

随着建筑物高度的增加，水平荷载作用下，结构的侧移也迅速增加。过大的侧移不仅影响结构的正常使用，而且会因结构的 P-Δ 效应产生较大的附加应力，导致结构的破坏。因此，在进行高层建筑结构的设计时，不仅要保证结构具有足够的承载能力，还应控制结构的侧向变形，结构的侧移已成为结构设计中一项重要的控制指标。

13.4.1.3 选择合理的结构体系是结构设计的首要问题

在对建筑进行设计时，不仅要满足建筑的使用要求，还要保证建筑物具有足够的承载能力和抵抗侧移的能力，同时还要兼顾经济合理，便于施工。对于不同的结构体系，各有其优缺点，因此，选择合理的结构体系是设计时应考虑的首要问题。

13.4.1.4 设计计算时轴向变形和剪切变形不可忽略

在计算多层框架结构内力和位移时，一般将梁、柱假定为杆件，只考虑构件的弯曲变形，而忽略构件的轴向变形和剪切变形。但对于高层建筑结构中的剪力墙、筒体等结构构件不能将其假定为只有弯曲变形的构件，否则，计算结果将与实际情况有较大误差，影响整个结构的安全。因此，在对高层建筑结构的设计计算过程中，构件轴向变形和剪切变形不可忽略。

13.4.2 结构计算的一般原则

多、高层建筑结构的内力和位移计算一般采用弹性方法。因为在竖向荷载和风荷载作用下，正常使用状态下要求结构处于弹性状态，在多遇地震作用下，抗震设计也要求结构处于弹性状态。高层建筑结构中的某些局部构件可考虑塑性内力重分布的计算方法，对内力进行调幅。

多、高层建筑结构的内力和位移计算方法可采用较精确的分析方法，也可采用简化分析方法。较精确的分析方法采用室间协同工作分析方法，包括平面抗侧力结构空间协同工作分析方法、薄壁杆件空间分析方法等，目前已有成熟的工程应用软件，如 PKPM 系列、TBSA 系列、SAP 系列软件等可以使用。采用简化方法进行内力分析时，可按结构平面的两个正交主轴方向分别进行分析，一般假定楼盖在自身平面内的刚度为无穷大，楼盖将各抗侧力结构连成整体而协同工作。

13.4.3 结构的设计要求

13.4.3.1 承载力要求

为保证高层建筑结构的安全，应对所有结构构件进行承载力的验算。

13.4.3.2 侧移要求

高层建筑结构中，侧移成为一项控制指标。结构的侧移过大将影响结构的正常使用，导致结构的破坏。但若侧移过小，则结构的侧移刚度必将过大，在地震发生时，所遭受的地震作用将增大，应在满足侧移要求的前提下，选择适当的结构侧移刚度。

《高层建筑混凝土结构技术规程》中通过限制楼层层间最大位移与层高的比值来控制侧移。按弹性方法计算的楼层层间最大位移与层高之比 $\Delta u/h$ 宜符合以下规定：

（1）高度不大于 150m 的高层建筑，其楼层层间最大位移与层高之比 $\Delta u/h$ 不宜大于表 13-5 的限值；

表 13-5　楼层层间最大位移与层高之比的限值

结 构 类 型	$\Delta u/h$ 限值	结 构 类 型	$\Delta u/h$ 限值
框　架	1/550	筒中筒、剪力墙	1/1000
框架-剪力墙、框架-核心筒、板柱-剪力墙	1/800	框支层	1/1000

（2）高度等于或大于 250m 的高层建筑，其楼层层间最大位移与层高之比不宜大于 1/500。

13.4.3.3 延性要求

对结构的延性要求，是保证建筑结构发生塑性变形后抵抗倒塌的能力。在地震区，除了要求结构具有足够的承载力和抗侧移能力外，还要求其具有良好的延性。结构的延性主要是通过各种构造措施来实现的，对于某些高层建筑，尚应通过罕遇地震作用下的弹塑性变形验算，保证结构的延性。

───────────── 小　结 ─────────────

（1）多、高层建筑结构的基本抗侧力单元有框架、剪力墙、筒体等，可以由这些单元组成多种不同的结构体系。

（2）结构设计时应根据建筑的使用功能、房屋高度、平面形状、立面体型、抗震设防要求以及施工条件等选用合理的结构体系。

（3）多、高层建筑的体型设计直接关系到结构的受力性能及抗震性能。设计时应考虑抗侧力单元的合理布置。结构的平面布置应均匀对称，尽量使刚度中心与质量中心重合；结构构件的竖向布置应避免突变或中断，避免出现薄弱层或薄弱部位；宜通过调整结构的平面形状和尺寸，采用构造措施和施工手段，避免设置变形缝，当结构要求必须设缝时，应使用变形缝将结构划分为独立的结构单元。

（4）高层建筑结构设计的主要特点是水平荷载成为控制结构内力的主要因素。结构的侧移成为确定抗侧力结构构件尺寸及数量的控制指标。

（5）为使高层建筑结构满足设计使用期限内的可靠度，各结构构件应具有足够的强度，整个结构应具有合适的刚度和良好的延性。

复习思考题

13-1 多、高层建筑有哪些结构体系，各种结构体系的优缺点、受力特点和应用范围是什么？

13-2 为什么要控制高层结构的高宽比？

13-3 结构平面布置和竖向布置应考虑哪些问题？

13-4 有哪几种变形缝，结构设计时应如何处理这几种变形缝？

13-5 多、高层建筑结构设计中要考虑哪些荷载或作用？

14 砌体结构设计

14.1 砌体结构材料

14.1.1 砌块

砌体结构中常用的块材有砖、砌块和石材三类。块体的强度等级符号以"MU"表示，单位为 MPa。

14.1.1.1 砖

建筑中常用的砖有烧结普通砖、烧结多孔砖和非烧结硅酸盐砖。

烧结普通砖：由煤矸石、页岩、粉煤灰或黏土为主要原料，经过焙烧而成的实心砖。我国目前生产的烧结普通砖尺寸为 240mm×115mm×53mm，具有这种尺寸的砖称为"标准砖"，分为烧结黏土砖、烧结页岩砖、烧结煤矸石砖、烧结粉煤灰砖等。

烧结多孔砖：由煤矸石、页岩、粉煤灰或黏土为主要原料，经过焙烧而成，孔洞率不大于 35% 的砖。孔的尺寸小而数量多，主要用于承重部位。其优点是减轻墙体自重、改善保温隔热性能、节约原料和能源。其主要规格有：KM1 型砖，规格尺寸为 190mm×190mm×90mm，配砖尺寸为 190mm×90mm×90mm；KP11 型砖，规格尺寸为 240mm×115mm×90mm；KP2 型砖，规格尺寸为 240mm×180mm×115mm。

承重结构中的烧结普通砖和烧结多孔砖的强度等级分为：MU30、MU25、MU20、MU15 和 MU10。自承重墙的空心砖的强度等级为：MU10、MU7.5、MU5。

蒸压灰砂普通砖：以石灰等钙质材料和砂等硅质材料为主要原料，经坯料制备、压制排气成型、高压蒸汽养护而成的实心砖。

蒸压粉煤灰普通砖：以石灰、消石灰（如电石渣）或水泥等钙质材料与粉煤灰等硅质材料及集料（砂等）为主要原料，掺加适量石膏，经坯料制备、压制排气成型、高压蒸汽养护而成的实心砖。

蒸压灰砂普通砖和蒸压粉煤灰普通砖的强度等级为：MU25、MU20、MU15。

14.1.1.2 砌块

砌块是指采用普通混凝土或利用浮石、火山渣、陶粒等为骨料的轻集料混凝土制成的砌筑块材。

混凝土小型空心砌块：由普通混凝土或轻集料混凝土制成，主规格尺寸为 390mm×190mm×190mm、空心率在 25%~50% 的空心砌块，简称混凝土砌块或砌块。

混凝土砖：以水泥为胶结材料，以砂、石等为主要集料，加水搅拌、成型、养护制成的半盲孔砖或实心砖。多孔砖主要规格尺寸为 240mm×115mm×90mm、240mm×190mm×

90mm、190mm×190mm×90mm；实心砖规格为 240mm×115mm× 53mm、240mm×115mm× 90mm 等。

承重结构的混凝土块体、轻集料混凝土块体的强度等级为：MU20、MU15、MU10、 MU7.5 和 MU5。自承重墙轻集料混凝土块体的强度等级为：MU10、MU7.5、MU5 和 MU3.5。

14.1.1.3 石材

石材主要有重质岩石和轻质岩石两类。建筑结构石材多采用花岗石和石灰石，强度高，抗 冻性、抗水性和抗气性均较好，通常用于房屋的刚性基础和挡土墙等。石材按加工后外形的规 则程度分为细料石、半细料石、粗料石、毛料石和毛石。石材强度等级为：MU100、MU80、 MU60、MU50、MU40、MU30 和 MU20。

14.1.2 砂浆

砂浆是用砂和适量的无机胶凝材料（水泥、石灰、石膏、黏土等）加水搅拌而成的一 种粘结材料。砌体中砂浆的作用是将单块的块材连成整体，填满块材间的缝隙，垫平块体 上下表面，使块材应力分布较为均匀，提高砌体的抗压强度和抗弯、抗剪性能。

砂浆按其成分不同，分为水泥砂浆、非水泥砂浆、石灰水泥砂浆（又称混合砂浆）； 砂浆按其作用不同，分为普通砂浆和砌块专用砂浆。

水泥砂浆：由水泥、砂和水拌和而成。强度高、硬化快、耐久性好，但和易性差、水 泥用量大。适用于砌筑受力较大或潮湿环境中的砌体结构。

非水泥砂浆：如石灰砂浆、石膏砂浆、黏土砂浆等，砂浆中不含水泥。强度低、耐久 性差，只适用于强度要求不高的临时建筑。

混合砂浆：由水泥、石灰、砂和水拌和而成。强度比石灰砂浆高，保水性能和流动性 比水泥砂浆好，便于施工，适用于砌筑一般墙、柱砌体。

对砂浆的基本要求是：适当的强度、良好的可塑性（流动性）和保水性。

普通砂浆的强度等级符号以"M"表示，单位为 MPa。常用砂浆的普通强度等级为： M15、M10、M7.5、M5 和 M2.5。

蒸压灰砂普通砖和蒸压粉煤灰普通砖采用的专用砂浆的强度等级符号以"Ms"表示， 强度等级为：Ms15、Ms10、Ms7.5 和 Ms5。

混凝土普通砖、混凝土多孔砖、多孔混凝土砌块采用的专用砂浆的强度等级符号以 "Mb"表示，强度等级为：Mb20、Mb15、Mb10、Mb7.5 和 Mb5。

14.1.3 块材及砂浆的选材

砌体材料的选用应本着因地制宜、就地取材、充分利用工业废料的原则，根据砌体结 构的使用要求、使用环境、重要性以及结构构件的受力特点等因素来考虑，同时还应考虑 耐久性要求。对于地面以下或防潮层以下的砌体，所用材料应满足最低强度等级的要求， 见表 14-1。

另外，在冻胀地区，地面以下或防潮层以下的砌体，不宜采用多孔砖。如采用时，其 孔洞应用水泥砂浆灌实。当采用混凝土砌块砌体时，其孔洞应采用强度等级不低于 Cb20 的混凝土灌实；对安全等级为一级或设计使用年限大于 50 年的房屋，表中材料强度等级应至少提高一级。

表 14-1　地面以下或防潮层以下的砌体、潮湿房间墙所用材料的最低强度等级

基土的潮湿程度	烧结普通砖、蒸压灰砂砖		混凝土砌块	石材	水泥砂浆
	严寒地区	一般地区			
稍潮湿的	MU10	MU10	MU7.5	MU30	M5
很潮湿的	MU15	MU10	MU7.5	MU30	M7.5
含水饱和的	MU20	MU15	MU10	MU40	M10

14.2　砌体及其力学性能

14.2.1　砌体种类

由块体和砂浆砌筑而成的整体结构为砌体。砌体按其材料的不同可分为砖砌体、石砌体、砌块砌体；按其作用的不同可分为承重砌体和非承重砌体；按是否配筋又可分为：无筋砌体和配筋砌体两类。

14.2.1.1　砖砌体

由砖块体和砂浆砌筑而成的结构为砖砌体。砖砌体包括实心黏土砖砌体、多孔砖砌体及蒸压灰砂砖砌体、蒸压粉煤灰砌体等。用标准砖可砌成厚度为 120mm（半砖）、240mm（一砖）、370mm（一砖半）、490mm（两砖）和 620mm（两砖半）墙体。多孔砖可砌成90mm、180mm、240mm、290mm 和 390mm 的墙体。砌体的砌筑应使块材在砌体中合理排列，上、下皮块材必须相互搭接，避免出现竖向通缝。

砖砌体通常用作承重外墙、内墙、砖柱、维护墙及隔墙。墙体的厚度根据承载力及稳定性的要求确定。对于房屋的外墙，还需要满足保温、隔热等的要求。

砖还可以砌成空心砌体，我国应用较多的有：空斗墙、空气夹层墙、填充墙等。空斗砌体是将部分或全部砖立砌，中间留有空斗（洞）。空斗砌体具有节约砖和砂浆、减轻自重及降低造价的优点。但其抗剪能力差，因而在地震区一般不用。

14.2.1.2　石砌体

石砌体是由天然石材和砂浆砌筑而成的砌体结构。按照块材的不同分为料石砌体、毛石砌体和毛石混凝土砌体。料石砌体和毛石砌体均用砂浆砌筑。料石砌体可以用作民用房屋的承重墙、柱和基础，还可以用于建造石拱桥、石坝和涵洞。毛石混凝土砌体由混凝土和毛石交替铺砌而成。毛石砌体在基础工程中应用较多，也常用于建造挡土墙、路堤和护坡等。

14.2.1.3　砌块砌体

按照砌块的材料可分为混凝土砌块砌体、加气混凝土砌块砌体、粉煤灰砌块砌体和轻骨料混凝土砌块砌体等。砌块砌体节约砂浆，但砂浆和块体的结合较弱，因而砌块砌体的整体性和抗剪性能不如普通砖砌体，使用时应考虑适当的构造措施。

砌块砌体也应分皮错缝搭接。砌块排列要求砌块类型最少，排列规律整齐，避免通缝。排列空心砌块时还应做到对孔，对齐上下皮砌块的肋部，以利于传递荷载。

14.2.1.4　配筋砌体

为了提高砌体的承载力或减小构件截面尺寸，在砌体中配置适量的钢筋或砌体与钢筋混凝土构件组合，形成配筋砌体。目前，我国采用的配筋砌体主要有：横向配筋砖砌体和组合砖砌体。具体包括：网状配筋砌体柱（图 14-1）、水平砌体墙、砖砌体和钢筋混凝土面层或钢筋砂浆面层组合砌体柱（墙）（图 14-2）、砖砌体和钢筋混凝土构造柱组合墙（图 14-3）和配筋砌块砌体柱（图 14-4）等。

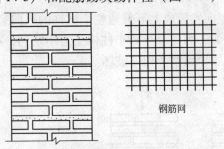

图 14-1 网状配筋砌体柱

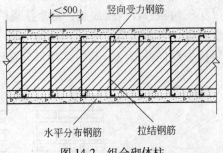

图 14-2 组合砌体柱

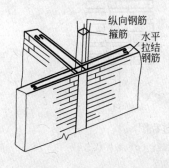

图 14-3 构造柱组合墙

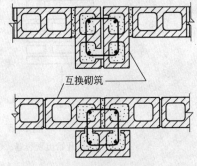

图 14-4 配筋砌块砌体柱

14.2.2 无筋砌体的强度和变形性能

14.2.2.1 块材的强度等级

块材的强度等级是指由标准试验方法测得的块材极限抗压强度平均值。它是块材力学性能的基本标志，用符号 MU 表示，单位 MPa。

14.2.2.2 砂浆的强度等级

我国的砂浆强度等级是采用 6 块边长为 70.7mm 的立方体标准试块，在温度为（20±3）℃环境下，水泥砂浆在湿度为 90% 以上，水泥石灰砂浆在湿度为 60% ~80% 条件下养护28d，进行抗压试验以 MPa 表示抗压强度的平均值划分的。《砌体结构设计规范》规定采用的强度等级为 M15、M10、M7.5、M5 和 M2.5。

14.2.2.3 砌体的抗压强度

砌体是由块材和砂浆两种性质不同的材料粘结而成，它的受压破坏特征与任何一种材料的破坏特点都不相同。对砌体结构所进行的大量试验研究表明，轴心受压砌体在短期荷载作用下的破坏过程大致经历了三个阶段。

第一阶段：从开始加载到极限荷载的 50% ~70% 时，首先在单块砖中产生细小裂缝。以竖向短裂缝为主，也有个别斜向短裂缝（图 14-5（a））。这些细小裂缝是因砖本身形状不规整或砖间砂浆层不均匀、不平整，使单块砖受弯、受剪产生的。如不增加荷载，这种单块砖内的裂缝不会继续发展。

第二阶段：随着外载增加，单块砖内的初始裂缝将向上、向下扩展，形成穿过若干皮砖的连续竖向裂缝。同时产生一些新的裂缝（图 14-5(b)）。此时即使不增加荷载，裂缝也会继续发展。这时的荷载约为极限荷载的 80%～90%，砌体已接近破坏。

第三阶段：若继续加载，裂缝急剧扩展，沿竖向发展成上下贯通整个试件的纵向裂缝。裂缝将砌体分割成若干半砖小柱体（图 14-5（c））。因各个半砖小柱体受力不均匀，小柱体将因失稳向外鼓出，其中某些部分被压碎，最后导致整个构件破坏。

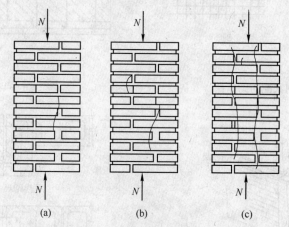

图 14-5   砖砌体受压破坏过程图
（a）开始出现裂缝；（b）形成贯通竖向裂缝；（c）破坏状态

因此，砌体的破坏主要是竖向裂缝扩展连通使砌体分割成小柱体，最终砌体因小柱体的破坏而破坏。同时，试验结果还表明，砌体的抗压强度低于砌体块体的抗压强度。其主要原因是砌体砌块的受力状态此时不再是简单的单向受压破坏，而是压、弯、剪复合受力状态，因为块体的表面并不规则平整，砌筑时砌体内灰缝厚度不同，砂浆也难以做到饱和均匀，砂浆与砌块之间不能够保证良好接触，且竖缝不密实（图 14-6），对于单块块体而言，其受力状态不是均匀受压，而是处于压、弯、剪的受力复合状态；另外，由于块体和砂浆的弹性模量及横向变形系数不同，砂浆的弹性模量小，受压后会发生较大的侧向变

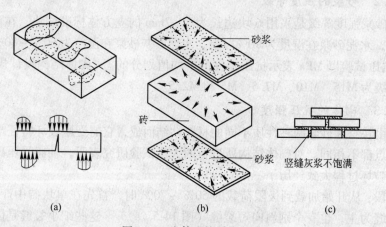

图 14-6   砌体砌块受力状态

形，对砌块产生拉力，使砌块处于轴向受压，弯、剪，切向受拉的复合受力状态。砌块虽然受压强度较高，但其抗弯、抗剪的性能很差，砌块的复合受力状态导致其过早地开裂使砌体抗压强度降低；而砂浆由于弹性模量小于块体的弹性模量，块体限制了砂浆的变形，使其处于三向受压状态，其抗压强度有所提高。因此，当砂浆强度等级较低时，砌体的抗压强度等级又往往高于砂浆的抗压强度。

14.2.2.4　影响砌体抗压强度的因素

由砌体的破坏机理可以看出，砌体是一种复合材料，块体的破坏决定了砌体的强度，而砌块在砌体中处于复杂应力状态，它的强度不仅与块体的抗压强度有关，还与其变形性能以及砂浆的物理、力学性能有关，同时还受到砌筑质量等因素的影响。

（1）块体及砂浆的强度。块体和砂浆的强度是影响砌体抗压强度的主要因素。在其他条件相同时，强度等级高的块材，其抗压、抗拉和抗剪强度较高，相应的砌体抗压强度也较高。同时试验还表明，提高砖的强度等级比提高砂浆强度等级对增大砌体抗压强度的效果好。一般情况下的砖砌体，当砖强度等级不变，砂浆强度等级提高一级，砌体抗压强度只提高约 15%，而当砂浆强度等级不变，砖强度等级提高一级，砌体抗压强度可提高约 20%。

（2）砌块的外形尺寸。块材的厚度及外形规整程度和对砌体的抗压强度影响也较大。块材厚度越厚，其抗弯、抗剪能力越高，砌体的强度也越高；块材的外形规则、平整，则在砌体中所受弯、剪应力较小，砌体的抗压强度相对提高。

（3）砂浆的变形性能。砂浆的变形性能是影响砌体抗压强度的重要因素之一。受力时，砂浆变形越大，对块材的水平拉力也越大，块材越容易发生破坏，导致砌体抗压强度降低。

（4）砂浆的和易性和保水性。砂浆的和易性和保水性好，容易保证砌筑质量，使灰缝均匀、密实；砂浆饱满度较高，可以减小块材的弯、剪应力，提高砌体强度。

纯水泥砂浆虽然抗压强度较高，但流动性和保水性较差，不易保证砌筑时砂浆均匀、饱满和密实。因此，用纯水泥砂浆砌筑的砌体抗压强度一般比相同等级的混合砂浆砌筑的砌体抗压强度低 10%~20%。

（5）砌筑质量。砌体砌筑时水平灰缝砂浆的饱满度、水平灰缝厚度、砖的含水率以及砌筑方法等都对砌体强度有一定影响。由砌体的破坏机理可知，砌筑质量对砌体抗压强度的影响，实质上是反映它对砌体内复杂应力作用的不利影响的程度。试验表明，水平灰缝砂浆越饱满，砌体抗压强度越高。试验表明，砌体抗压强度随砌筑时砖含水率的提高而提高，采用干砖和饱和砖砌筑的砌体与采用一般含水率的砖砌筑的砌体相比较，抗压强度分别降低 15%和提高 10%。砌体内水平灰缝越厚，砂浆横向变形越大，砖内横向拉应力也越大，砌体内的复杂应力状态随之增加，导致砌体抗压强度降低。

为此，《砌体结构工程施工质量验收规范》规定了砌体施工质量控制等级，根据施工现场的质量保证体系、砂浆和混凝土的强度、砌筑工人技术等方面的综合水平划为 A、B、C 三个等级。

14.2.2.5　各类砌体的强度指标

A　砌体轴心抗压强度平均值

我国对各类砌体的强度做了广泛的试验，通过统计和回归分析，《砌体结构设计规范》

（GB 50003—2011）给出了适用于各类砌体的轴心抗压强度平均值计算公式：

$$f_m = k_1 f_1^a (1 + 0.07 f_2) k_2 \tag{14-1}$$

式中 f_m——砌体抗压强度平均值，MPa；

  f_1——块体的强度等级值，MPa；

  f_2——砂浆抗压强度平均值，MPa；

  a，k_1——考虑不同类型的块材尺寸、砌筑方式等影响系数；

  k_2——砂浆强度较低或较高时的砌体强度的影响系数。

各类砌体中的各系数 a、k_1、k_2 见表 14-2。

表 14-2   轴心抗压强度平均值 f_m （MPa）

砌体 种 类	$f_m = k_1 f_1^a (1 + 0.07 f_2) k_2$		
	k_1	a	k_2
烧结普通砖、烧结多孔砖、蒸压灰砂普通砖、蒸压粉煤灰普通砖、混凝土普通砖、混凝土多孔砖	0.78	0.5	当 $f_2 < 1$ 时，$k_2 = 0.6 + 0.4 f_2$
混凝土砌块、轻集料混凝土砌块	0.46	0.9	当 $f_2 = 0$ 时，$k_2 = 0.8$
毛料石	0.79	0.5	当 $f_2 < 1$ 时，$k_2 = 0.6 + 0.4 f_2$
毛 石	0.22	0.5	当 $f_2 < 2.5$ 时，$k_2 = 0.4 + 0.24 f_2$

注：1. k_2 在表列条件以外时均等于 1；

  2. 表中的混凝土砌块指混凝土小型砌块；

  3. 混凝土砌块砌体的轴心抗压强度平均值，当 $f_2 > 10$MPa 时，应乘以系数 $1.1 - 0.01 f_2$；MU20 的砌体应乘以系数 0.95，且满足 $f_1 \geq f_2$，$f_1 \leq 20$MPa。

B   砌体的强度标准值

各类砌体各种受力状态强度标准值 f_k 是考虑强度的变异性，按《工程结构可靠性设计统一标准》的要求统一规定为强度的概率密度函数的 5% 分位值。由统计资料可知，各类砌体强度服从正态分布，其标准值 f_k 可按下式计算：

$$f_k = f_m - 1.645 \sigma_f \tag{14-2}$$

式中 f_m——砌体的强度平均值；

  σ_f——砌体强度的标准差。

C   砌体的强度设计值

砌体的强度设计值 f 是砌体结构构件按承载能力极限状态设计时所采用的砌体强度代表值，为砌体强度的标准值 f_k 除以材料性能分项系数 γ_f，按下式计算：

$$f = \frac{f_k}{\gamma_f} \tag{14-3}$$

式中 γ_f——砌体结构的材料性能分项系数，一般情况下，宜按施工质量控制等级为 B 级考虑，取 $\gamma_f = 1.6$。

表 14-3 列出了当施工质量控制等级为 B 级时，烧结普通砖和烧结多孔砖砌体的抗压强度设计值；表 14-4 列出了砌体灰缝截面破坏时砌体的轴心抗拉强度设计值、弯曲抗拉强度设计值和抗剪强度设计值。

表 14-3　烧结普通砖和烧结多孔砖砌体的抗压强度设计值　　　　（MPa）

砖强度等级	砂浆强度等级					砂浆强度
	M15	M10	M7.5	M5	M2.5	0
MU30	3.94	3.27	2.93	2.59	2.26	1.15
MU25	3.60	2.98	2.68	2.37	2.06	1.05
MU20	3.22	2.67	2.39	2.12	1.84	0.94
MU15	2.79	2.31	2.07	1.83	1.60	0.82
MU10	—	1.89	1.69	1.50	1.30	0.67

表 14-4　灰缝截面破坏时砌体的轴心抗拉强度设计值、
弯曲抗拉强度设计值和抗剪强度设计值　　　　（MPa）

强度类别	破坏特征及砌体种类		砂浆强度等级			
			≥M10	M7.5	M5	M2.5
轴心抗压	沿齿缝	烧结普通砖、烧结多孔砖	0.19	0.16	0.13	0.09
		混凝土普通砖、混凝土多孔砖	0.19	0.16	0.13	—
		蒸压灰砂普通砖、蒸压粉煤灰普通砖	0.12	0.10	0.08	—
		混凝土和轻集料混凝土砌块	0.09	0.08	0.07	—
		毛石	—	0.07	0.06	0.04
弯曲抗拉	沿齿缝	烧结普通砖、烧结多孔砖	0.33	0.29	0.23	0.17
		混凝土普通砖、混凝土多孔砖	0.33	0.29	0.23	—
		蒸压灰砂普通砖、蒸压粉煤灰普通砖	0.24	0.20	0.16	—
		混凝土和轻集料混凝土砌块	0.11	0.09	0.08	—
		毛石	—	0.11	0.09	0.07
	沿通缝	烧结普通砖、烧结多孔砖	0.17	0.14	0.11	0.08
		混凝土普通砖、混凝土多孔砖	0.17	0.14	0.11	—
		蒸压灰砂普通砖、蒸压粉煤灰普通砖	0.12	0.10	0.08	—
		混凝土和轻集料混凝土砌块	0.08	0.06	0.05	—
抗剪	烧结普通砖、烧结多孔砖		0.17	0.14	0.11	0.08
	混凝土普通砖、混凝土多孔砖		0.17	0.14	0.11	—
	蒸压灰砂普通砖、蒸压粉煤灰普通砖		0.12	0.10	0.08	—
	混凝土和轻集料混凝土砌块		0.09	0.08	0.06	—
	毛石		—	0.19	0.16	0.11

D　砌体强度设计值调整系数 γ_a

上述砌体强度的计算公式和取值是按照砌体结构不同受力状态下的主要影响因素给出的（如质量控制等级为 B 级），但是由于影响砌体强度的因素较多，对于不同的使用情况采用相同的设计强度，仍有可能取值偏低，所以对于不同类型的砌体在不同的使用情况下，其设计强度值还应调整，其砌体强度设计值乘以调整系数 γ_a。

（1）无筋砌块砌体，其截面面积小于 $0.3m^2$ 时，γ_a 为其截面面积加 0.7。对配筋砌体构件，当其中砌体截面面积小于 $0.2m^2$ 时，γ_a 为其截面面积加 0.8。构件截面面积以 m^2 计。

（2）当砌体用强度等级小于 M5.0 的水泥砂浆砌筑时，对抗压强度设计值，γ_a 为 0.9；对轴心抗拉强度、弯曲抗拉强度、抗剪强度设计值，γ_a 为 0.8。

（3）当验算施工中房屋的构件时，γ_a 为 1.1。

（4）当施工质量控制等级为 C 级时，γ_a 为 0.89。

施工阶段砂浆尚未硬化的新砌砌体的强度和稳定性，可按砂浆强度为零进行验算。

14.2.2.6 砌体的变形性能

A   砌体的弹性模量 E

当计算砌体结构的变形或计算超静定结构时，需要用到砌体的弹性模量。砖砌体为弹塑性材料，应力较小时，砌体基本上处于弹性阶段工作；随着应力的增加，其应变将逐渐加快，砌体进入弹塑性阶段；在接近破坏时，荷载增加很少，变形也会急剧增加。在不同的应力阶段，砌体具有不同的模量值。

由于砌体在正常工作阶段的应力一般在 $0.4f_m$ 左右，故《砌体结构设计规范》为方便使用，定义应力-应变曲线上应力约等于 $0.43f_m$ 点对应的变形模量为受压砌体的弹性模量。试验结果表明，砌体弹性特征值随砌块强度的增高和灰缝厚度的加大而降低，随块材厚度的增大和砂浆强度的提高而增大。

B   砌体的剪变模量

砌体的剪变模量根据材料力学公式 $G=E/2(1+\nu)$ 计算，式中，泊松比 ν 为砌体在轴心受压情况下，产生的横向变形与纵向变形的比值。砌体的泊松比分散很大，对于砖砌体 $\nu=0.1\sim0.2$，平均值为 0.15；砌块砌体 $\nu=0.3$，因此，砌体的剪变模量约为 $G=(0.38\sim0.43)E$，一般可取 $G=0.4E$。

14.3   无筋砌体结构构件承载力计算

由于无筋砌体的抗拉、抗弯、抗剪强度远低于其抗压强度，所以，在实际工程中，无筋砌体主要用作受压构件。

14.3.1 受压构件承载力计算

影响砌体结构构件抗压承载力的主要因素有：构件的截面尺寸、砌体的抗压强度、构件的高厚比以及轴向压力及其偏心距的大小。

砌体墙、柱的高厚比 $\beta=H_0/h$，是指砌体墙、柱的计算高度 H_0（见表 14-5）与其厚度（或折算厚度）h 的比值。墙、柱的高厚比不同，其受力及破坏特点有所不同，试验表明，当构件的高厚比小于 3 时，砌体破坏时材料强度可以得到充分发挥，不会因整体失去稳定影响其抗压能力。因此，墙、柱根据高厚比划分为短柱和长柱，$\beta\leqslant3.0$ 的受压构件称为短柱，$\beta>3.0$ 时称为长柱。

表 14-5 受压构件计算高度 H_0

房屋类型			柱		带壁柱墙或周边拉接的墙		
			排架方向	垂直排架方向	$s>2H$	$2H \geqslant s > H$	$s \leqslant H$
有吊车的单层房屋	变截面柱上段	弹性方案	$2.5H_u$	$1.25H_u$	$2.5H_u$		
		刚性、刚弹性方案	$2.0H_u$	$1.25H_u$	$2.0H_u$		
	变截面柱下段		$1.0H_l$	$0.8H_l$	$1.0H_l$		
无吊车的单层和多层房屋	单跨	弹性方案	$1.5H$	$1.0H$	$1.5H$		
		刚弹性方案	$1.2H$	$1.0H$	$1.2H$		
	多跨	弹性方案	$1.25H$	$1.0H$	$1.25H$		
		刚弹性方案	$1.10H$	$1.0H$	$1.1H$		
	刚性方案		$1.0H$	$1.0H$	$1.0H$	$0.4s+0.2H$	$0.6s$

注：1. H_u 为变截面构件上段的高度，H_l 为变截面构件下段的高度；

　　2. 对于上段为自由端的构件，$H_0 = 2H$；

　　3. 独立砖柱，当无柱间支撑时，柱在垂直排架方向的 H_0 应按表中数值乘以 1.25 后采用；

　　4. s 为房屋横墙间距；

　　5. 自承重墙的计算高度应根据周边支承或拉接条件确定。

14.3.1.1 短柱受压承载力

在轴心压力作用下，砌体截面上应力分布是均匀的，当截面内应力达到轴心抗压强度时，截面达到最大承载能力（图 14-7(a)）。在受压时偏心距较小时，截面虽仍然全部受压，但应力分布已不均匀，破坏将首先发生在压应力较大一侧。破坏时该侧压应力比轴心抗压强度略大（图 14-7(b)）。当偏心距增大时，受力较小边缘的压应力逐渐转化为拉应力。此时，受拉一侧如没有达到砌体通缝抗拉强度，则破坏仍是压力大的一侧先压坏（图 14-7(c)）。偏心距继续增加，拉应力超过砌体沿通缝的弯曲抗拉强度，出现水平裂缝，且随着荷载的增大，水平裂缝向荷载偏心方向延伸发展（图 14-7(d)），实际受拉截面也随之减少，最后导致破坏。由几种情况的对比可见偏心距越大，受压面越小，构件承载力也就越低。规范规定：按荷载设计值计算轴向力的偏心距，并不应超过 $0.6y$，y 为截面重心到轴向力所在偏心方向截面边缘的距离。

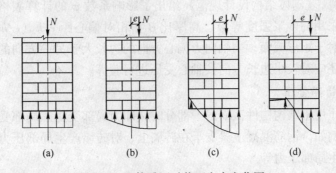

图 14-7 砌体受压时截面应力变化图

(a) 轴心受压；(b) 存在偏心距；(c) 偏心距较大引起拉应力；(d) 形成水平裂缝

试验表明，随着偏心距的增大，受压短柱所能承担的纵向压力明显下降。对于矩形、T 形、十字形和环形截面偏心受压短柱的承载力设计值可表示为

$$N \leqslant \varphi_e f A \qquad (14\text{-}4)$$

式中　N——轴向压力设计值；

　　　f——砌体抗压强度设计值；

　　　A——构件截面面积；

　　　φ_e——偏心影响系数，其取值为

$$\varphi_e = \cfrac{1}{1 + \left(\cfrac{e}{i}\right)^2} \qquad (14\text{-}5)$$

　　　e——轴向力偏心距，$e = M/N$，其中，M、N 分别为弯矩设计值和轴向力设计值；

　　　i——截面的回转半径，$i = \sqrt{\cfrac{I}{A}}$；

　　　I——截面沿偏心方向的惯性矩。

对于矩形截面的 φ_e 可写成：

$$\varphi_e = \cfrac{1}{1 + 12(e/h)^2} \qquad (14\text{-}6)$$

式中　h——矩形截面在偏心方向的边长。

当截面为 T 形或其他形状时，可用截面折算厚度 $h_T \approx 3.5i$ 代替 h。

14.3.1.2　长柱受压承载力

试验研究表明：当柱的高厚比 $\beta > 3.0$ 时，构件纵向弯曲的影响已不可忽略，需考虑其对承载力的影响。

对长柱受压承载力计算时，在偏心受压短柱的偏心影响系数中，将偏心距增加一项由纵向弯曲产生的附加偏心距 e_i 以考虑这种影响，即

$$\varphi = \cfrac{1}{1 + (e + e_i)^2 / i^2} \qquad (14\text{-}7)$$

受压长柱的承载力可表达为

$$N \leqslant \varphi f A \qquad (14\text{-}8)$$

为了方便计算，《砌体结构设计规范》给出了影响系数 φ 的计算表格，见附录 2 的附表，根据构件所采用的砂浆强度等级、高厚比 β 和相对偏心距 e/h（e/h_T）可查出 φ 值。需要注意的是：对于矩形截面，当轴向力偏心方向的边长大于另一方向的边长时，除按偏心受压计算外，还应对较小边长方向按轴心受压进行验算。

14.3.1.3　局部受压

当轴向力仅作用于结构构件截面的一部分时，即为局部受压。局部受压是砌体结构常见的受力状态。例如，钢筋混凝土梁支承在砖墙上，对砖墙产生局部压力，砖柱支承在基础上，对基础产生局部压力等。

砌体局部受压时有两个特点：一方面局部受压砌体上承受着较大的压力，单位面积的压应力较高；另一方面局部受压砌体的抗压强度高于砌体的抗压强度。这是因为直接位于局部受压面下的砌体横向变形受到周围砌体的约束，故使该处的砌体处于三向或双向受压状态，从而大大提高了局部受压面积处砌体的抗压强度。

试验表明，砌体局部受压有三种破坏形态：

（1）因纵向裂缝发展而破坏。在局部压力作用下，首先在距承压面1~2皮砖以下出现竖向裂缝，并随局部压力增加而发展，最后导致破坏。对于局部受压，这是常见的破坏形态。

（2）劈裂破坏。当压力达到较高时局部承压面下突然产生较长的纵向裂缝，导致脆性的劈裂破坏，破坏突然。当砌体面积大而局压面积很小时，可能发生这种破坏。

（3）直接承压面下的砌体被压碎破坏。当砌体强度较低时，可能发生这种破坏。

根据局部受压截面上压应力的分布情况，砌体的局部受压分为局部均匀受压和局部不均匀受压。当作用在部分截面上的应力分布为均匀分布时，为局部均匀受压，如作用在基础上的柱对基础的压力；作用在部分截面上的应力分布不均匀时，为局部不均匀受压，如支撑在墙上的梁对墙体的压力。

A 局部均匀受压承载力计算

砌体截面中局部均匀受压时，承载力按下式计算：

$$N_1 \leqslant \gamma f A_1 \tag{14-9}$$

式中 N_1 ——局部受压面积上轴向力设计值；

f ——砌体抗压强度设计值；

A_1 ——局部受压面积；

γ ——砌体局部抗压强度提高系数，考虑局部受压砌体由于周围砌体对其的约束作用使其抗压强度有所提高，其计算公式为

$$\gamma = 1 + 0.35 \sqrt{\frac{A_0}{A_1} - 1} \tag{14-10}$$

A_0 ——局部抗压强度计算面积，可按图14-8确定。

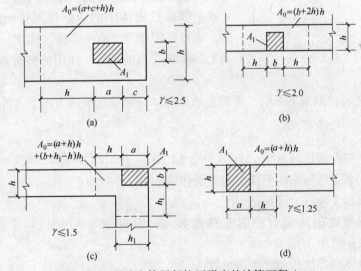

图14-8 影响砌体局部抗压强度的计算面积 A_0

虽然 A_0/A_1 越大，局部受压强度提高越多。但 A_0/A_1 过大时会使周围砌体的横向拉应变过大，产生沿竖向的劈裂破坏。为避免劈裂破坏的发生，应对 γ 值给予限制，不应超过图14-8中的限制值。

B   梁端支承处砌体的局部受压承载力计算

当梁端直接支承在砌体的墙上，墙在梁端压力下处于局压状态。梁受荷载作用后，梁端将产生转动，使其对墙体的压应力分布不均匀。由于梁的挠曲变形和支承处墙体压缩变形，使梁与墙体之间的接触长度并不一定等于梁在墙上的全部搁置长度，梁端与墙体之间传递压力的实际接触长度称为有效支承长度 a_0（图 14-9），其大小取决于梁的刚度、局部承压力大小和砌体的弹性模量。

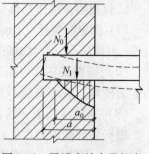

图 14-9   梁端有效支承长度

经试验研究及理论分析，a_0 的简化计算公式为

$$a_0 = \sqrt{\frac{h_c}{f}} \tag{14-11}$$

式中 a_0——梁端有效支承长度，mm，其取值不大于梁端实际支承长度 a；

h_c——梁的截面高度，mm；

f ——砌体的抗压强度设计值，MPa。

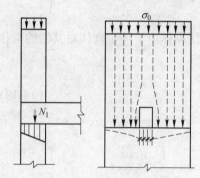

图 14-10   梁端"内拱卸荷"作用

在多层混合结构房屋中，支承楼盖梁的墙体不仅承受梁端传来的局部压力 N_1，还承受由上部墙体传来的竖向压力 N_0。试验结果表明，上部墙体通过梁顶传来的压力对梁下墙体的压应力不相等。当梁上受荷载较大时，梁下墙体产生较大压缩变形，使梁端顶面与上部墙体接触面上的压应力逐渐减小，甚至梁端顶面与上部墙体脱开。这时梁端范围内的上部荷载将会部分或全部通过砌体中的内拱作用传给梁端周围的墙体，这种现象称为"内拱卸荷"作用（图 14-10）。梁端上部荷载"内拱卸荷"作用的影响通过上部荷载折减系数 φ 考虑。

考虑到上述各种因素的影响，梁端支承处砌体局部受压承载力按下式计算：

$$\varphi N_0 + N_1 \leq \eta \gamma f A_1 \tag{14-12}$$

式中 φ ——上部荷载折减系数，$\varphi = 1.5 - 0.5 A_0/A_1$，当 $A_0/A_1 \geq 3$ 时，取 $\varphi = 0$；

N_0——局部受压面积内上部轴向力设计值；

N_1——梁端支承压力设计值；

η ——梁端底面压应力图形完整系数，一般可取 $\eta = 0.7$；对于过梁和墙梁可取 $\eta = 1.0$；

γ ——砌体局部抗压强度提高系数；

A_1——局部受压面积。

当梁端支承处砌体局部受压承载力不能满足时，通常在梁端下设置钢筋混凝土或混凝土的垫块或垫梁，以增大对砌体的受压面积，防止发生局部受压破坏，垫块的设置见图 14-11。

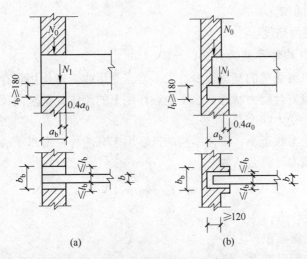

图 14-11　梁端垫块设置示意图

14.3.2　受拉、受弯和受剪构件承载力计算

14.3.2.1　轴心受拉构件承载力计算

砌体的抗拉强度很低，工程中很少采用砌体作轴心受拉构件。一般只用在小型圆形水池、圆筒料仓中，这些结构在液体或松散物料的侧压力作用下，筒壁内产生环向拉力。砌体的破坏有两种可能：沿齿缝破坏或沿直缝破坏。承载力按轴心受拉构件公式计算：

$$N_t \leqslant f_t A \tag{14-13}$$

式中　N_t——轴心拉力设计值；

　　　f_t——砌体轴心抗拉强度设计值。

14.3.2.2　受弯构件承载力计算

在弯矩作用下的砌体，如砖砌平拱过梁和挡土墙等，均属受弯构件，其破坏形态有三种可能：沿齿缝截面破坏、沿砖和竖向灰缝截面破坏或沿通缝截面弯曲受拉而破坏。此外在构件支座处还存在较大的剪力，因此还应进行受剪承载力验算。

（1）受弯构件承载力计算公式：

$$M \leqslant f_m W \tag{14-14}$$

式中　M——弯矩设计值；

　　　f_m——砌体弯曲抗拉强度设计值；

　　　W——截面抵抗矩。

（2）受弯构件的受剪承载力计算公式：

$$V \leqslant f_v b z \tag{14-15}$$

式中　V——剪力设计值；

　　　f_v——砌体抗剪强度设计值；

　　　b——截面宽度；

　　　z——内力臂（$z = I/S$，对于矩形截面，取 $z = 2h/3$）；

　　　I——截面惯性矩；

　　S ——截面面积矩；

　　h ——矩形截面高度。

14.3.2.3　受剪构件承载力计算

　　砌体结构中，单纯受剪的情况很少，大多是在受压或受弯作用下存在受剪作用，如挡土墙处于压、弯、剪复合受力状态，水平地震作用下的砌体处于竖向荷载和水平地震共同作用下的压、剪复合受力状态。

　　在压、剪复合受力状态下，砌体结构的破坏形态有两种：沿水平通缝截面破坏和沿阶梯形截面破坏。承载力计算公式为

$$V \leqslant (f_v + \alpha\mu\sigma_0)A \tag{14-16}$$

式中　V ——剪力设计值；

　　　　A ——水平截面面积；

　　　　f_v ——砌体抗剪强度设计值；

　　　　α ——修正系数：

　　　　　　当 $\gamma_G = 1.2$ 时，砖砌体取 0.60，混凝土砌块砌体取 0.64；

　　　　　　当 $\gamma_G = 1.35$ 时，砖砌体取 0.64，混凝土砌块砌体取 0.66；

　　　　μ ——剪压复合受力影响系数：

　　　　　　当 $\gamma_G = 1.2$ 时，$\mu = 0.26 - 0.082\sigma_0/f$；

　　　　　　当 $\gamma_G = 1.35$ 时，$\mu = 0.23 - 0.065\sigma_0/f$；

　　　　σ_0 ——永久荷载设计值产生的水平截面平均压应力，其值不应大于 $0.8f$。

14.4　混合结构房屋设计

14.4.1　混合结构房屋的结构布置

　　混合结构的主要受力构件有板、梁、墙、柱、基础。竖向荷载的主要传力路径为：板→梁→墙（或柱）→基础。墙体既是承重结构又是围护结构，主要起围护和分隔作用且只承受自重的墙体，称为"非承重墙"，也称为"自承重墙"；在承受自重的同时，还承受屋盖和楼盖传来荷载的墙体，称为"承重墙"。墙体为主要的受力及传力构件，混合结构房屋的结构布置主要考虑墙体的布置。通常，称建筑最外层的墙体为"外墙"，建筑内部的墙体为"内墙"，沿建筑物长向布置的墙体为"纵墙"，沿建筑物短向布置的墙体为"横墙"，建筑物短向两端的墙体为"山墙"。墙体承重体系包括：横墙承重体系（图 14-12（a））、纵墙承重体系（图 14-12（b））、纵横墙承重体系（图 14-12（c））、内框架承重体系（图 14-12（d））和底部框架承重体系等。

14.4.1.1　横墙承重体系

　　预制房屋的楼面板和屋面板沿搁置在横墙上，或者单向楼（屋）面板的长边搁置在横墙上，板上承受的竖向荷载全部传递给横墙，并由横墙传至基础和地基，纵墙仅承受墙体自重，这种承重体系称为横墙承重体系。

　　横墙承重体系的优点：（1）横墙是主要的承重墙。纵墙主要是起围护、隔断及将横墙

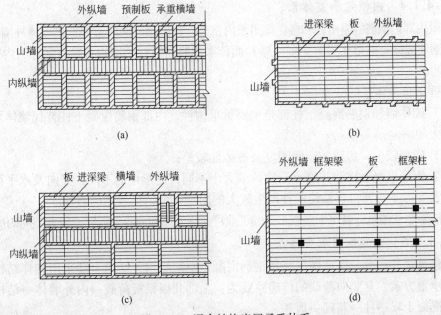

图 14-12　混合结构房屋承重体系

联成整体保证横墙侧向稳定的作用。由于纵墙是非承重墙,对纵墙上设置门、窗洞口的限制较少,所以,其外纵墙的立面处理比较灵活。(2)横墙数量多,间距小,刚度大,整体性好。缺点:横墙数量较多,房间布置不灵活,墙体及基础材料用量较大。

横墙承重体系多适用于横墙间距较密的建筑,如多层宿舍、住宅、旅馆等居住建筑和小开间办公楼等。

14.4.1.2　纵墙承重体系

进深相对较小而宽度相对较大的房屋,楼板沿横向布置,直接支承在纵墙上,或者楼板沿纵向铺设在钢筋混凝土大梁上,而梁搁置在纵向承重墙上,由纵墙直接承受楼(屋)盖传来的竖向荷载,这种结构布置方案称为纵墙承重方案。竖向荷载传递路线为:板→梁→纵墙→基础→地基。

纵墙承重体系的特点:(1)纵墙是主要的承重墙。横墙的设置主要是为了满足房间的使用要求,保证纵墙的侧向稳定和房屋的整体刚度,房屋的划分比较灵活,可布置大开间;(2)由于纵墙承受的荷载较大,在纵墙上设置的门、窗洞口的大小及位置都受到一定的限制;(3)纵墙间距一般比较大,横墙数量相对较少,房屋的空间刚度不如横墙承重体系,整体性差。

纵墙承重体系适用于使用上要求有较大空间,或开间尺寸有较大变化的房屋,如教学楼、实验楼、办公楼、影剧院、仓库和单层工业厂房等。

14.4.1.3　纵横墙承重体系

纵墙和横墙都承受楼(屋)盖上的竖向荷载的结构布置方案称纵横墙承重方案。这种承重体系兼有前述两种承重体系的特点,房屋及楼盖平面布置比较灵活,房间可以有较大的空间,且房屋的空间刚度也较好,更好地满足建筑功能上的要求。

纵横墙承重体系经常用于教学楼、办公楼及医院等建筑中。

14.4.1.4　内框架承重体系

房屋内部由钢筋混凝土柱和楼盖梁组成内框架，内框架外侧的梁搁置在砌体外墙上，外墙和内部钢筋混凝土框架共同承受楼（屋）面传来的竖向荷载的结构布置方案称为内框架承重方案。

内框架承重体系的特点：

（1）砌体墙和钢筋混凝土柱都是主要承重构件，内部钢筋混凝土柱替代墙体承重可以获得较大的空间；

（2）横墙较少，房屋的空间刚度及整体性较差；

（3）钢筋混凝土柱和砖墙承受的荷载大小不同，变形性能不同，竖向及水平荷载作用下，两者变形不协调，容易使构件产生较大的附加内力，导致结构破坏。

内框架承重体系一般用于层数不多的工业厂房、仓库和商店等需要有较大空间的房屋。

14.4.1.5　底部框架承重体系

在建筑物的底部一层或两层采用钢筋混凝土框架结构，结构上部采用砌体结构形成底部框架承重方案。其竖向荷载的传递路线为：上部几层梁板荷载→内外墙体→结构转换层→钢筋混凝土梁→柱→基础→地基。

底部框架体系的特点：

（1）房屋底层采用钢筋混凝土框架结构，可以取得较大的使用空间；

（2）房屋底部抗侧刚度较小，上部抗侧刚度较大，形成下柔上刚结构，结构的破坏多发生在结构的下层。

底部框架承重体系适用于底层为商店、展览厅等需要大空间，而上部层为宿舍、办公室等小开间的房屋。

上述各承重体系各有利弊。设计时，应根据不同的使用要求、施工条件、经济状况等因素综合考虑，选择合理的承重体系。

14.4.2　混合结构房屋静力计算方案

14.4.2.1　混合结构房屋的空间工作

混合结构房屋中，楼（屋）盖、纵墙、横墙和基础等构件相互联系组成一个空间受力体系，承受各种竖向和水平作用。在外荷载作用下，不仅直接承受荷载的构件参与工作，与其相连的其他构件也都不同程度地参与工作。这些构件参与共同工作的程度都影响着房屋的空间刚度。

图 14-13 所示为一单层混合结构房屋，外纵墙承重，当房屋的两端没有设置山墙时，在水平风荷载作用下，屋盖各处水平位移相同，均为 u_p，其计算简图为一平面排架。

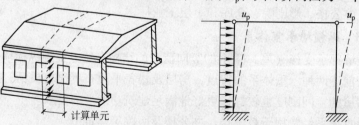

图 14-13　无山墙混合结构房屋空间变形特点

工程应用中，混合结构房屋通常都会有横墙或山墙（图14-14），且各开间之间的楼（屋）盖有一定的纵向刚度。由于两端山墙及各开间楼（屋）盖的约束，在水平荷载作用下，屋盖各处水平位移不再相同。距山墙越远墙顶水平位移越大。水平风荷载不仅由纵墙和屋盖组成的平面排架承担，而且还通过屋盖向山墙进行传递，这种内力在房屋空间上的传播与分布，称为房屋的空间工作，相应的房屋整体刚度称为空间刚度。此时，结构的计算简图已不宜按照平面排架采用。

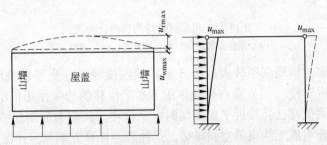

图14-14　有山墙混合结构房屋空间变形特点

14.4.2.2　房屋的静力计算方案

由上面的分析可知，房屋的空间工作性能决定了结构计算简图的选取，即结构静力计算方案。影响房屋空间性能的因素主要有：两端山墙的距离、横墙间距、楼（屋）盖的刚度、屋架的跨度、排架的刚度、荷载类型等。为方便设计，《砌体结构设计规范》仅考虑屋盖刚度和横墙间距两个主要因素的影响，按房屋空间刚度（作用）大小，将混合结构房屋的静力计算方案划分为三种（表14-6）。

表14-6　房屋的静力计算方案

屋盖或楼盖类别	刚性方案	刚弹性方案	弹性方案
整体式、装配整体和无檩体系钢筋混凝土屋盖或钢筋混凝土屋盖	$s<32$	$32 \leqslant s \leqslant 72$	$s>72$
装配式有檩体系钢筋混凝土屋盖、轻钢屋盖和有密铺望板的木屋盖或木楼盖	$s<20$	$20 \leqslant s<48$	$s>48$
瓦材屋面的木屋盖和轻钢屋盖	$s<16$	$16 \leqslant s \leqslant 36$	$s>36$

注：1. s 为房屋横墙间距，其长度单位为 m；
　　2. 当多层房屋楼盖、屋盖类别不同或横墙间距不同时，可按本表的规定分别确定各层（底层或顶部各层）房屋的静力计算方案；
　　3. 对无山墙或伸缩缝处无横墙的房屋，应按弹性方案考虑。

（1）刚性方案。横墙较密，楼（屋）盖刚度较大，房屋的空间刚度很大时，在荷载作用下，楼（屋）盖的水平位移很小，可以忽略房屋水平位移的影响，这类房屋称为刚性房屋。其静力简图如图14-15（a）所示，将屋盖、楼盖看做是墙体的不动铰支座，墙、柱内力按支座无侧移的竖向构件进行计算。

（2）刚弹性方案。有横墙存在，但间距较大，楼（屋）盖有一定刚度，房屋的空间刚度较小时，荷载作用下，楼（屋）盖将产生一定水平位移，横墙及楼（屋）盖的存在对其水平位移有一定的约束，其静力简图如图14-15（b）所示，墙体和楼（屋）盖组成空间排架，将楼（屋）盖看做是排架的弹性铰支座，对排架的变形有一定的约束作用，这种静力计算方案称为刚弹性方案。

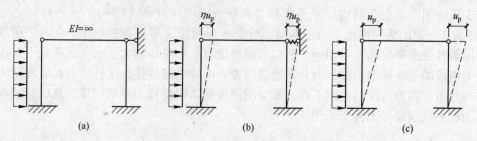

图 14-15　单层混合结构房屋计算简图
(a) 刚性方案；(b) 刚弹性方案；(c) 弹性方案

(3) 弹性方案。横墙间距较大，楼（屋）盖刚度较小，房屋的空间刚度很小，横墙和楼（屋）盖刚度对楼（屋）盖在荷载作用下水平位移的约束作用很小，可以忽略不计，楼（屋）盖的最大位移已经接近平面排架的水平位移。其静力简图如图 14-15 (c) 所示，墙体和楼（屋）盖组成无约束的空间排架，这种静力计算方案称为弹性方案。

确定结构静力计算方案时的横墙应具有一定的刚度才能保证其对房屋变形的约束作用，为此，《砌体结构设计规范》规定刚性和刚弹性方案房屋的横墙应符合以下要求：

(1) 横墙中开有洞口时，洞门的水平截面面积不宜超过横墙截面面积的 50%；

(2) 横墙的厚度不宜小于 180mm；

(3) 单层房屋的横墙长度不宜小于其高度，多层房屋的横墙长度不宜小于 $H/2$（H 为横墙总高度）。

当横墙不能同时符合上述要求时，应对横墙的刚度进行验算。符合刚度要求的横墙可视作刚性或刚弹性方案房屋的横墙。

14.4.3　墙、柱的高厚比验算

混合结构房屋中的墙、柱均为受压构件，除了满足承载力要求外，还必须保证其稳定性。《砌体结构设计规范》中通过验算墙、柱高厚比的方法保证墙、柱的稳定性。

14.4.3.1　影响高厚比的因素

(1) 砂浆强度等级。砂浆强度直接影响砌体的弹性模量，而砌体弹性模量的大小又直接影响砌体的刚度。因此，砂浆强度是影响允许高厚比的重要因素，砂浆强度增高，允许高厚比也相应增大。

(2) 砌体截面尺寸及形式。截面惯性矩较大，稳定性则好。当墙上门窗洞口削弱时，墙体刚度将降低。

(3) 横墙间距。横墙间距愈小，墙体稳定性和刚度愈好。

(4) 构造柱间距及截面。构造柱间距愈小，截面愈大，对墙体的约束越大，墙体稳定性愈好。

(5) 构件重要性和房屋使用情况。对次要构件，如自承重墙允许高厚比可以增大，对于使用时有振动的房屋则应酌情降低。

14.4.3.2　允许高厚比

允许高厚比限值 $[\beta]$ 主要取决于材料的质量和施工水平，《砌体结构设计规范》给出了不同砂浆砌筑的砌体的允许高厚比 $[\beta]$ 值，见表 14-7。

表 14-7 墙、柱的允许高厚比 [β] 值

砌体类型	砂浆强度等级	墙	柱
无筋砌体	M2.5	22	15
	M5.0 或 Mb5.0、Ms5.0	24	16
	≥M7.5 或 Mb7.5、Ms7.5	26	17
配筋砌块砌体	—	30	21

注：1. 毛石墙、柱允许高厚比按表中数值降低 20%；
  2. 带有混凝土或砂浆面层的组合砖砌体构件允许高厚比可提高 20%，但不得大于 28；
  3. 验算施工阶段砂浆尚未硬化的新砌砌体时，允许高厚比对墙取 14，对柱取 11。

14.4.3.3 高厚比验算

一般墙、柱可按下式进行高厚比验算：

$$\beta = H_0/h \leq \mu_1\mu_2[\beta] \tag{14-17}$$

式中　　$[\beta]$——墙、柱的允许高厚比；

　　H_0——墙、柱的计算高度；

　　h——墙厚或矩形柱与 H_0 相对应的边长；

　　μ_1——自承重墙允许高厚比的修正系数；当墙厚 $h = 240\text{mm}$ 时，$\mu_1 = 1.2$；$h = 90\text{mm}$ 时，$\mu_1 = 1.5$；$90\text{mm} < h < 240\text{mm}$ 时，μ_1 可按插入法取值；

　　μ_2——有门窗洞口墙允许高厚比的修正系数，按下式计算：

$$\mu_2 = 1 - 0.4\frac{b_s}{s} \tag{14-18}$$

　　b_s——在宽度 s 范围内的门窗洞口总宽度；

　　s——相邻窗间墙、壁柱之间或构造柱之间的距离。

当与墙连接的相邻两横墙间的距离 $s \leq \mu_1\mu_2[\beta]$ 时，墙的高度可不受高厚比限制；变截面柱的高厚比可按上、下截面分别验算。

当墙体中带有壁柱或设置构造柱时，墙体的高厚比验算包括横墙之间整片墙的高厚比验算和壁柱间墙（或构造柱间墙）的高厚比验算。

14.4.4 刚性方案房屋承重纵墙计算

在进行混合结构房屋设计时，首先应确定其静力计算方案。三个静力计算方案中，刚性方案墙、柱受力最小，刚度最好，最合理，应用最多。

14.4.4.1 计算单元

混合结构房屋纵墙一般较长，设计时可仅取一段有代表性的墙、柱（一个开间）作为计算单元。一般情况下，计算单元为一个开间 $\frac{l_2+l_2}{2}$，如图 14-16 所示。当纵墙上有门窗洞口，内外纵墙的计算截面宽度一般取一个开间的门间墙或窗间墙，承受计算单元范围内的竖向荷载和水平荷载；无门窗洞口时，计算截面宽度取 $\frac{l_1+l_2}{2}$；如壁柱间的距离较大且层高 H 较小时，B 按下式取值：

$$B = \left(b + \frac{2}{3}H \right) \leqslant \frac{l_1 + l_2}{2} \qquad (14\text{-}19)$$

式中　b——壁柱宽度。

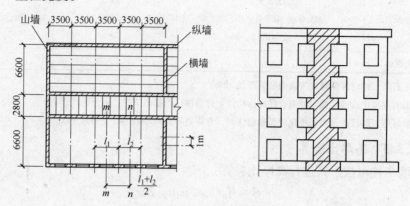

图 14-16　刚性方案计算单元

对刚性方案房屋，房屋或楼盖可视为墙、柱的不动铰支承；对刚弹性方案房屋，由于空间刚度减弱，只能考虑屋盖或楼盖所具有的弹性支承作用；而弹性方案房屋已不能考虑房屋的空间工作，应按平面结构体系计算。

14.4.4.2　刚性方案房屋承重纵墙计算简图

对多层民用建筑刚性方案房屋，梁与墙的连接结点可以按铰接分析，墙体为竖向连续梁。房屋、楼盖及基础顶面作为连续梁的支承点。由于梁或板伸入墙内搁置，使墙体在楼盖处的连续性受到削弱，为了简化计算，忽略墙体的连续性，假定墙体在各层楼盖处均为铰接。另外，由于在多层刚性方案房屋中，基础顶面对墙体承载能力起控制作用的内力主要是轴向力，而弯矩对承载能力的影响较小，也将墙与基础的连接视为铰接，而忽略弯矩的影响。这样，在竖向荷载作用下，刚性方案房屋墙体在承受竖向荷载时的多跨连续梁就可简化为多跨的简支梁，分层按简支梁分析墙体内力，柱（墙）顶的弯矩为偏心荷载引起的弯矩。计算简图如图 14-17 所示。

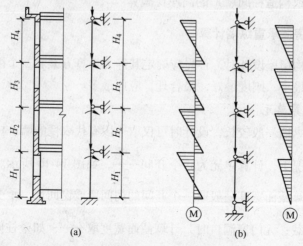

图 14-17　外纵墙计算简图

14.4.4.3　最不利截面位置及内力计算

由于多层房屋外墙每层墙体各截面内力分布为轴力上小下大，弯矩是上大下小。有门窗洞口的外墙，截面面积在有洞口处减小，所以每层墙体的最不利截面为：本层楼盖底面Ⅰ—Ⅰ截面，窗口上边缘Ⅱ—Ⅱ截面，窗口下边缘Ⅲ—Ⅲ截面以及下层楼盖顶面Ⅳ—Ⅳ截面，如图 14-18 所示。

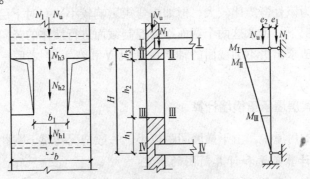

图 14-18　外墙最不利截面位置

Ⅰ—Ⅰ截面：即楼盖梁底面处。该处在竖向荷载作用下弯矩最大，其弯矩设计值为

$$M_1 = N_1 e_1 - N_u e_2 \tag{14-20}$$

式中　N_1——直接支承于计算层墙体的梁或板传来的荷载设计值；

　　　e_1——N_1对计算层墙体形心轴的偏心距；$e_1 = y - 0.4 a_0$；y 为墙截面形心到受压最大边缘的距离，对矩形截面墙体，$y = h/2$，h 为该层墙体厚度；a_0 为梁端有效支承长度；

　　　N_u——上层墙体传来的荷载设计值；

　　　e_2——上层墙体形心对该层墙体形心的偏心距，如果上下层墙体厚度相同，则 $e_2 = 0$。

设计荷载产生的轴向力为

$$N_L = N_1 + N_u \tag{14-21}$$

Ⅱ—Ⅱ截面：即窗口上边缘处。该处的计算弯矩可由三角形弯矩按内插法求得：

$$M_{\text{Ⅱ}} = M_1 \frac{h_1 + h_2}{H} \tag{14-22}$$

设计荷载产生的轴向力为

$$N_{\text{Ⅱ}} = N_1 + N_{h3} \tag{14-23}$$

式中　N_{h3}——该计算截面至Ⅰ—Ⅰ截面高度范围内墙体自重设计值。

Ⅲ—Ⅲ截面：即窗口下边缘处。该处的弯矩设计值为

$$M_{\text{Ⅲ}} = M_1 \frac{h_1}{H} \tag{14-24}$$

设计荷载产生的轴向力为

$$N_{\text{Ⅲ}} = N_{\text{Ⅱ}} + N_{h2} \tag{14-25}$$

式中　N_{h2}——高为 h_2 宽为 b_1 的墙体自重。

Ⅳ—Ⅳ截面：即下层楼层顶面处。经简化，该处弯矩 $M_{\text{Ⅳ}} = 0$，设计荷载产生的轴向力为

$$N_{IV} = N_{III} + N_{h1} \tag{14-26}$$

式中 N_{h1}——高为 h_1，宽为 b 墙体自重。

上述四个计算截面中，实际的截面面积是不相等的。I—I 截面和IV—IV 截面的实际面积应为墙厚与窗口中心线间距的乘积，但《砌体结构设计规范》为简化计算并偏于安全，按窗间墙截面采用，即 $A=b_1h$，这样，上述四个截面中，显然墙体上端楼盖底面处截面比较不利，因为该处弯矩比较大，但如果弯矩影响较小，有时下层楼盖顶面处截面可能更不利。一般情况下，可取这两个截面作为控制截面进行墙体的竖向承载力计算。

根据上述方法求出最不利截面的轴向设计值 N 和弯矩 M 之后，按偏心受压和局部受压承载力验算。

14.4.5 刚性方案房屋承重横墙计算

在横墙承重的房屋中，由于横墙间距较小，一般情况均属于刚性方案房屋。

14.4.5.1 计算单元和计算简图的确定

由于横墙大多承受屋面板或楼板传来的均布荷载，因而可沿墙长取 1m 宽作为计算单元。计算简图为每层横墙视为两端不动铰接的竖向构件，构件的高度为层高。但对顶层，如为坡屋顶，可取层高加山尖的平均高度（图 14-19）；对底层，如底层地面刚度较大时（如为混凝土地面），墙柱下端支点可取地坪标高（±0.00m）处。

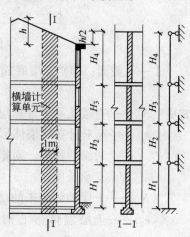

横墙承受荷载有：所计算层以上各层传来的轴力 N，包括屋盖和楼盖的恒载和活荷载以及上部墙体自重；还有本层两边楼盖传来的竖向荷载，其作用点均作用于距墙边 $0.4a_0$。当横墙两侧开间尺寸相差较大时，使横墙承受较大的偏心弯矩。此时，应按偏心受压验算横墙的上部截面。

图 14-19 承重横墙计算单元

14.4.5.2 控制截面和内力计算

对于承重横墙，可近似按轴心受压构件进行计算（图 14-20），取轴力最大截面进行计算，可取各层墙底截面为最不利截面承载力。

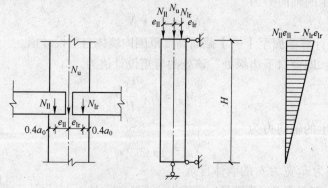

图 14-20 承重横墙内力计算图

14.5　混合结构房屋其他构件设计

14.5.1　钢筋混凝土雨篷

14.5.1.1　雨篷的构造

雨篷由雨篷板和雨篷梁组成，雨篷内布置有受力钢筋及构造配筋。钢筋布置及形式见图 14-21。

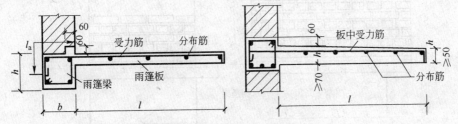

图 14-21　雨篷构造及配筋

雨篷在荷载作用下，有三种破坏形式，如图 14-22 所示。

（1）整体倾覆。雨篷梁搁置于墙体上，若梁上部抗倾覆荷载较小或在墙体中的支座长度过短时发生整体倾覆。

（2）雨篷板根部折断破坏。由雨篷板根部正截面受弯承载力不足引起。

（3）雨篷板受弯、剪、扭破坏。在梁上部荷载和雨篷板荷载的作用下，雨篷梁为受弯、剪、扭受力构件。

因此，雨篷的计算包括雨篷板、雨篷梁和雨篷倾覆三部分。

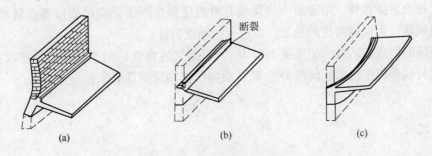

图 14-22　雨篷的破坏形态

（a）倾覆破坏；（b）板受弯破坏；（c）梁弯、剪、扭破坏

14.5.1.2　雨篷的计算

A　雨篷板的计算

雨篷板是固定在雨篷梁上的悬臂板，其承载力按受弯构件计算，雨篷板的计算跨度取板的挑出长度，可取 1m 板宽作为计算单元。

作用在雨篷板上的荷载有恒载（板自重、面层及粉刷）和活荷载、雪载及作用在板端

的 $1.0kN/m^2$ 施工或检修集中荷载。

　　B　雨篷梁的计算

　　雨篷梁承受的荷载有自重和粉刷重、梁上砌体重、楼盖传来的荷载以及雨篷板传来的荷载等。计算雨篷梁上荷载时可考虑墙体的拱效应。即楼（屋）面荷载的位置小于墙体高度（$h_c < l_n$）时，按楼盖传来的荷载采用；小于墙体高度（$h_c \geqslant l_n$）时，不计楼（屋）面荷载对雨篷梁的影响（图 14-23）。

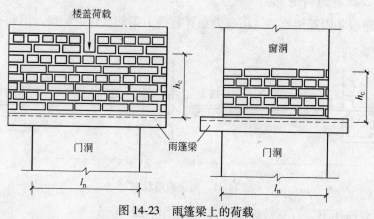

图 14-23　雨篷梁上的荷载

　　当雨篷梁上墙体高度 $h_c < \dfrac{l_n}{3}$ 时，按全部墙体的均布质量采用；当墙体高度 $h_c \geqslant \dfrac{l_n}{3}$ 时，则按 $\dfrac{l_n}{3}$ 墙体高度的均布质量采用。

　　雨篷梁的弯矩和剪力值可按简支梁计算。

　　C　雨篷抗倾覆验算

　　雨篷板为悬挑构件，雨篷板上的荷载有可能使整个雨篷梁绕梁底倾覆点转动而倾覆，发生倾覆破坏，为保持雨篷的稳定，应进行抗倾覆验算。

　　雨篷板的恒载和活载产生倾覆力矩 M_{ov}，雨篷梁的自重、梁上的墙体重量以及雨篷梁上的楼盖荷载形成抵抗雨篷倾覆力矩 M_r，雨篷的抗倾覆验算要求：

$$M_r \geqslant M_{ov} \tag{14-27}$$

14.5.2　过梁

14.5.2.1　过梁的类型

　　为了承受门窗洞口上部墙体的重量和楼盖传来的荷载，并将这些荷载传递给墙体，在门窗洞口上顶面设置的梁称为过梁。

　　过梁按照梁所采用的材料不同可分为砖砌过梁和钢筋混凝土过梁，其中砖砌过梁包括砖砌平拱过梁和钢筋砖过梁两种（图 14-24）。

14.5.2.2　过梁的破坏特征

　　砖过梁在荷载作用下，随着荷载的不断增大，将先后在跨中受拉区出现竖向裂缝，在靠近支座处出现沿灰缝近于 45° 的阶梯形斜裂缝（图 14-25），过梁下部的拉力将由钢筋承受（对钢筋砖过梁）或由两端砌体提供推力来平衡（对砖砌平拱）。过梁可能有三种破坏形态：（1）过梁跨中正截面的受弯承载力不足而破坏；（2）过梁支座附近截面受剪承载力不足，沿灰缝产生 45°方向的阶梯形斜裂缝不断扩展而破坏；（3）过梁支座端部墙体宽度不够，引起水平灰缝的受剪承载力不足而发生支座滑移破坏。钢筋混凝土过梁的受力和破坏形态与普通简支受弯构件相同。

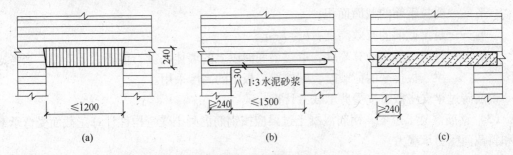

图 14-24　过梁的类型

（a）平拱砖过梁；（b）钢筋砖过梁；（c）钢筋混凝土过梁

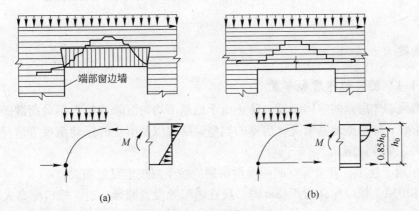

图 14-25　过梁的破坏形态

（a）平拱砖过梁；（b）钢筋砖过梁

14.5.2.3　过梁上的荷载

过梁上承受的荷载有砌体自重和过梁计算高度范围内梁、板传来的荷载。

由于砌块砌体砌筑到一定高度后，即可起到一定的拱作用，使一部分荷载不传给过梁而直接传给支承过梁的砖墙。因此，《砌体结构设计规范》规定过梁上荷载取值如下：

对砖和砌块的砌体，当梁、板下的墙体高度 $h_w < l_n$ 时，应计入梁板传来的荷载；当梁板下的墙体高度 $h_w \geq l_n$ 时，可不考虑梁板荷载。

对砖砌体，当过梁上的墙体高度 $h_w < l_n/3$ 时，按墙体的均布自重计算；当墙体高度 $h_w \geq l_n/3$ 时，按高度为 $l_n/3$ 墙体的均布自重计算。

对混凝土砌块的砌体，当过梁上的墙体高度 $h_w < l_n/2$ 时，按墙体的均布自重计算。当墙体高度 $h_w \geq l_n/2$ 时，应按高度为 $l_n/2$ 墙体的均布自重计算。

14.5.2.4　过梁的计算

（1）砖砌平拱过梁计算。砖砌平拱过梁按受弯构件计算。过梁的截面计算高度取过梁底面以上的墙体高度 $l_n/3$。支座截面按受剪承载力计算。

（2）钢筋砖过梁计算。受弯承载力按下式计算：

$$M \leqslant 0.85h_0f_yA_s \tag{14-28}$$

式中　M——按简支梁计算的跨中弯矩设计值；

　　　f_y——钢筋的抗拉强度设计值；

　　　A_s——受拉钢筋的截面面积；

　　　h_0——过梁截面的有效高度，$h_0=h-a_s$；

　　　h——过梁的截面计算高度，取过梁底面以上的墙体高度，但不大于 $l_n/3$；当考虑
　　　　　　梁、板传来的荷载时，则按梁、板下的高度采用。

钢筋砖过梁支座截面按受剪承载力计算。

（3）钢筋混凝土过梁。钢筋混凝土过梁应按钢筋混凝土受弯构件计算正截面受弯承载力和斜截面受剪承载力。

14.6　墙体的构造要求和防止墙体开裂的措施

14.6.1　圈梁

14.6.1.1　圈梁的作用和布置

为了增强砌体房屋的整体刚度，防止由于地基不均匀沉降或较大振动荷载等对房屋引起的不利影响，应根据地基情况、房屋的类型、层数以及所受的振动荷载等情况布置足够数量的圈梁。具体规定如下：

（1）车间、仓库、食堂等空旷的单层房屋应按下列规定设置圈梁：

砖砌体房屋，檐口标高为 5~8m 时，应在檐口处设置圈梁一道，檐口标高大于 8m 时，宜适当增设。

砌块及料石砌体房屋，檐口标高为 4~5m 时，应在檐口处设置圈梁一道，檐口标高大于 5m 时，宜适当增设。

对有吊车或较大振动设备的单层工业厂房，除在檐口或窗顶处设置现浇钢筋混凝土圈梁外，尚宜在吊车梁标高处或其他适当位置增设。

（2）多层砌体工业厂房，宜每层设置现浇钢筋混凝土圈梁。

（3）住宅、宿舍、办公楼等多层砌体民用房屋，当层数为 3~4 层时，应在檐口处设置圈梁；当层数超过 4 层时，应在所有纵横墙上隔层设置圈梁。

（4）设置墙梁的多层砌体房屋，应在托梁、墙梁顶面和檐口标高处设置现浇钢筋混凝土圈梁，其他楼层处应在所有纵横墙上每层设置圈梁。

（5）采用现浇钢筋混凝土楼（屋）盖的多层砌体结构房屋，当层数超过 5 层时，除在檐口标高处设置一道圈梁外，可隔层设置圈梁，并与楼（屋）面板一起现浇。未设置圈梁的楼面板嵌入墙内的长度不宜小于 120mm，沿墙长设置的纵向钢筋不应小于 2φ10。

（6）建筑在软弱地基或不均匀地基上的砌体房屋，除应按以上有关规定设置圈梁外，尚应符合国家现行标准《建筑地基基础设计规范》的有关规定。

14.6.1.2 圈梁的构造要求

为了保证圈梁发挥应有的作用，圈梁必须满足以下构造要求：

（1）圈梁宜连续地设在同一水平面上，并成封闭状。当圈梁被门窗洞口截断时，应在洞口上部增设相同截面的附加圈梁。附加圈梁和圈梁的搭接长度不应小于其中到中垂直间距的两倍，且不得小于 1m。

（2）纵横墙交接处的圈梁应有可靠的连接，刚弹性和弹性方案房屋圈梁应与屋架、大梁等构件可靠连接。

（3）钢筋混凝土圈梁的宽度宜与墙厚相同，当墙厚 $h \geqslant 240mm$ 时，其宽度不宜小于 $2h/3$。圈梁高度不应小于 120mm，纵向钢筋不宜小于 $4\phi10$，绑扎接头的搭接长度按受拉钢筋考虑，箍筋间距不应大于 300mm。

14.6.2 墙、柱的一般构造要求

工程实践经验表明，砌体结构房屋设计中，除应对墙体截面承载力和高厚比进行验算外，还必须采取合理的构造措施，使房屋中的墙、柱和屋盖和楼盖之间有可靠的拉结，以保证房屋有足够的耐久性和良好的整体工作性能，满足房屋的正常使用功能要求。

14.6.2.1 材料的最低强度等级和截面最小尺寸

（1）5 层及 5 层以上房屋的墙体以及受振动或层高大于 6m 的墙、柱所用材料的最低等级：砖为 MU10，砌块为 MU7.5，石材为 MU30，砂浆为 M5。对于安全等级为一级或设计使用年限大于 50 年的房屋，墙、柱所用材料的最低强度等级应至少提高一级。

（2）承重独立砖柱的截面尺寸不应小于 240mm×370mm；毛石墙的厚度不宜小于 350mm。毛料石柱截面的较小边长不宜小于 400mm。当有振动荷载时，墙、柱不宜采用毛石砌体。

（3）夹心墙中混凝土砌块的强度等级不应低于 MU10，夹心墙的夹层厚度不宜大于 100mm，夹心墙外叶墙的最大横向支承间距不大于 9m。

14.6.2.2 支承和连接

（1）跨度大于 6m 的屋架，砖砌体上跨度大于 4.8m 的梁，砌块和料石砌体上跨度大于 4.2m 的梁，以及毛石砌体上跨度大于 3.9m 的梁，应在支承处砌体上设置混凝土或钢筋混凝土垫块。当墙中设有圈梁时，垫块与圈梁宜浇成整体。

（2）240mm 厚的砖墙当梁跨度大于或等于 6m、对 180mm 厚的砖墙当梁跨度大于或等于 4.8m、砌块和料石墙当梁跨度大于或等于 4.8m 时，其支承处宜加设壁柱或采取其他加强措施对墙体予以加强。

（3）预制钢筋混凝土板的支承长度，在墙上不宜小于 100mm，在钢筋混凝土圈梁上不宜小于 80mm。当利用板端伸出钢筋拉结和混凝土灌缝时，其支承长度可为 40mm，但板端缝宽不小于 80mm，灌缝混凝土不宜低于 C20。

（4）支承在墙、柱上的吊车梁、屋架以及砖墙上跨度大于或等于 9m 的预制梁，砌块和料石砌体上跨度大于或等于 7.2m 的预制梁，其端部应采用锚固件与墙、柱上的垫块锚固。

（5）填充墙、隔墙应分别采取措施与周边构件可靠连接。一般是在钢筋混凝土结构中

预埋拉结筋，在砌筑墙体时，将拉结筋砌入水平灰缝内。

（6）山墙处的壁柱宜砌至山墙顶部，山墙与屋面构件应可靠拉结。

14.6.3   防止或减轻墙体开裂的措施

砌体结构房屋，由于结构布置或构造处理不当，往往产生各种墙体裂缝，裂缝通常发生在房屋的高度、重量、刚度有较大变化处，地质条件剧变处，基础底面或埋深变化处，房屋平面形状复杂的转角处，房屋顶层的墙体处，房屋底层两端部的纵墙处，老房屋中邻近新建房屋的墙体等部位。这些裂缝不仅有损建筑物外观，更重要的是使房屋的整体性、耐久性以及使用性能受到很大的影响，严重时会危及结构的安全，给使用者在心理上造成压力。

引起砌体结构墙体裂缝的原因很多，除了设计质量、材料质量、砌体强度达不到设计要求等以外，主要原因有两个：一是由于温度和收缩变形引起的墙体裂缝（图 14-26）；二是由于地基不均匀沉降产生的墙体裂缝（图 14-27）。因此，在进行混合结构房屋设计时，应采取相应的有效措施，防止或减轻墙体裂缝的发生。

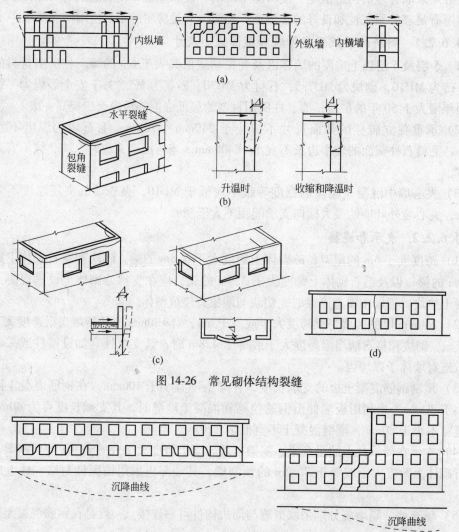

图 14-26   常见砌体结构裂缝

14.6.3.1 防止温度裂缝发生的措施

为了防止或减轻房屋在正常使用条件下，由温度和砌体干缩引起的墙体竖向裂缝，应在墙体中设置伸缩缝。伸缩缝应设在温度和收缩变形可能引起应力集中、砌体产生裂缝可能性最大的地方。

设置温度伸缩缝仍然难以避免顶层墙体裂缝的发生。为了防止或减轻因温度和收缩变形引起的顶层墙体裂缝，可以根据具体情况，采取以下措施：

(1) 屋盖上设置保温层或隔热层，以减小屋盖的温度变形；

(2) 屋面保温（隔热）层或屋面刚性面层及砂浆找平层应设置分隔缝，分隔缝间距不宜大于6m，并与女儿墙隔开，其缝宽不小于30mm；

(3) 采用装配式有檩体系钢筋混凝土屋盖和瓦材屋盖；

(4) 在钢筋混凝土屋面板与墙体圈梁的接触面处设置水平滑动层，滑动层可采用两层油毡夹滑石粉或橡胶片等；对于长纵墙，可只在其两端的2~3个开间内设置，对于横墙可只在其两端各 $l/4$ 范围内设置（l 为横墙长度）；

(5) 顶层屋面板下设置现浇钢筋混凝土圈梁，并沿内外墙拉通，房屋两端圈梁下的墙内宜适当设置水平钢筋；

(6) 顶层挑梁末端下墙体灰缝内设置3道焊接钢筋网片（纵向钢筋不宜少于 $2\phi4$，横筋间距不宜大于200mm）或 $2\phi6$ 钢筋，钢筋网片或钢筋应自挑梁末端伸入两边墙体不小于1m；

(7) 顶层墙体有门窗等洞口时，在过梁上的水平灰缝内设置2~3道焊接钢筋网片或 $2\phi6$ 钢筋，并应伸入过梁两端墙内不小于600mm；

(8) 顶层及女儿墙砂浆强度等级不低于 M5；

(9) 女儿墙应设置构造柱，构造柱间距小于等于4m，构造柱应伸至女儿墙顶并与现浇钢筋混凝土压顶整浇在一起；

(10) 顶层端部墙体内适当增设构造柱。

14.6.3.2 防止不均匀沉降裂缝产生的措施

设置沉降缝是消除过大的不均匀沉降对房屋造成危害的有效措施。沉降缝将建筑物从屋盖到基础全部断开，分成若干个单元，使各单元能独立地沉降而不致引起墙体开裂。一般宜在下列部位设置沉降缝：

(1) 房屋平面的转折处；

(2) 地基的压缩性有显著差异处；

(3) 房屋高度差异或荷载差异较大处；

(4) 分期建造房屋的交界处；

(5) 建筑结构、地基或基础类型不同的交界处。

为了防止地基不均匀沉降引起的墙体裂缝，除了合理设置沉降缝外，在进行结构设计时，还应注意下列问题：

(1) 进行地基与基础设计时，尽可能减少可能发生的不均匀沉降。

(2) 采用合理的建筑体型。在软土地基上尽量避免立面高低变化，建筑物荷载力求分布均匀。同时，房屋的长高比不宜过大，以保证房屋有足够的抗弯刚度，减小可能发生的不均匀沉降。

（3）加强房屋结构的整体刚度。合理布置承重墙体，应尽量将纵墙拉通，并隔一定距离设置一道横墙且与纵墙可靠连接；必要时增加基础圈梁的刚度。

（4）宜在房屋底层的窗台下墙体灰缝内设置 3 道焊接钢筋网片或 2φ6 钢筋，并伸入两边窗间墙内不小于 600mm。

（5）采用钢筋混凝土窗台板，窗台板嵌入窗间墙内不小于 600mm。

（6）合理安排施工顺序，分期施工，如先建较重单元，后建较轻单元；埋置较深的基础先施工，易受相邻建筑物影响的基础后施工等，都可减少建筑物各部分的不均匀沉降。

小　结

（1）砌体由块体用砂浆砌筑而成。砌体结构设计时，首先应根据不同的受力特性和使用条件选用块体和砂浆强度等级。

（2）砌体结构的施工质量控制分为 A、B、C 三个等级，三个等级的材料性能及砌体强度设计值各有区别，《砌体结构设计规范》中所列砌体强度设计值是按 B 级确定的，当施工质量等级不为 B 级时，应对砌体强度设计值进行调整。

（3）砌体的轴心抗拉强度、弯曲抗拉强度以及抗剪强度主要与砂浆或块体的强度有关。当砂浆的强度等级较低，发生沿齿缝或通缝截面破坏时，主要与砂浆的强度等级有关；当块体强度较低，发生沿块体截面破坏时，主要与块体的强度等级有关。

（4）混合结构房屋墙体设计的内容和步骤是：进行墙体布置、确定静力计算方案（计算简图）、验算高厚比以及计算墙体的内力并验算其承载力。

（5）混合结构房屋的结构布置方案分为：横墙承重体系、纵墙承重体系、纵横墙混合承重体系、内框架承重体系和底部框架承重体系。设计时应根据房屋的使用功能、刚度、整体性等因素合理选择。

（6）混合结构房屋根据空间作用大小不同，可分为三种静力计算方案：刚性方案、刚弹性方案以及弹性方案。其划分的主要根据是刚性横墙的间距及屋盖、楼盖的类型。

（7）为了保证墙、柱在施工阶段和使用阶段的稳定性和刚度，应进行墙、柱高厚比验算。

（8）引起墙体开裂的主要原因是温度收缩变形和地基的不均匀沉降，为了防止和减轻墙体的开裂，除了在房屋的适当部位设置沉降和伸缩缝外，还可根据房屋的实际情况采取有效的构造措施。

（9）圈梁是增强砌体房屋的整体刚度，防止由于地基不均匀沉降或较大振动荷载等对房屋引起的不利影响的重要构件，设计时应根据地基情况、房屋的类型、层数等情况合理设置圈梁。

复习思考题

14-1　在砌体结构设计中块体和砂浆起何作用，块体和砂浆常用的强度等级有哪些？

14-2　块体强度和砂浆强度对砌体强度有何影响？

14-3 砌体抗压强度设计值如何确定?

14-4 为什么砌体的抗压强度远小于块体的抗压强度?

14-5 常用无筋砌体分为哪几类,各种砌体的运用范围如何?

14-6 影响无筋砌体受压构件承载力的主要因素有哪些?

14-7 砌体轴心受拉、受弯和受剪构件在工程中应用在哪些方面?

14-8 砌体结构的承重方案有哪几种,各有何优缺点?

14-9 如何确定房屋的静力计算方案?

14-10 设计砌体结构房屋时,为什么除进行承载力计算和验算外,还要满足构造要求?

14-11 引起墙体开裂的主要因素是什么,防止或减轻房屋顶层墙体的裂缝,可采取什么措施?

14-12 圈梁的作用是什么,设置圈梁时有哪些规定?

附　　录

附录 1　《混凝土结构设计规范》（GB 50010—2010）附表

附表 1-1　普通钢筋强度标准值　　（N/mm²）

牌　号	符　号	公称直径 d /mm	屈服强度标准值 f_{yk}	极限强度标准值 f_{stk}
HPB300	Φ	6~22	300	420
HRB335 HRBF335	Φ Φ^F	6~50	335	455
HRB400 HRBF400 RRB400	Φ Φ^F Φ^R	6~50	400	540
HRB500 HRBF500	Φ Φ^F	6~50	500	630

附表 1-2　预应力钢筋强度标准值　　（N/mm²）

种　类		符　号	公称直径 d /mm	屈服强度标准值 f_{pyk}	极限强度标准值 f_{ptk}
中强度预应力钢丝	光面螺旋肋	ϕ^{PM} ϕ^{HM}	5、7、9	620 780 980	800 970 1270
预应力螺纹钢筋	螺纹	ϕ^T	18、25、32、40、50	785 930 1080	980 1080 1230
消除预应力钢丝	光面螺旋肋	ϕ^P ϕ^H	5	—	1570
				—	1860
			7	—	1570
			9	—	1470
				—	1570
钢绞线	1×3（三股）	ϕ^S	8.6、10.8、12.9	—	1570
				—	1860
				—	1960
	1×7（七股）		9.5、12.7、15.2、17.8	—	1720
				—	1860
				—	1960
			21.6	—	1860

附表 1-3　普通钢筋强度设计值　　　　　　　　　　　　（N/mm²）

牌　　号	抗拉强度设计值 f_y	抗压强度设计值 f_y'
HPB300	270	270
HRB335、HRBF335	300	300
HRB400、HRBF400、RRB400	360	360
HRB500、HRBF500	435	410

附表 1-4　预应力钢筋强度设计值　　　　　　　　　　（N/mm²）

种　　类	极限强度标准值 f_{ptk}	抗拉强度设计值 f_{py}	抗压强度设计值 f_{py}'
中强度预应力钢丝	800	510	410
	970	650	
	1270	810	
消除应力钢丝	1470	1040	410
	1570	1110	
	1860	1320	
钢绞线	1570	1110	390
	1720	1220	
	1860	1320	
	1960	1390	
预应力螺纹钢筋	980	650	410
	1080	770	
	1230	900	

附表 1-5　普通钢筋及预应力钢筋在最大力下的总伸长率限值

钢筋品种	普　通　钢　筋			预应力筋
	HPB300	HRB335、HRBF335、HRB400、HRBF400、HRB500、HRBF500	RRB400	
$\delta_{gt}/\%$	10.0	7.5	5.0	3.5

附表 1-6　钢筋的弹性模量　　　　　　　　　（×10⁵N/mm²）

牌号或种类	弹性模量 E_s
HPB300 钢筋	2.10
HRB335、HRB400、HRB500 钢筋 HRBF335、HRBF400、HRBF500 钢筋 RRB400 钢筋 预应力螺纹钢筋	2.00
消除应力钢丝、中强度预应力钢丝	2.05
钢绞线	1.95

附表 1-7　普通钢筋疲劳应力幅限值　　　　　　　　　　　　　（N/mm²）

疲劳应力比值 ρ_s^f	疲劳应力幅限值 Δf_y^f	
	HRB 335	HRB 400
0	175	175
0.1	162	162
0.2	154	156
0.3	144	149
0.4	131	137
0.5	115	123
0.6	97	106
0.7	77	85
0.8	54	60
0.9	28	31

附表 1-8　预应力筋疲劳应力幅限值　　　　　　　　　　　　　（N/mm²）

疲劳应力比值 ρ_p^f	钢绞线 $f_{ptk}=1570$	消除应力钢丝 $f_{ptk}=1570$
0.7	144	240
0.8	118	168
0.9	70	88

注：1. 当 ρ_{sv}^f 不小于 0.9 时，可不作预应力筋疲劳验算；

2. 当有充分依据时，可对表中规定的疲劳应力幅限值作适当调整。

附表 1-9　混凝土轴心抗压强度标准值　　　　　　　　　　　　（N/mm²）

强度	混凝土强度等级													
	C15	C20	C25	C30	C35	C40	C45	C50	C55	C60	C65	C70	C75	C80
f_{ck}	10.0	13.4	16.7	20.1	23.4	26.8	29.6	32.4	35.5	38.5	41.5	44.5	47.4	50.2

附表 1-10　混凝土轴心抗拉强度标准值　　　　　　　　　　　（N/mm²）

强度	混凝土强度等级													
	C15	C20	C25	C30	C35	C40	C45	C50	C55	C60	C65	C70	C75	C80
f_{tk}	1.27	1.54	1.78	2.01	2.20	2.39	2.51	2.64	2.74	2.85	2.93	2.99	3.05	3.11

附表 1-11　混凝土轴心抗压强度设计值　　　　　　　　　　　（N/mm²）

强度	混凝土强度等级													
	C15	C20	C25	C30	C35	C40	C45	C50	C55	C60	C65	C70	C75	C80
f_c	7.2	9.6	11.9	14.3	16.7	19.1	21.1	23.1	25.3	27.5	29.7	31.8	33.8	35.9

附表 1-12　混凝土轴心抗拉强度设计值　　　　　　　　　　　（N/mm²）

强度	混凝土强度等级													
	C15	C20	C25	C30	C35	C40	C45	C50	C55	C60	C65	C70	C75	C80
f_t	0.91	1.10	1.27	1.43	1.57	1.71	1.80	1.89	1.96	2.04	2.09	2.14	2.18	2.22

附表 1-13　混凝土的弹性模量　　　　　　　　　　（$\times 10^5 \mathrm{N/mm^2}$）

混凝土强度等级	C15	C20	C25	C30	C35	C40	C45	C50	C55	C60	C65	C70	C75	C80
E_c	2.20	2.55	2.80	3.00	3.15	3.25	3.35	3.45	3.55	3.60	3.65	3.70	3.75	3.80

附表 1-14　受弯构件的挠度限值

构 件 类 型		挠度限值
吊车梁	手动吊车	$l_0/500$
	电动吊车	$l_0/600$
屋盖、楼盖及楼梯构件	当 $l_0 < 7\mathrm{m}$ 时	$l_0/200$（$l_0/250$）
	当 $7\mathrm{m} \leqslant l_0 \leqslant 9\mathrm{m}$ 时	$l_0/250$（$l_0/300$）
	当 $l_0 > 9\mathrm{m}$ 时	$l_0/300$（$l_0/400$）

附表 1-15　混凝土结构的环境类别

环境类别	条 件
一	室内干燥环境 无侵蚀性静水浸没环境
二 a	室内潮湿环境 非严寒和非寒冷地区的露天环境 非严寒和非寒冷地区与无侵蚀性的水或土壤直接接触的环境 严寒和寒冷地区的冰冻线以下与无侵蚀性的水或土壤直接接触的环境
二 b	干湿交替环境 水位频繁变动环境 严寒和寒冷地区的露天环境 严寒和寒冷地区冰冻线以上与无侵蚀性的水或土壤直接接触的环境
三 a	严寒和寒冷地区冬季水位变动区环境 受除冰盐影响环境 海风环境
三 b	盐渍土环境 受除冰盐作用环境 海岸环境
四	海水环境
五	受人为或自然的侵蚀物物质影响的环境

附表 1-16　结构构件的裂缝控制等级及最大裂缝宽度限值　　　　　　（mm）

环境类别	钢筋混凝土结构		预应力混凝土结构	
	裂缝控制等级	$w_{\lim}$	裂缝控制等级	$w_{\lim}$
一	三级	0.30（0.40）	三级	0.20
二 a		0.20		0.10
二 b			二级	—
三 a、三 b			一级	—

附表 1-17　结构混凝土材料的耐久性基本要求

环境等级	最大水胶比	最低强度等级	最大氯离子含量 /%	最大碱含量 /kg · m⁻³
一	0.60	C20	0.30	不限制
二 a	0.55	C25	0.20	
二 b	0.50（0.55）	C30（C25）	0.15	3.0
三 a	0.45（0.50）	C35（C30）	0.15	
三 b	0.40	C40	0.10	

附表 1-18　混凝土保护层的最小厚度 c　　　（mm）

环境类别	板、墙、壳	梁、柱、杆
一	15	20
二 a	20	25
二 b	25	35
三 a	30	40
三 b	40	50

附表 1-19　纵向受力钢筋的最小配筋百分率 $\rho_{\min}$　　　（%）

受　力　类　型		最小配筋百分率
受压构件	全部纵向钢筋 强度等级 500MPa	0.50
	强度等级 400MPa	0.55
	强度等级 300MPa、335MPa	0.60
	一侧纵向钢筋	0.20
受弯构件、偏心受拉、轴心受拉构件一侧的受拉钢筋		0.20 和 $45f_t/f_y$ 中的较大值

注：1. 受压构件全部纵向钢筋最小配筋百分率，当采用 C60 以上强度等级的混凝土时，应按表中规定增加 0.10；

2. 板类受弯构件（不包括悬臂板）的受拉钢筋，当采用强度等级 400MPa、500MPa 的钢筋时，其最小配筋百分率应允许采用 0.15 和 $45f_t/f_y$ 中的较大值；

3. 偏心受拉构件中的受压钢筋，应按受压构件一侧纵向钢筋考虑；

4. 受压构件的全部纵向钢筋和一侧纵向钢筋的配筋率以及轴心受拉构件和小偏心受拉构件一侧受拉钢筋的配筋率均应按构件的全截面面积计算；

5. 受弯构件、大偏心受拉构件一侧受拉钢筋的配筋率应按全截面面积扣除受压翼缘面积 $(b_f'-b)h_f'$ 后的截面面积计算；

6. 当钢筋沿构件截面周边布置时，"一侧纵向钢筋"系指沿受力方向两个对边中一边布置的纵向钢筋。

附表 1-20　钢筋截面面积表　　　（mm²）

直径 /mm	钢筋截面面积 A_s/mm² 及钢筋排列成一排时梁的最小宽度 b/mm												u/mm $\left(\dfrac{\text{面积 } A_s}{\text{周长 } s}\right)$	单根钢筋 公称质量 /kg · m⁻¹
	1 根	2 根	3 根		4 根		5 根		6 根	7 根	8 根	9 根		
	A_s	A_s	A_s	b	A_s	b	A_s	b	A_s	A_s	A_s	A_s		
2.5	4.9	9.8	14.7		19.6		24.5		29.4	34.3	39.2	44.1	0.624	0.039
3	7.1	14.1	21.2		28.3		35.3		42.4	49.5	56.5	63.6	0.753	0.055
4	12.6	25.1	37.7		50.2		62.8		75.4	87.9	100.5	113	1.00	0.099
5	19.6	39	59		79		98		118	138	157	177	1.25	0.154

续附表 1-20

直径/mm	钢筋截面面积 A_s/mm² 及钢筋排列成一排时梁的最小宽度 b/mm												u/mm $\left(\dfrac{面积 A_s}{周长 s}\right)$	单根钢筋公称质量/kg·m⁻¹
	1根	2根	3根		4根		5根		6根	7根	8根	9根		
	A_s	A_s	A_s	b	A_s	b	A_s	b	A_s	A_s	A_s	A_s		
6	28.3	57	85		113		142		170	198	226	255	1.50	0.222
6.5	33.2	66	100		133		166		199	232	265	299	1.63	0.260
8	50.3	101	151		201		252		302	352	402	453	2.00	0.395
8.2	52.8	106	158		211		264		317	370	423	475	2.05	0.432
9	63.6	127	191		254		318		382	445	509	572	2.25	0.499
10	78.5	157	236		314		393		471	550	628	707	2.50	0.617
12	113.1	226	339	150	452	200/180	565	250/220	678	791	904	1017	3.00	0.888
14	153.9	308	462	150	615	200/180	760	250/220	923	1077	1230	1387	3.50	1.21
16	201.1	402	603	180/150	804	200	1005	250	1206	1407	1608	1809	4.00	1.58
18	254.5	509	763	180/150	1018	220/200	1272	300/250	1526	1780	2036	2290	4.50	2.00
20	314.2	628	942	180	1256	220	1570	300/250	1884	2200	2513	2827	5.00	2.47
22	380.1	760	1140	180	1520	250/220	1900	300	2281	2661	3041	3421	5.50	2.98
25	490.9	982	1473	200/180	1964	250	2454	300	2945	3436	3927	4418	6.25	3.85
28	615.8	1232	1847	200	2463	250	3079	350/300	3695	4310	4926	5542	7.00	4.83
30	706.9	1414	2121		2827		3534		4241	4948	5655	6362	7.50	5.55
32	804.3	1609	2413	220	3217	300	4021	350	4826	5630	6434	7238	8.00	6.31
36	1017.9	2036	3054		4072		5089		6107	7125	8143	9161	9.00	7.99
40	1256.6	2513	3770		5027		6283		7540	8796	10053	11310	10.00	9.87

注：1. $d=8.2$mm 的计算截面面积及理论重量仅适用于有纵肋的热处理钢筋；

2. 梁最小宽度 b 为分数时，斜线以上数字表示钢筋在梁顶部时所需宽度，斜线以下数字表示钢筋在梁底部时所需宽度（mm）。

附表 1-21 每米板宽内的钢筋截面面积表

钢筋间距/mm	当钢筋直径（mm）为下列数值时的钢筋截面面积/mm²													
	3	4	5	6	6/8	8	8/10	10	10/12	12	12/14	14	14/16	16
70	101	179	281	404	561	719	920	1121	1369	1616	1908	2199	2536	2872
75	94.3	167	262	377	524	671	859	1047	1277	1508	1780	2053	2367	2681
80	88.4	157	245	354	491	629	805	981	1198	1414	1669	1924	2218	2513
85	83.2	148	231	333	462	592	758	924	1127	1331	1571	1811	2088	2365
90	78.5	140	218	314	437	559	716	872	1064	1257	1484	1710	1972	2234
95	74.5	132	207	298	414	529	678	826	1008	1190	1405	1620	1868	2116
100	70.5	126	196	283	393	503	644	785	958	1131	1335	1539	1775	2011
110	64.2	114	178	257	357	457	585	714	871	1028	1214	1399	1614	1828
120	58.9	105	163	236	327	419	537	654	798	942	1112	1283	1480	1676

钢筋间距 /mm	当钢筋直径（mm）为下列数值时的钢筋截面面积/mm²													
	3	4	5	6	6/8	8	8/10	10	10/12	12	12/14	14	14/16	16
125	56.5	100	157	226	314	402	515	628	766	905	1068	1232	1420	1608
130	54.4	96.6	151	218	302	387	495	604	737	870	1027	1184	1366	1547
140	50.5	89.7	140	202	281	359	460	561	684	808	954	1100	1268	1436
150	47.1	83.8	131	189	262	335	429	523	639	754	890	1026	1183	1340
160	44.1	78.5	123	177	246	314	403	491	599	707	834	962	1110	1257
170	41.5	73.9	115	166	231	296	379	462	564	665	786	906	1044	1183
180	39.2	69.8	109	157	218	279	358	436	532	628	742	855	985	1117
190	37.2	66.1	103	149	207	265	339	413	504	595	702	810	934	1058
200	35.3	62.8	98.2	141	196	251	322	393	479	565	668	770	888	1005
220	32.1	57.1	89.3	129	178	228	292	357	436	514	607	700	807	914
240	29.4	52.4	81.9	118	164	209	268	327	399	471	556	641	740	838
250	28.3	50.2	78.5	113	157	201	258	314	383	452	534	616	710	804
260	27.2	48.3	75.5	109	151	193	248	302	268	435	514	592	682	773
280	25.2	44.9	70.1	101	140	180	230	281	342	404	477	550	634	718
300	23.6	41.9	65.5	94	131	168	215	262	320	377	445	513	592	670
320	22.1	39.2	61.4	88	123	157	201	245	299	353	417	481	554	628

注：钢筋直径中的 6/8，8/10，…系指两种直径的钢筋间隔放置。

附表 1-22　钢绞线公称直径、公称截面面积及理论质量

种　类	直径/mm	公称截面面积/mm²	理论质量/kg·m⁻¹
1×3	8.6	37.7	0.296
	10.8	58.9	0.462
	12.9	84.8	0.666
1×7 标准型	9.5	54.8	0.430
	12.7	98.7	0.775
	15.2	140	1.101
	17.8	191	1.500
	21.6	285	2.237

附表 1-23　钢丝公称直径、公称截面面积及理论质量

公称直径/mm	公称截面面积/mm²	理论质量/kg·m⁻¹
5.0	19.63	0.154
7.0	38.48	0.302
9.0	63.62	0.499

附录 2　《砌体结构设计规范》（GB 50003—2011）附表

附表 2-1　受压砌体承载力影响系数 φ

	影响系数 φ（砂浆强度等级 ≥M5）												
β	e/h 或 e/h_T												
	0	0.025	0.05	0.075	0.1	0.125	0.15	0.175	0.2	0.225	0.25	0.275	0.3
≤3	1	0.99	0.97	0.94	0.89	0.84	0.79	0.73	0.68	0.62	0.57	0.52	0.48
4	0.98	0.95	0.90	0.85	0.80	0.74	0.69	0.64	0.58	0.53	0.49	0.45	0.41
6	0.95	0.91	0.86	0.81	0.75	0.69	0.64	0.59	0.54	0.49	0.45	0.42	0.38
8	0.91	0.86	0.81	0.76	0.70	0.64	0.59	0.54	0.50	0.46	0.42	0.39	0.36
10	0.87	0.82	0.76	0.71	0.65	0.60	0.55	0.50	0.46	0.42	0.39	0.36	0.33
12	0.82	0.77	0.71	0.66	0.60	0.55	0.51	0.47	0.43	0.39	0.36	0.33	0.31
14	0.77	0.72	0.66	0.61	0.56	0.51	0.47	0.43	0.40	0.36	0.34	0.31	0.29
16	0.72	0.67	0.61	0.56	0.52	0.47	0.44	0.40	0.37	0.34	0.31	0.29	0.27
18	0.67	0.62	0.57	0.52	0.48	0.44	0.40	0.37	0.34	0.31	0.29	0.27	0.25
20	0.62	0.57	0.53	0.48	0.44	0.40	0.37	0.34	0.32	0.29	0.27	0.25	0.23
22	0.58	0.53	0.49	0.45	0.41	0.38	0.35	0.32	0.30	0.27	0.25	0.24	0.22
24	0.54	0.49	0.45	0.41	0.38	0.35	0.32	0.30	0.28	0.26	0.24	0.22	0.21
26	0.50	0.46	0.42	0.38	0.35	0.33	0.30	0.28	0.26	0.24	0.22	0.21	0.19
28	0.46	0.42	0.39	0.36	0.33	0.30	0.28	0.26	0.24	0.22	0.21	0.19	0.18
30	0.42	0.39	0.36	0.33	0.31	0.28	0.26	0.24	0.22	0.21	0.20	0.18	0.17

附表 2-2　受压砌体承载力影响系数 φ

	影响系数 φ（砂浆强度等级 M2.5）												
β	e/h 或 e/h_T												
	0	0.025	0.05	0.075	0.1	0.125	0.15	0.175	0.2	0.225	0.25	0.275	0.3
≤3	1	0.99	0.97	0.94	0.89	0.84	0.79	0.73	0.68	0.62	0.57	0.52	0.48
4	0.97	0.94	0.89	0.84	0.78	0.73	0.67	0.62	0.57	0.52	0.48	0.44	0.40
6	0.93	0.89	0.84	0.78	0.73	0.67	0.62	0.57	0.52	0.48	0.44	0.40	0.37
8	0.89	0.84	0.78	0.72	0.67	0.62	0.57	0.52	0.48	0.44	0.40	0.37	0.34
10	0.83	0.78	0.72	0.67	0.61	0.56	0.52	0.47	0.43	0.40	0.37	0.34	0.31
12	0.78	0.72	0.67	0.61	0.56	0.52	0.47	0.43	0.40	0.37	0.34	0.31	0.29
14	0.72	0.66	0.61	0.56	0.51	0.47	0.43	0.40	0.36	0.34	0.31	0.29	0.27
16	0.66	0.61	0.56	0.51	0.47	0.43	0.40	0.36	0.34	0.31	0.29	0.26	0.25
18	0.61	0.56	0.51	0.47	0.43	0.40	0.36	0.33	0.31	0.29	0.26	0.24	0.23
20	0.56	0.51	0.47	0.43	0.39	0.36	0.33	0.31	0.28	0.26	0.24	0.23	0.21
22	0.51	0.47	0.43	0.39	0.36	0.33	0.31	0.28	0.26	0.24	0.23	0.21	0.20
24	0.46	0.43	0.39	0.36	0.33	0.31	0.28	0.26	0.24	0.23	0.21	0.20	0.18
26	0.42	0.39	0.36	0.33	0.31	0.28	0.26	0.24	0.22	0.21	0.20	0.18	0.17
28	0.39	0.36	0.33	0.30	0.28	0.26	0.24	0.22	0.21	0.20	0.18	0.17	0.16
30	0.36	0.33	0.30	0.28	0.26	0.24	0.22	0.21	0.20	0.18	0.17	0.16	0.15

附表 2-3　受压砌体承载力影响系数 φ

影响系数 φ（砂浆强度等级 M0）

β	e/h 或 e/h_{T}												
	0	0.025	0.05	0.075	0.1	0.125	0.15	0.175	0.2	0.225	0.25	0.275	0.3
≤3	1	0.99	0.97	0.94	0.89	0.84	0.79	0.73	0.68	0.62	0.57	0.52	0.48
4	0.87	0.82	0.77	0.71	0.66	0.60	0.55	0.51	0.46	0.43	0.39	0.36	0.33
6	0.76	0.70	0.65	0.59	0.54	0.50	0.46	0.42	0.39	0.36	0.33	0.30	0.28
8	0.63	0.58	0.54	0.49	0.45	0.41	0.38	0.35	0.32	0.30	0.28	0.25	0.24
10	0.53	0.48	0.44	0.41	0.37	0.34	0.32	0.29	0.27	0.25	0.23	0.22	0.20
12	0.44	0.40	0.37	0.34	0.31	0.29	0.27	0.25	0.23	0.21	0.20	0.19	0.17
14	0.36	0.33	0.31	0.28	0.26	0.24	0.23	0.21	0.20	0.18	0.17	0.16	0.15
16	0.30	0.28	0.26	0.24	0.22	0.21	0.19	0.18	0.17	0.16	0.15	0.14	0.13
18	0.26	0.24	0.22	0.21	0.19	0.18	0.17	0.16	0.15	0.14	0.13	0.12	0.12
20	0.22	0.20	0.19	0.18	0.17	0.16	0.15	0.14	0.13	0.12	0.12	0.11	0.10
22	0.19	0.18	0.16	0.15	0.14	0.14	0.13	0.12	0.12	0.11	0.10	0.10	0.09
24	0.16	0.15	0.14	0.13	0.13	0.12	0.11	0.11	0.10	0.10	0.09	0.09	0.08
26	0.14	0.13	0.13	0.12	0.11	0.11	0.10	0.10	0.09	0.09	0.09	0.08	0.07
28	0.12	0.12	0.11	0.11	0.10	0.10	0.09	0.09	0.08	0.08	0.08	0.07	0.07
30	0.11	0.10	0.10	0.09	0.09	0.09	0.08	0.08	0.07	0.07	0.07	0.07	0.06

附录3　等截面等跨连续梁在常用荷载作用下的内力系数表

1. 在均布及三角形荷载作用下

$$M = 表中系数 \times q l_0^2$$
$$V = 表中系数 \times q l_0$$

2. 在集中荷载作用下

$$M = 表中系数 \times P l_0$$
$$V = 表中系数 \times P$$

3. 内力正负号规定

M——使截面上部受压、下部受拉为正；

V——对邻近截面所产生的力矩沿顺时针方向者为正。

附表 3-1　两跨梁

荷载图	跨内最大弯矩		支座弯矩	剪　力		
	M_1	M_2	M_B	V_A	V_{BL} / V_{BR}	V_C
	0.070	0.070	-0.125	0.375	-0.625 / 0.625	-0.375

荷 载 图	跨内最大弯矩		支座弯矩	剪 力		
	M_1	M_2	M_B	V_A	V_{BL} V_{BR}	V_C
	0.096	—	−0.063	0.437	−0.563 0.063	0.063
	0.048	0.048	−0.078	0.172	−0.328 0.328	−0.172
	0.064	—	0.039	0.211	−0.289 0.039	0.039
	0.156	0.156	−0.188	0.312	−0.688 0.688	−0.312
	0.203	—	−0.094	0.406	−0.594 0.094	0.094
	0.222	0.222	−0.333	0.667	−1.333 1.333	−0.667
	0.278	—	−0.167	0.833	−1.167 0.167	0.167

附表 3-2 三跨梁

荷 载 图	跨内最大弯矩		支座弯矩		剪 力			
	M_1	M_2	M_B	M_C	V_A	V_{BL} V_{BR}	V_{CL} V_{CR}	V_D
	0.080	0.025	−0.100	−0.100	0.400	−0.600 0.500	−0.500 0.600	0.400
	0.101	—	−0.050	−0.050	0.450	−0.550 0	0 0.550	−0.450
	—	0.075	−0.050	−0.050	−0.050	−0.050 0.500	−0.500 0.050	0.050
	0.073	0.054	−0.117	−0.033	0.383	−0.617 0.583	−0.417 0.033	0.033
	0.094	—	−0.067	0.017	0.433	−0.567 0.083	0.083 −0.017	−0.017

荷 载 图	跨内最大弯矩		支座弯矩		剪　力			
	M_1	M_2	M_B	M_C	V_A	V_{BL} V_{BR}	V_{CL} V_{CR}	V_D
	0.054	0.021	−0.063	−0.063	0.183	−0.313 0.250	−0.250 0.313	−0.188
	0.068	—	−0.031	−0.031	0.219	−0.281 0	0 0.281	−0.219
	—	0.052	−0.031	−0.031	0.031	−0.031 0.250	−0.250 0.031	0.031
	0.050	0.038	−0.073	−0.021	0.177	−0.323 0.302	−0.198 0.021	0.021
	0.063	—	−0.042	0.010	0.208	0.292 0.052	0.052 −0.010	−0.010
	0.175	0.100	−0.150	−0.150	0.350	−0.650 0.500	−0.500 0.650	0.350
	0.213	—	−0.075	0.075	0.425	−0.575 0	0 0.575	−0.425
	—	0.175	−0.075	−0.075	−0.075	−0.075 0.500	−0.500 0.075	0.075
	0.162	0.137	−0.175	−0.050	0.325	−0.675 0.625	−0.375 0.050	0.050
	0.200	—	−0.100	0.025	0.400	−0.600 0.125	0.125 −0.025	−0.025
	0.244	0.067	−0.267	−0.267	0.733	−1.267 1.000	−1.000 1.267	−0.733
	0.289	—	−0.133	−0.133	0.866	−1.134 0	0 1.134	−0.866
	—	0.200	−0.133	−0.133	−0.133	−0.133 1.000	−1.000 0.133	0.133
	0.229	0.170	−0.311	−0.089	0.689	−1.311 1.222	−0.778 0.089	0.089
	0.274	—	−0.178	0.044	0.822	−1.178 0.222	0.222 −0.044	−0.044

附表 3-3　四跨梁

荷载图	跨内最大弯矩				支座弯矩			剪力				
	M_1	M_2	M_3	M_4	M_B	M_C	M_D	V_A	V_{BL} V_{BR}	V_{CL} V_{CR}	V_{DL} V_{DR}	V_E
	0.077	0.036	0.036	0.077	-0.107	-0.071	-0.107	0.393	-0.607 0.536	-0.464 0.464	-0.536 0.067	-0.393
	0.100	—	0.081	—	-0.054	-0.036	-0.054	0.446	-0.554 0.018	0.018 0.482	-0.518 0.054	0.054
	0.072	0.061	—	0.098	-0.121	-0.018	-0.058	0.380	-0.620 0.603	-0.397 -0.040	-0.040 0.558	-0.442
	—	0.056	0.056	—	-0.036	-0.107	-0.036	-0.036	-0.036 0.429	-0.571 0.571	-0.429 0.036	0.036
	0.094	—	—	—	-0.067	0.018	-0.004	0.433	-0.567 0.085	0.085 -0.022	-0.022 0.004	0.004
	—	0.074	—	—	-0.049	-0.054	0.013	-0.049	-0.049 0.496	-0.504 0.067	0.067 -0.013	-0.013
	0.052	0.028	0.028	0.052	-0.067	-0.045	-0.067	0.183	-0.317 0.272	-0.228 0.223	-0.272 0.317	-0.183
	0.067	—	0.055	—	-0.034	-0.022	-0.034	0.217	-0.284 0.011	0.011 0.239	-0.261 0.034	0.034
	0.049	0.042	—	0.066	-0.075	-0.011	-0.036	0.175	-0.325 0.314	-0.186 -0.025	-0.025 0.286	-0.214
	—	0.040	0.040	—	-0.022	-0.067	-0.022	-0.022	-0.022 0.205	-0.295 0.295	-0.205 0.022	0.022
	0.063	—	—	—	-0.042	0.011	-0.003	0.208	-0.292 0.053	0.053 -0.014	-0.014 0.003	0.003
	—	0.051	—	—	-0.031	-0.034	0.008	-0.031	-0.031 0.247	-0.253 0.042	0.042 -0.008	-0.008

续附表 3-3

荷 载 图	跨内最大弯矩				支座弯矩			剪 力				
	M_1	M_2	M_3	M_4	M_B	M_C	M_D	V_A	V_{BL} / V_{BR}	V_{CL} / V_{CR}	V_{DL} / V_{DR}	V_E
	0.169	0.116	0.116	0.169	-0.161	-0.107	-0.161	0.339	-0.661 / 0.554	-0.446 / 0.446	-0.554 / 0.661	-0.339
	0.210	—	0.183	—	-0.080	-0.054	-0.080	0.420	-0.580 / 0.027	0.027 / 0.473	-0.527 / 0.080	0.080
	0.159	0.146	—	0.206	-0.181	-0.027	-0.087	0.319	-0.681 / 0.654	-0.346 / -0.060	-0.060 / 0.587	-0.413
	—	0.142	0.142	—	-0.054	-0.161	-0.054	0.054	-0.054 / 0.393	-0.607 / 0.607	-0.393 / 0.054	0.054
	0.200	—	—	—	-0.100	0.027	-0.007	0.400	-0.600 / 0.127	0.127 / -0.033	-0.033 / 0.007	0.007
	—	0.173	—	—	-0.074	-0.080	0.020	-0.074	-0.074 / 0.493	-0.507 / 0.100	-0.100 / -0.020	-0.020
	0.238	0.111	0.111	0.238	-0.286	-0.191	-0.286	0.714	-1.286 / 1.095	-0.905 / 0.905	-1.095 / 1.286	-0.714
	0.286	—	0.222	—	-0.143	-0.095	-0.143	0.857	-0.143 / 0.048	0.048 / 0.952	-1.048 / 0.143	0.143
	0.226	0.194	—	0.282	-0.321	-0.048	-0.155	0.679	-1.321 / 1.274	-0.726 / -0.107	-0.107 / 1.115	-0.845
	—	0.175	0.175	—	-0.095	-0.286	-0.095	-0.095	-0.095 / 0.810	-1.190 / 1.190	-0.810 / 0.095	0.095
	0.274	—	—	—	-0.178	0.048	-0.012	0.822	-1.178 / 0.226	0.226 / -0.060	-0.060 / 0.012	0.012
	—	0.198	—	—	-0.131	-0.143	0.036	-0.131	-0.131 / 0.988	-1.012 / 0.178	0.178 / -0.036	-0.036

附表 3-4 五跨梁

荷载图	跨内最大弯矩			支座弯矩				剪 力					
	M_1	M_2	M_3	M_B	M_C	M_D	M_E	V_A	V_{BL} / V_{BR}	V_{CL} / V_{CR}	V_{DL} / V_{DR}	V_{EL} / V_{ER}	V_F
	0.078	0.033	0.046	-0.105	-0.079	-0.079	-0.105	0.394	-0.606 / 0.526	-0.474 / 0.500	-0.500 / 0.474	-0.526 / 0.606	-0.394
	0.100	—	0.085	-0.053	-0.040	-0.040	-0.053	0.447	-0.553 / 0.013	0.013 / 0.500	-0.500 / -0.013	-0.013 / 0.553	-0.447
	—	0.079	—	-0.053	-0.040	-0.040	-0.053	-0.053	-0.053 / 0.513	-0.487 / 0	0 / 0.487	-0.513 / 0.053	0.053
	0.073	0.059[2] / 0.078	—	-0.119	-0.022	-0.044	-0.051	0.380	-0.620 / 0.598	-0.402 / -0.023	-0.023 / 0.493	-0.507 / 0.052	0.052
	—[1] / 0.098	0.055	0.064	-0.035	-0.111	-0.020	-0.057	-0.035	-0.035 / 0.424	-0.576 / 0.591	-0.409 / -0.037	-0.037 / 0.557	-0.443
	0.094	—	—	-0.067	0.018	-0.005	0.001	0.433	-0.567 / 0.085	0.085 / -0.023	-0.023 / 0.006	0.006 / -0.001	-0.001
	—	0.074	—	-0.049	-0.054	0.014	-0.004	-0.049	-0.049 / 0.495	-0.505 / 0.068	0.068 / -0.018	-0.018 / 0.004	0.004
	—	—	0.072	0.013	-0.053	-0.053	0.013	0.013	0.013 / -0.066	-0.066 / 0.500	-0.500 / 0.066	0.066 / -0.013	-0.013
	0.053	0.026	0.034	-0.066	-0.049	0.049	-0.066	0.184	-0.316 / 0.266	-0.234 / 0.250	-0.250 / 0.234	-0.266 / 0.316	-0.184
	0.067	—	0.059	-0.033	-0.025	-0.025	-0.033	0.217	-0.283 / 0.008	0.008 / 0.250	-0.250 / -0.008	-0.008 / 0.283	-0.217
	—	0.055	—	-0.033	-0.025	-0.025	-0.033	-0.033	-0.033 / 0.258	-0.242 / 0	0 / 0.242	-0.258 / 0.033	0.033
	0.049	0.041[2] / 0.053	—	-0.075	-0.014	-0.028	-0.032	0.175	-0.325 / 0.311	-0.189 / -0.014	-0.014 / 0.246	-0.255 / 0.032	0.032
	—[1] / 0.066	0.039	0.044	-0.022	-0.070	-0.013	-0.036	-0.022	-0.022 / 0.202	-0.298 / 0.307	-0.193 / -0.023	-0.023 / 0.286	-0.214
	0.063	—	—	-0.042	0.011	-0.003	0.001	0.208	-0.292 / 0.053	0.053 / -0.014	-0.014 / 0.004	0.004 / -0.001	-0.001
	—	0.051	—	-0.031	-0.034	0.009	-0.002	-0.031	-0.031 / 0.247	-0.253 / 0.043	0.043 / -0.011	-0.011 / 0.002	0.002
	—	—	0.050	0.008	-0.033	-0.033	-0.008	0.008	0.008 / -0.041	-0.041 / 0.250	-0.250 / 0.041	0.041 / -0.008	-0.008

续附表 3-4

荷载图	跨内最大弯矩			支座弯矩				剪　力					
	M_1	M_2	M_3	M_B	M_C	M_D	M_E	V_A	V_{BL} / V_{BR}	V_{CL} / V_{CR}	V_{DL} / V_{DR}	V_{EL} / V_{ER}	V_F
$P\,P\,P\,P\,P$ A B C D E F	0.171	0.112	0.132	−0.158	−0.118	−0.118	−0.158	0.342	−0.658 / 0.540	−0.460 / 0.500	−0.500 / 0.460	−0.540 / 0.658	−0.342
$P\ \ P\ \ P$ $M_1\,M_2\,M_3\,M_4\,M_5$	0.211	—	0.191	−0.079	−0.059	−0.059	−0.079	0.421	−0.579 / 0.020	0.020 / 0.500	−0.500 / −0.020	−0.020 / 0.579	−0.421
$P\ \ \ P$	—	0.181	—	−0.079	−0.059	−0.059	−0.079	−0.079	−0.079 / 0.520	−0.480 / 0	0 / 0.480	−0.520 / 0.079	0.079
$P\ P\ \ P$	0.160	0.144② / 0.178	—	−0.179	−0.032	−0.066	−0.077	0.321	−0.679 / 0.647	−0.353 / −0.034	−0.034 / 0.489	−0.511 / 0.077	0.077
$P\ P\ \ P$	—① / 0.207	0.140	0.151	−0.052	−0.167	−0.031	−0.086	−0.052	−0.052 / 0.385	−0.615 / 0.637	−0.363 / −0.056	−0.056 / 0.586	−0.414
P	0.200	—	—	−0.100	0.027	−0.007	0.002	0.400	−0.600 / 0.127	0.127 / −0.034	−0.034 / 0.009	0.009 / −0.002	−0.002
P	—	0.173	—	−0.073	−0.081	0.022	−0.005	−0.073	−0.073 / 0.493	−0.507 / 0.102	0.102 / −0.027	−0.027 / 0.005	0.005
P	—	—	0.171	0.020	−0.079	−0.079	0.020	0.020	0.020 / −0.099	−0.099 / 0.500	−0.500 / 0.099	0.099 / −0.020	−0.020
$PP\,PP\,PP\,PP\,PP$	0.240	0.100	0.122	−0.281	−0.211	−0.211	−0.281	−0.719	−1.281 / 1.070	−0.930 / 1.000	−1.000 / 0.930	1.070 / 1.281	−0.719
$PP\ \ PP\ \ PP$	0.287	—	0.228	−0.140	−0.105	−0.105	−0.140	0.860	−1.140 / 0.035	0.035 / 1.000	1.000 / −0.035	−0.035 / 1.140	−0.860
$PP\ \ \ PP$	—	0.216	—	−0.140	−0.105	−0.105	−0.140	−0.140	−0.140 / 1.035	−0.965 / 0	0.000 / 0.965	−1.035 / 0.140	0.140
$PP\ PP\ \ PP$	0.227	0.189② / 0.209	—	−0.319	−0.057	−0.118	−0.137	0.681	1.319 / 1.262	−0.738 / −0.061	−0.061 / 0.981	−1.019 / 0.137	0.137
PP	—① / 0.282	0.172	0.198	−0.093	−0.297	−0.054	−0.153	−0.093	−0.093 / 0.796	−1.204 / 1.243	−0.757 / −0.099	−0.099 / 1.153	0.847
PP	0.274	—	—	−0.179	0.048	−0.013	0.003	0.821	−1.179 / 0.227	0.227 / −0.061	−0.061 / 0.016	0.016 / −0.003	−0.003
$PP\ PP\ \ PP$	—	0.198	—	−0.131	−0.144	0.038	−0.010	−0.131	−0.131 / 0.987	−1.013 / 0.182	0.182 / −0.048	−0.048 / 0.010	0.010
PP	—	—	0.193	0.035	−0.140	−0.140	0.035	0.035	0.035 / −0.175	−0.175 / 1.000	−1.000 / 0.175	0.175 / −0.035	−0.035

①分子及分母分别为 M_1 及 M_5 的弯矩值数;

②分子及分母分别为 M_2 及 M_4 的弯矩值数。

附录4 双向板计算系数表

符号说明：

B_c—— 刚度，$B_c = \dfrac{Eh^3}{12(1-\nu^2)}$；

E—— 弹性模量；

h—— 板厚；

ν—— 泊松比；

a_f，$\alpha_{f,max}$—— 分别为板中心点的挠度和最大挠度；

a_{fox}，α_{foy}—— 分别为平行于 l_x 和 l_y 方向自由边的中心挠度；

m_x，m_{xmax}—— 分别为平行于 l_x 方向板中心点单位板宽内的弯矩和板跨内最大弯矩；

m_y，m_{ymax}—— 分别为平行于 l_y 方向板中心点单位板宽内的弯矩和板跨内最大弯矩；

m'_x—— 固定边中点沿 l_x 方向单位板宽内的弯矩；

m'_y—— 固定边中点沿 l_y 方向单位板宽内的弯矩。

———— 代表自由边；

====== 代表简支边；

⊥⊥⊥⊥⊥⊥ 代表固定边。

正负号的规定：

弯矩——使板的受荷面受压者为正；

挠度——变位方向与荷载方向相同者为正。

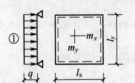

挠度 = 表中系数 × $\dfrac{ql^4}{B_c}$

$\nu = 0$，弯矩 = 表中系数 × ql^2

式中，l 取用 l_x 和 l_y 中之较小者。

附表4-1 四边简支

l_x/l_y	a_f	m_x	m_y	l_x/l_y	a_f	m_x	m_y
0.50	0.01013	0.0965	0.0174	0.80	0.00603	0.0561	0.0334
0.55	0.00940	0.0892	0.0210	0.85	0.00547	0.0506	0.0348
0.60	0.00867	0.0820	0.0242	0.90	0.00496	0.0456	0.0358
0.65	0.00796	0.0750	0.0271	0.95	0.00449	0.0410	0.0364
0.70	0.00727	0.0683	0.0296	1.00	0.00406	0.0368	0.0368
0.75	0.00663	0.0620	0.0317				

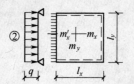

挠度 = 表中系数 $\times \dfrac{ql^4}{B_c}$

$\nu = 0$，弯矩 = 表中系数 $\times ql^2$

式中，l 取用 l_x 和 l_y 中之较小者。

附表 4-2　一边固定，三边简支

l_x/l_y	l_y/l_x	a_f	$a_{f,max}$	m_x	M_{xmax}	m_y	m_{ymax}	m_x'
0.50		0.00488	0.00504	0.0583	0.0646	0.0060	0.0063	-0.1212
0.55		0.00471	0.00492	0.0563	0.0618	0.0081	0.0087	-0.1187
0.60		0.00453	0.00472	0.0539	0.0589	0.0104	0.0111	-0.1158
0.65		0.00432	0.00448	0.0513	0.0559	0.0126	0.0133	-0.1124
0.70		0.00410	0.00422	0.0485	0.0529	0.0148	0.0154	-0.1087
0.75		0.00388	0.00399	0.0457	0.0496	0.0168	0.0174	-0.1048
0.80		0.00365	0.00376	0.0428	0.0463	0.0187	0.0193	-0.1007
0.85		0.00343	0.00352	0.0400	0.0431	0.0204	0.0211	-0.0965
0.90		0.00321	0.00329	0.0372	0.0400	0.0219	0.0226	-0.0922
0.95		0.00299	0.00306	0.0345	0.0369	0.0232	0.0239	-0.0880
1.00	1.00	0.00279	0.00285	0.0319	0.0340	0.0243	0.0249	-0.0839
	0.95	0.00316	0.00324	0.0324	0.0345	0.0280	0.0287	-0.0882
	0.90	0.00360	0.00368	0.0328	0.0347	0.0322	0.0330	-0.0926
	0.85	0.00409	0.00417	0.0329	0.0347	0.0370	0.0378	-0.0970
	0.80	0.00464	0.00473	0.0326	0.0343	0.0424	0.0433	-0.1014
	0.75	0.00526	0.00536	0.0319	0.0335	0.0485	0.0494	-0.1056
	0.70	0.00595	0.00605	0.0308	0.0323	0.0553	0.0562	-0.1096
	0.65	0.00670	0.00680	0.0291	0.0306	0.0627	0.0637	-0.1133
	0.60	0.00752	0.00762	0.0268	0.0289	0.0707	0.0717	-0.1166
	0.55	0.00838	0.00848	0.0239	0.0271	0.0792	0.0801	-0.1193
	0.50	0.00927	0.00935	0.0205	0.0249	0.0880	0.0888	-0.1215

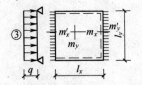

挠度＝表中系数$\times\dfrac{ql^4}{B_c}$

$\nu=0$，弯矩＝表中系数$\times ql^2$

式中 l 取用 l_x 和 l_y 中之较小者。

附表 4-3　二对边固定，二对边简支

l_x/l_y	l_y/l_x	a_f	m_x	m_y	m'_x
0.50		0.00261	0.0416	0.0017	−0.0843
0.55		0.00259	0.0410	0.0028	−0.0840
0.60		0.00255	0.0402	0.0042	−0.0834
0.65		0.00250	0.0392	0.0057	−0.0826
0.70		0.00243	0.0379	0.0072	−0.0814
0.75		0.00236	0.0366	0.0088	−0.0799
0.80		0.00228	0.0351	0.0103	−0.0782
0.85		0.00220	0.0335	0.0118	−0.0763
0.90		0.00211	0.0319	0.0133	−0.0743
0.95		0.00201	0.0302	0.0146	−0.0721
1.00	1.00	0.00192	0.0285	0.0158	−0.0698
	0.95	0.00223	0.0296	0.0189	−0.0746
	0.90	0.00260	0.0306	0.0224	−0.0797
	0.85	0.00303	0.0314	0.0266	−0.0850
	0.80	0.00354	0.0319	0.0316	−0.0904
	0.75	0.00413	0.0321	0.0374	−0.0959
	0.70	0.00482	0.0318	0.0441	−0.1013
	0.65	0.00560	0.0308	0.0518	−0.1066
	0.60	0.00647	0.0292	0.0604	−0.1114
	0.55	0.00743	0.0267	0.0698	−0.1156
	0.50	0.00844	0.0234	0.0798	−0.1191

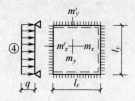

挠度＝表中系数×$\dfrac{ql^4}{B_c}$

$\nu = 0$，弯矩＝表中系数×ql^2

式中，l 取用 l_x 和 l_y 中之较小者。

附表 4-4　四边固定

l_x/l_y	a_f	m_x	m_y	m_x'	m_y'
0.50	0.00253	0.0400	0.0038	−0.0829	−0.0570
0.55	0.00246	0.0385	0.0056	−0.0814	−0.0571
0.60	0.00236	0.0367	0.0076	−0.0793	−0.0571
0.65	0.00224	0.0345	0.0095	−0.0766	−0.0571
0.70	0.00211	0.0321	0.0113	−0.0735	−0.0569
0.75	0.00197	0.0296	0.0130	−0.0701	−0.0565
0.80	0.00182	0.0271	0.0144	−0.0664	−0.0559
0.85	0.00168	0.0246	0.0156	−0.0626	−0.0551
0.90	0.00153	0.0221	0.0165	−0.0588	−0.0541
0.95	0.00140	0.0198	0.0172	−0.0550	−0.0528
1.00	0.00127	0.0176	0.0176	−0.0513	−0.0513

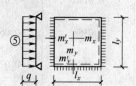

挠度＝表中系数×$\dfrac{ql^4}{B_c}$

$\nu = 0$，弯矩＝表中系数×ql^2

式中，l 取用 l_x 和 l_y 中之较小者。

附表 4-5　二邻边固定，二邻边简支

l_x/l_y	a_f	$a_{f,max}$	m_x	M_{xmax}	m_y	m_{ymax}	m_x'	m_y'
0.50	0.00468	0.00471	0.0559	0.0562	0.0079	0.0135	−0.1179	−0.0786
0.55	0.00445	0.00454	0.0529	0.0530	0.0104	0.0153	−0.1140	−0.0735
0.60	0.00419	0.00429	0.0496	0.0498	0.0129	0.0169	−0.1095	−0.0782
0.65	0.00391	0.00399	0.0461	0.0465	0.0151	0.0183	−0.1045	−0.0777
0.70	0.00363	0.00368	0.0426	0.0432	0.0172	0.0195	−0.0992	−0.0770
0.75	0.00335	0.00340	0.0390	0.0396	0.0189	0.0206	−0.0938	−0.0760
0.80	0.00308	0.00313	0.0356	0.0361	0.0204	0.0218	−0.0883	−0.0748
0.85	0.00281	0.00286	0.0322	0.0328	0.0215	0.0229	−0.0829	−0.0733
0.90	0.00256	0.00261	0.0291	0.0297	0.0224	0.0238	−0.0776	−0.0716
0.95	0.00232	0.00237	0.0261	0.0267	0.0230	0.0244	−0.0726	−0.0698
1.00	0.00210	0.00215	0.0234	0.0240	0.0234	0.0249	−0.0677	−0.0677

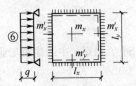

挠度 = 表中系数 $\times \dfrac{ql^4}{B_c}$

$\nu = 0$，弯矩 = 表中系数 $\times ql^2$

式中，l 取用 l_x 和 l_y 中之较小者。

附表4-6 三边固定，一边简支

l_x/l_y	l_y/l_x	a_f	$a_{f,max}$	m_x	M_{xmax}	m_y	m_{ymax}	m'_x	m'_y
0.50		0.00257	0.00258	0.0408	0.0409	0.0028	0.0089	−0.0836	−0.0569
0.55		0.00252	0.00255	0.0398	0.0399	0.0042	0.0093	−0.0827	−0.0570
0.60		0.00245	0.00249	0.0384	0.0386	0.0059	0.0105	−0.0814	−0.0571
0.65		0.00237	0.00240	0.0368	0.0371	0.0076	0.0116	−0.0796	−0.0572
0.70		0.00227	0.00229	0.0350	0.0354	0.0093	0.0127	−0.0774	−0.0572
0.75		0.00216	0.00219	0.0331	0.0335	0.0109	0.0137	−0.0750	−0.0572
0.80		0.00205	0.00208	0.0310	0.0314	0.0124	0.0147	−0.0722	−0.0570
0.85		0.00193	0.00196	0.0289	0.0293	0.0138	0.0155	−0.0693	−0.0567
0.90		0.00181	0.00184	0.0268	0.0273	0.0159	0.0163	−0.0663	−0.0563
0.95		0.00169	0.00172	0.0247	0.0252	0.0160	0.0172	−0.0631	−0.0558
1.00	1.00	0.00157	0.00160	0.0227	0.0231	0.0168	0.0180	−0.0600	−0.0550
	0.95	0.00178	0.00182	0.0229	0.0234	0.0194	0.0207	−0.0629	−0.0599
	0.90	0.00201	0.00206	0.0228	0.0234	0.0223	0.0238	−0.0656	−0.0653
	0.85	0.00227	0.00233	0.0225	0.0231	0.0255	0.0273	−0.0683	−0.0711
	0.80	0.00256	0.00262	0.0219	0.0224	0.0290	0.0311	−0.0707	−0.0772
	0.75	0.00286	0.00294	0.0208	0.0214	0.0329	0.0354	−0.0729	−0.0837
	0.70	0.00319	0.00327	0.0194	0.0200	0.0370	0.0400	−0.0748	−0.0903
	0.65	0.00352	0.00365	0.0175	0.0182	0.0412	0.0446	−0.0762	−0.0970
	0.60	0.00386	0.00403	0.0153	0.0160	0.0454	0.0493	−0.0773	−0.1033
	0.55	0.00419	0.00437	0.0127	0.0133	0.0496	0.0541	−0.0780	−0.1093
	0.50	0.00449	0.00463	0.0099	0.0103	0.0534	0.0588	−0.0784	−0.1146

参 考 文 献

［1］ 中华人民共和国国家标准．GB 50010—2010 混凝土结构设计规范［S］．北京：中国建筑工业出版社，2010.

［2］ 中华人民共和国国家标准．GB 50153—2008 工程结构可靠性设计统一标准［S］．北京：中国建筑工业出版社，2009.

［3］ 中华人民共和国国家标准．GB 50009—2012 建筑结构荷载规范［S］．北京：中国建筑工业出版社，2012.

［4］ 中华人民共和国国家标准．GB 50003—2011 砌体结构设计规范［S］．北京：中国建筑工业出版社，2011.

［5］ 中华人民共和国国家标准．CECS 51：1993 钢筋混凝土连续梁和框架考虑内力重分布设计规程［S］．北京：中国计划出版社，1994.

［6］ 梁兴文，史庆轩编著．混凝土结构设计原理［M］．2 版．北京：中国建筑工业出版社，2011.

［7］ 梁兴文，史庆轩．混凝土结构设计［M］．2 版．北京：中国建筑工业出版社，2011.

［8］ 哈尔滨工业大学，大连理工大学，北京建筑工程学院、华北水利水电学院合编．混凝土及砌体结构［M］．北京：中国建筑工业出版社，2002.

［9］ 梁兴文，等．混凝土结构设计原理［M］．北京：科学出版社，2003.

［10］ 王社良，熊仲明．混凝土及砌体结构［M］．北京：冶金工业出版社，2004.

［11］ 唐岱新．砌体结构［M］．北京：高等教育出版社，2003.

［12］ 徐有邻，周氏．混凝土结构设计规范理解与应用［M］．北京：中国建筑工业出版社，2002.

［13］ 程文瀼．混凝土及砌体结构［M］．武汉：武汉大学出版社，2000.

［14］ Park R，Pauley T. Reinforced Concrete Structures. John Wiley & Son. New York，1975.

［15］ 熊仲明，许淑芳．砌体结构［M］．北京：科学出版社，2011.

［16］ 赵顺波．混凝土结构设计原理［M］．上海：同济大学出版社，2004.

［17］ 沈凡．混凝土及砌体结构［M］．重庆：重庆大学出版社，2005.

冶金工业出版社部分图书推荐

书　名	作　者	定价(元)
冶金建设工程	李慧民　主编	35.00
建筑工程经济与项目管理	李慧民　主编	28.00
土木工程安全管理教程（本科教材）	李慧民　主编	33.00
建筑结构（本科教材）	高向玲　编著	39.00
现代建筑设备工程（第2版）（本科教材）	郑庆红　等编	59.00
土木工程材料（本科教材）	廖国胜　主编	40.00
岩土工程测试技术（本科教材）	沈　扬　主编	33.00
地基处理（本科教材）	武崇福　主编	29.00
工程地质学（本科教材）	张　荫　主编	32.00
工程造价管理（本科教材）	虞晓芬　主编	39.00
建筑施工技术（第2版）（国规教材）	王士川　主编	42.00
建设工程监理概论（本科教材）	杨会东　主编	33.00
土力学地基基础（本科教材）	韩晓雷　主编	36.00
建筑安装工程造价（本科教材）	肖作义　主编	45.00
高层建筑结构设计（第2版）（本科教材）	谭文辉　主编	39.00
土木工程施工组织（本科教材）	蒋红妍　主编	26.00
施工企业会计（第2版）（国规教材）	朱宾梅　主编	46.00
工程荷载与可靠度设计原理（本科教材）	郝圣旺　主编	28.00
流体力学及输配管网（本科教材）	马庆元　主编	49.00
土木工程概论（第2版）（本科教材）	胡长明　主编	32.00
土力学与基础工程（本科教材）	冯志焱　主编	28.00
建筑装饰工程概预算（本科教材）	卢成江　主编	32.00
建筑施工实训指南（本科教材）	韩玉文　主编	28.00
支挡结构设计（本科教材）	汪班桥　主编	30.00
建筑概论（本科教材）	张　亮　主编	35.00
Soil Mechanics（土力学）（本科教材）	缪林昌　主编	25.00
SAP2000结构工程案例分析	陈昌宏　主编	25.00
理论力学（本科教材）	刘俊卿　主编	35.00
岩石力学（高职高专教材）	杨建中　主编	26.00
建筑设备（高职高专教材）	郑敏丽　主编	25.00
岩土材料的环境效应	陈四利　等编著	26.00
建筑施工企业安全评价操作实务	张　超　主编	56.00
现行冶金工程施工标准汇编（上册）		248.00
现行冶金工程施工标准汇编（下册）		248.00